U0197511

西藏科技专项

西藏入侵害虫风险评估与重要资源昆虫保护利用研究

青藏高原资源昆虫评价与保护

王保海　翟　卿　王文峰 等　编著

科学出版社

北　京

内 容 简 介

本书是作者在对青藏高原资源昆虫进行40多年实地考察和在长期进行植物保护、生物多样性保护科学研究的积累下完成的。全书内容包括绪论，青藏高原资源昆虫研究史、保护的意义、保护的重要性、保护的紧迫性、保护的基本原则和主要类群，以及主要资源昆虫类群评价、资源昆虫保护类群的垂直分布、资源昆虫及保护种类的水平分布、资源昆虫建议保护名录、资源昆虫的保护与害虫防控技术和青藏高原主要害虫绿色防控成果中资源昆虫的保护，共12章；文后附有图版，共有6版59幅彩图。

本书可供农牧林管理、植物检疫、植物保护人员，以及科研院所、大专院校昆虫研究人员参考，也可为青藏高原资源昆虫保护和生态环境建设人员提供科学依据。

图书在版编目（CIP）数据

青藏高原资源昆虫评价与保护/王保海等编著. —北京：科学出版社，2024.6

ISBN 978-7-03-075101-0

Ⅰ.①青… Ⅱ.①王… Ⅲ.①青藏高原–经济昆虫–资源评价 ②青藏高原–经济昆虫–资源保护 Ⅳ.①Q969.9

中国国家版本馆CIP数据核字（2023）第042413号

责任编辑：马 俊 郝晨阳 / 责任校对：郑金红
责任印制：肖 兴 / 封面设计：无极书装

科学出版社 出版
北京东黄城根北街16号
邮政编码：100717
http://www.sciencep.com

北京中科印刷有限公司印刷
科学出版社发行 各地新华书店经销
*
2024年6月第 一 版 开本：787×1092 1/16
2024年6月第一次印刷 印张：16 1/2 插页：4
字数：400 000

定价：228.00元

（如有印装质量问题，我社负责调换）

青藏高原资源昆虫评价与保护
编委会

主要编著者简介

王保海，二级研究员，博士生导师，河南长葛人。1978 年毕业于河南农业大学，曾任西藏自治区农牧科学院农业研究所实习研究员，西藏自治区农牧科学院植保研究室副主任、主任，西藏自治区农牧科学院农业研究所助理研究员、副研究员、副所长、所长，西藏自治区农牧科学院副院长、研究员，承担多项西藏重大科研项目。曾先后兼任西藏自治区植保学会副理事长、理事长，中国植物保护学会常务理事，中国昆虫学会理事，中国农学会理事，中国科学技术协会第五届、第六届委员，西藏自治区科学技术协会副主席，西藏自治区人大常委会第六届、第七届委员。

从事西藏农业昆虫科研工作 42 年，承担国家及省部级科研项目 30 余项，科考行程 60 万 km，考察西藏 7 个地市 74 个县 300 个片区的 16 000 个样点，采集标本 20 余万号，记录青藏高原昆虫 10 630 种。提出了西藏昆虫三大分化中心、三大分化类群、三大分化趋向，阐明了西藏昆虫区系的起源与演化、分化的特点，进一步丰富了高原昆虫区系理论。最早提出青藏高原昆虫的独立性，建立世界新的昆虫区系——青藏区，与古北区、东洋区平行，得到著名昆虫专家的认可和引用，同时揭示了多种有害昆虫的生物学特性和成灾机理。在技术上，创立了青藏高原青稞与牧草害虫绿色防控技术、青藏高原林木害虫绿色防控技术、中国西部疯草的绿色防控技术、西藏小麦害虫绿色防控技术的新理念与新体系和分区治理新模式，这些创新内容得到广泛的推广应用，取得经济效益 200 多亿元。获国家科技成果奖 3 项，西藏自治区科技进步奖一等奖 8 项、二等奖 5 项及其他奖共计 34 项(次)。发表论文 158 篇，其中 SCI 9 篇；专著 20 部，专著和论文近 1000 万字。获发明专利 10 项。培养人才 36 人，其中博士 2 人；培训农牧民 5000 多人次。

2016 年退休后仍然承担着“西藏茶树害虫的成灾机理与绿色防控技术的研究”“西藏入侵害虫风险评估与重要资源昆虫保护利用研究”等项目，2020 年获得了西藏自治区科技进步奖一等奖 1 项，排名第一。

创新成果推动了西藏植保科技进步，保护了青藏高原的生态环境，提高了农牧业害虫、害草防治水平，促进了西藏农牧业生产发展。培养了一批西藏植保人才，他们形成西藏稳定的植保科研核心力量。

于 1991 年获西藏自治区人民政府授予“自治区优秀专家”称号，2009 年被农业部授予“中华农业英才”称号，1996 年获中华人民共和国人事部颁发的“有突出贡献中青年专家”称号，被评为中组部“中央联系专家”，1992 年起享受国务院政府特殊津贴，2018 年获得何梁何利基金科学与技术创新奖，2019 年获得西藏自治区人民政府授予的自治区杰出贡献奖，中央电视台第七频道及多个刊物报道了他的事迹。

翟卿，女，汉族，生于1980年11月，山东济南人，中国共产党党员。2010年取得西北农林科技大学博士学位。现工作于河南农业大学植物保护学院昆虫学系，副教授，硕士研究生导师，任昆虫学系教工党支部书记、河南省昆虫学会常务理事。

长期从事昆虫系统学与生物多样性研究，普通昆虫学、作物病虫害防治教学和改革实践研究，在科研和教学方面均取得显著成果。发表论文26篇，其中SCI 7篇，参编专著7部、教材1部；获西藏自治区科学技术奖一等奖2项。主持和参与各级科研和教学项目23项，完成了青藏高原生物多样性第一轮调查工作中的藏东南地区天敌昆虫与重要有害昆虫种类调查任务，采集昆虫10万余头，汇交生态照片2000余张，提供标本信息3万余条，标本照片6万张；初步摸清了西藏茶园生境昆虫种类，明确了主要害虫生物学特性，提出了茶苗引进检疫建议；创新了茶园有害生物的绿色防控技术；探索了普通昆虫学课程中的教学法、课堂思政改革与实践。持续监测河南省宝天曼国家级自然保护区与尧山国家级自然保护区蝴蝶多样性和种群动态，初步完成了当地蝴蝶种类本底调查，为进一步探索蝴蝶多样性和种群动态与气候关系积累了数据。

王文峰，男，汉族，生于1979年9月，山东潍坊昌乐县人，中国共产党党员，研究员，国家“万人计划”科技创新领军人才，现任西藏自治区农牧科学院农业资源与环境研究所党委副书记、所长。

长期从事害虫绿色防控及天敌昆虫资源调查与评价利用、西藏蜜蜂资源保护与西藏蜂产业开发利用等方面的研究与示范推广工作，在西藏昆虫研究方面取得了显著成果。发表论文53篇，其中SCI 4篇，参编专著13部，获发明专利2项；获得国家科技进步奖二等奖1项，西藏自治区科学技术奖一等奖4项、二等奖1项、三等奖1项，以及其他奖项5项。主持及参与国家和省部级科研项目47项，构建了西藏农田和草地害虫绿色防控技术体系，创立了西藏蜜蜂产业和研究团队，填补了高原蜜蜂研究的空白，初步摸清了西藏资源昆虫及蜜源植物种类及分布，创新了西藏飞蝗遥感监测技术。获西藏自治区优秀科技工作者、“典赞·2020科普中国”十大科学传播人称号。兼任西藏自治区植保学会理事长和多个国家级学会常务理事、理事，国内多个学术期刊编委；先后担任农业农村部有害生物野外科学观测试验站站长，国家蜂产业技术体系拉萨综合试验站站长，省部共建青稞和牦牛种质资源与遗传改良国家重点实验室副主任等。

前　言

青藏高原是中国面积最大、世界海拔最高的高原，被称为“世界屋脊”“地球第三极”。青藏高原包括中国境内除墨脱、察隅、错那等少数区域外的西藏大部和青海全部、四川西部、新疆南部，以及甘肃和云南的一部分；中国境外的不丹、尼泊尔、印度、巴基斯坦、阿富汗、塔吉克斯坦、吉尔吉斯斯坦的部分或全部。

青藏高原被山脉环绕，南有喜马拉雅山脉，北有昆仑山脉、阿尔金山和祁连山，西为喀喇昆仑山，东为横断山，高原内还有唐古拉山、冈底斯山、念青唐古拉山等，这些山脉海拔大多超过6000m，其中超过8000m的山峰有14座。青藏高原内部被山脉分隔出众多盆地、宽谷，亚洲多条河流发源于此，1500多个大大小小的湖泊星罗棋布，水利资源十分丰富。青藏高原蕴含特有种子植物3760余种，特有脊椎动物280余种，珍稀濒危高等植物300余种，珍稀濒危动物120余种，特有资源昆虫2000余种。青藏高原是野生动植物的天然栖息地和基因库，是中国乃至亚洲的生态安全屏障，是中国生态文明建设的重点地区，是全世界生态缩影之一。

青藏高原向来以神奇著称，不但引得文人墨客以无限情思描绘、歌颂，而且引起科学家极大的兴趣。青藏高原是全球生物多样性最集中的地区之一，是全球34个生物多样性热点地区中喜马拉雅山脉山地、中国西南山地、中国横断山交汇地带的交汇地，在全球生物多样性保护中具有重要作用。当前，资源依赖性和资源信息化是生物产业的两个典型特点。这意味着生物物种及其种质基因资源成为继国土资源之后可供再争夺、再占有的战略资源，所以充分认识青藏高原重要资源的战略地位极其重要。

西藏和平解放后，各项事业全面快速发展。西藏昆虫研究几乎从零开始，1951年科研人员开始展开研究，至今积累标本100余万号，记录青藏高原昆虫10 630种，发表著作32部，发表论文1000余篇，取得相关科技成果50余项。青藏高原昆虫研究取得的成就归于全国大专院校、科研院所1000多位科研人员70余年的风餐露宿、辛勤劳作、艰苦奋斗、不懈努力、无私奉献；归于西藏的和平解放；归于西藏民族哺育；归于中国共产党的领导。

本书的编写得益于西藏科技专项“西藏入侵害虫风险评估与重要资源昆虫保护利用研究”；得益于每一位践行老西藏精神而不懈努力的昆虫学者取得的各项研究成果。西藏昆虫科学研究取得的丰富成果不仅是青藏高原生物多样性保护的基础，也是编写本书的重要基础材料。在此，衷心感谢为青藏高原昆虫研究作出贡献的各位管理人员和科学家！同时，感谢梁红斌、周海航、燕高翔、张旭东、王敬龙、赵宝玉、孔常兴等为本书提供图片，感谢李春英一年多的文稿校对工作，以及王涛在图文编辑方面的劳作。

书中提出的资源昆虫保护名录或不够成熟，旨在起到抛砖引玉的作用，希望能有学者持续订正完善，并获得管理部门认可与发布。由于研究文献收集不全面且能力水平有限，书中不妥之处在所难免，敬请读者批评指正！

王保海

2023 年冬于郑州

目　　录

第一章　绪　　论

青藏高原植保工作一直偏重于有害生物的研究与防治，而忽视了天敌的保护与利用，不仅使害虫的发生与危害始终没有得到很好的控制，而且改变了原有生态系统，导致新的害虫暴发成灾，这种情况在青藏高原广大农牧区普遍存在。同时，在大众认知中，“保护动物”“濒危动物”等经常与藏羚、雪豹、野牦牛等脊椎动物联系在一起，昆虫被提及得很少。美国《国家地理》（*National Geographic*）杂志中有文章指出，依据最新研究，全球濒危与灭绝动物中的绝大多数正是“微不足道”的昆虫。而作为植物的“红娘”——传粉昆虫，恰恰属于这些被忽略的“多数派”。在农业生产中，人们常常注重对害虫的研究和防治，却忽视了对传粉昆虫等资源昆虫的保护与利用研究。本书弥补了青藏高原资源昆虫保护与利用研究不系统和资料缺乏的不足，提供了大量青藏高原生物多样性保护研究的基础性数据。

一、西藏害虫防治与农药残留

值得欣慰的是，就广大青藏高原地区而言，农药残留量是相对较低的，农药残留问题仅存在于青藏高原腹地农区，相当数量的地区，尤其是青藏高原边缘区域没有农药使用史。

长久以来，在对青藏高原害虫发生的研究过程中，中国科学院等各大院校、西藏的植保科研人员都认为青藏高原的地栖昆虫占优势，危害突出，如栖居于地下及地表的象甲类、金龟子类、叶甲类和地老虎类等，它们不仅种类多，而且数量大（王荫长和巴桑次仁，1979；黄复生，1981；王保海等，1992）。

目前青藏高原已知夜蛾类 912 种，其中地老虎达 200 多种，约占 1/4；鞘翅目 2640 种，其中主要地栖性害虫（鳃金龟类、丽金龟类、拟步甲类、叶甲类、象甲类分别有 56 种、128 种、556 种、483 种、196 种，合计 1419 种）占 50%以上。研究人员多年调查地下害虫发现，在发生严重的年份有的地块仅蛴螬就多达 120 头/m^2 以上（戴万安和王保海，1993），发生量大得惊人，已经是起始防治指标的 30～50 倍。

面对这样的害虫发生密度，化学防治应保持常态化。尤其是在 20 世纪 50～70 年代，为了提高粮食产量、解决吃饭问题，所需化学农药由政府负责解决，过量使用现象普遍。虽然现有研究已经证明，过量使用化学农药并不能提高防效，甚至适得其反，但青藏高原腹地农区的化学农药残留问题至今仍十分突出，有些区域甚至超过全国平均值。

拉萨一带经常用药的田块耕作层内六六六[①]（六氯环己烷）的残留量达 1.13～1.29ppm[②]，相当于内地旱田每年用药 2 次、每次 2.5kg 6%浓度的量（王荫长和巴桑次仁，

① 根据农业农村部发布的《禁限用农药名录》（2023），六六六等农药已经被列入禁止或部分范围内禁止使用名单。此处仅是以历史资料对农残进行讨论，不代表作者对农药使用的立场。后同。

② 1ppm=1×10^{-6}。

1979）。2017 年，西藏易贡茶园土壤中六六六的检测含量为 1.15μg，污染指数为 0.02，属于“非污染”，但也说明目前西藏土壤中仍有六六六残留，有些区域含量高于全国平均值。

二、害虫取食杂草与作物产量的关系

研究证明，在多数情况下，西藏地下昆虫发生量大，或为害轻微，或不造成危害，甚至有利于粮食生产，究其原因，主要有以下几点。

农田呈岛屿状分布，这是西藏主要农田生态系统的一个显著特点。农田内杂草种类多、密度大；田块间小灌木多，草地多，地势高低差别明显，生物多样性和生态多样性高。这样的生态系统相对稳定，害虫不易突然暴发成灾。历史上，西藏杂草对粮食产量的影响大于害虫，杂草与作物数量比能达到 1∶1，严重的地块，杂草数量甚至达到作物的 2 倍以上，粮食减产 50%以上（胡颂杰，1990）。害虫对杂草的取食无疑有助于草害的防除和粮食产量的提高。

西藏害虫随着农田杂草和周边生物多样性的进化而进化，而不是随着农作物的进化而进化，且杂草（如狗尾草）等的根系比农作物（青稞）根系的营养要更为丰富。大部分地下害虫更倾向于取食杂草，而不是农作物。在害虫严重发生年份，尽管农田地下昆虫多达 50 头/m^2 以上，但是它们更多的是取食和抑制了杂草，保护了农作物的生长，提高了农作物的产量。研究证明，适量的田间杂草，在一定程度上可以减少蛴螬对麦类作物的为害（戴万安和王保海，1993）。在西藏粗放的生产条件下，大规模地采用化学方法防治地下害虫，不仅起不到增产作用，还会导致杂草发生，进而影响粮食产量的提高。

西藏的“惊玛孽”耕作制度。“惊玛孽”是指在春天让各种杂草生长，充分放牧一段时间后，再耕地播种。“惊玛孽”耕作制度有四方面的重要作用：第一，杂草萌发后停留适当时间再进行耕翻，可提高杂草防除效果；第二，杂草萌发后放牧一段时间，可弥补冬季饲草的不足，并且放牧能防除部分杂草；第三，越冬代昆虫取食杂草，达到以虫治草的目的；第四，“惊玛孽”达到适当晚播的效果，使春苗避开地下害虫越冬代为害期。

西藏的农业耕作制度一直处于相对稳定的状态，尤其是边缘农区，仍保持着原始的耕作方式，没有发生质的变化。在这种状态下，作物与害虫长期竞争、适应和发展，形成稳定的生态系统，相当多的地区没有化学农药使用史。

青藏高原高寒缺氧、气候恶劣，能生存下来的昆虫都是可贵的，都是不容易的，都具有积极意义。尤其是海拔 4000m 以上的区域，除极个别种类发生密度较大，如西藏飞蝗 *Locusta migratoria tibetensis*、黄斑草毒蛾 *Gynaephora alpherakii* 会间歇性大发生，给局部地区农业生产带来一定经济损失外，大多数昆虫对生态系统稳定和环境保护都有促进作用。

三、不同农业生态系统资源昆虫发生的特点

研究表明（王宗华等，1987），多食性的蛴螬和地老虎在作物多样性高的生态系统

中的数量比单作物生态系统中多 16.7%～23.6%，但由于混合群体间的互补作用及天敌的抑制作用，一般不会造成作物减产；寡食性害虫，如麦蚜类、麦红蜘蛛类、麦毛蚊类，在作物多样性高的生态系统中的数量比单作物生态系统中少 70%～80%，说明寡食性害虫在单一的麦类作物中更容易暴发。在农业生产发展中应充分考虑增加农田系统生物多样性，这在一定程度上能够抑制害虫发生。

不同的农业生态系统对天敌有较大影响。一般混作农田各类天敌的发生数量均高于单作田；三样混作田的天敌数量比二样混作田和单作田平均分别高出 1.5 倍和 3.4 倍，二样混作田比单作田平均高出 2.3 倍。其中，瓢虫类和食蚜蝇类在二样混作田的数量比单作田平均分别高出 2.7 倍和 3.3 倍，在三样混作田中比单作田分别高出 3.9 倍和 5.5 倍，而在“麦作+绿肥+油菜”混作田比单一麦作田分别高出 5.6 倍和 6.0 倍。

通过田间调查和室内饲养观察发现，蚜虫的寄生性天敌主要有小蜂、蚜茧蜂等，其寄生率因种植方式不同存在差异。油菜和豌豆混播对天敌有吸引作用，僵蚜率高出单作田 1.4～2.7 倍。在麦类生长后期，蚜虫的被寄生率高达 90%以上。鳞翅目昆虫幼虫自然被寄生率一般为 20%～40%。昆虫在西藏的发育时间较长，特别是若虫或幼虫末龄历期长，因此遭受天敌攻击的可能性更大。

西藏耕地规模极小，耕地面积仅占全区土地面积的 0.19%，农田被大片山地、林地、草地包围，增加了物种多样性。这为天敌昆虫提供了中间寄主、食物及隐蔽、越冬和栖息场所，也为多食性害虫提供了代替寄主，有利于维持天敌种群密度，增加天敌数量和种类多样性及控害效率。

西藏农田生态系统中的害虫与益虫间处于动态平衡，具有较强的自我调节能力，西藏农田生态系统客观上成为作物、害虫、天敌共同生存的较为稳定的农田生境。要充分认识传统的农业耕作制度，对与作物共生的杂草和昆虫群落应进一步调查和评价，以确定各生物间的相互作用机制和生态治理的主要对象。对于传统农业耕作制度中系统的科学观念，仍需进一步挖掘、研究和利用。

四、西藏耕作制度的改革与害虫暴发的关系

值得指出的是，西藏重大害虫的发生无一例外都与农业耕作制度大规模的改革密切相关。青藏高原局部农业生态系统相对简单，表现出较强的脆弱性。农业耕作制度大规模的变化、人工林苗木的大量引进和不当种植，很容易使脆弱的生态系统遭到破坏，使害虫组成和发生呈现新的格局与特点，甚至导致一些次要害虫猖獗发生。

（一）小麦耕作制度改革与害虫发生

20 世纪 70 年代以来，农业上的害虫大暴发与冬小麦的引进和栽培面积的扩大密切相关。西藏冬小麦引进成功并大面积推广，种植面积达到当地耕地面积的 1/4，改变了原有的农业生态系统。一个显著的特点是西藏有了越冬作物，在一定时期内促进了粮食产量的提高，但是也给多种作物害虫提供了冬春活动场所和丰富的食物，特别是麦无网长管蚜 *Metopolophium dirhodum*、麦二叉蚜 *Schizaphis graminum*、麦长管蚜 *Sitobion avenae*、小麦卷叶瘿螨 *Aceria tosichella* 等，并且传播小麦黄花叶病，这些病虫害的暴发

导致西藏农业生产 10 年间（1976～1985 年）展开了大规模的病虫害化学防治，化学药剂用量达到有史以来的最高值，但 10 年间粮食产量徘徊不前，没有显著提高。对于上述害虫的严重发生，化学防治并没有从根本上解决问题。经过多年的研究，西藏自治区农牧科学院集成并实施了改种植模式、改防治方法，用生态调控、用生物防治的“两改两用”高原害虫防控对策；凝练了压缩冬播面积、合理轮作、间混套作等生态调控措施，以及堆积物庇护天敌、种植豆科作物诱集天敌、严禁撒播农药拌种以保护天敌等 8 项轻简化实用技术。这些措施简便易行，既符合青藏高原实际，又显著提升了天敌控制害虫的效果，为青藏高原害虫绿色防控奠定了基础。以上措施通过压缩冬播面积、推迟播种时间减少害虫的越冬寄主，切断主要传播途径，使因化学防治失衡的农业生态系统回归到原来的动态平衡，有效减少了害虫的暴发。

（二）苗木引进与害虫发生

林业上的害虫暴发与大规模的苗木引进密切相关。春尺蠖 *Apocheima cinerarius* 是人工林中发生最为严重的害虫，主要为害柳树，于 20 世纪末随着柳树引进，从甘肃等地侵入西藏拉萨、山南等地，成为人工林培育前期的重要害虫。河曲丝叶蜂 *Nematus hequensis* 是人工林的第二大害虫，于 21 世纪初随着柳树引进，从甘肃等地侵入西藏拉萨、山南等地。青杨天牛 *Saperda populnea* 是人工林的第三大害虫，主要为害杨树，于 2000 年左右随着从甘肃引进的杨树侵入西藏拉萨、山南等地。桃剑纹夜蛾 *Acronicta intermedia* 是人工林的第四大害虫，于 21 世纪初随着从甘肃、西藏林芝市等地引进的柳树侵入西藏拉萨、山南等地。有的害虫随着苗木的引进侵入，再加上当地林木连片种植、种类单一、新发害虫缺少天敌，加重了害虫暴发程度。林木害虫种类和数量从自然调节达到动态平衡、不需要防治，变为常年暴发、年年需要防治的状态。科研人员通过研究分析西藏林木害虫暴发的根本原因，结合当地农业生产水平和民族习惯，发展“三改三用”的绿色防控理念，即改栽培制度、改苗木管理、改防治方法，用生态调控、用物理防治、用生物防治，凝练“三・五”技术体系，形成生态调控五项技术、物理防治五项技术和生物防治五项技术。

耕作制度是农业防治措施中的核心部分，在较大程度上影响着作物与害虫的消长规律及种群动态。耕作制度的改变使害虫及天敌昆虫的组成出现新的格局和特点。在西藏，害虫造成的危害与农业耕作制度密切相关是不争的事实，而采用轮作复种技术不仅提高了粮食产量，在提高天敌昆虫数量、抑制害虫发生上也有明显的效果。因此，西藏农业耕作制度的发展应在传统制度的基础上，因地制宜、统筹兼顾，既重视粮食作物的高产稳产，也注重发挥天敌昆虫的作用，增强农业可持续发展能力（戴万安和王保海，1993）。

五、青藏高原资源昆虫保护在生态文明建设中的作用

西藏昆虫物种多样性高，在确定重点保护的资源昆虫类群时，要全面充分考虑天敌昆虫、传粉昆虫、药用昆虫、观赏昆虫、珍稀昆虫等各种情况。

（一）天敌昆虫抑制害虫发生，减少农药污染

青藏高原天敌昆虫已知1400余种，在农业生产中发挥着自然控制害虫的重大作用。尤其是在边缘农林区，农作物及林木生长良好、产量稳定，没有出现遭受害虫严重为害的现象，也就没有使用农药防治害虫的必要。青藏高原"岛屿状+立体"生态系统处于动态平衡状态，与平原地区天敌滞后的跟随现象不完全相同。小生境既受水平地域影响，又受垂直地带影响。就种植区害虫而言，一般处于垂直带的中间地带，既受上部邻接地带天敌昆虫的影响，又受下方邻接地带天敌昆虫的影响。在害虫发生前期，下方邻接地带的天敌上移，控制害虫为害；在害虫发生后期，上部邻接地带的天敌下移，控制害虫为害。西藏边缘农林区 70 多年无施用农药的历史，也证明了这一点。青藏高原植物保护要突出生态治理、农业防治、自然控制为主导的防治技术体系，明确和树立具有青藏高原特点的植保观念，促进昆虫保护，建设好国家生态安全屏障，这是植物保护工作者的神圣职责。

（二）传粉昆虫提高农作物的产量和植物的抗逆能力

青藏高原已知的传粉昆虫有 3000 种以上，主要包括蜂类、蝶类和蝇类等。熊蜂类有 67 种，分布广、栖息海拔高，800～5630m 都有分布。熊蜂身上的刚毛可携带上百万粒花粉，授粉效率是蜜蜂的 80 倍，且授粉种类比蜜蜂更多，活动时间更久，是高原最重要的传粉昆虫类群之一。传粉昆虫促进了虫媒植物生长，提高了植物抗逆性，带来的社会效益和生态效益是经济效益的 140 多倍。

蜜蜂授粉对农业生产贡献巨大。据测算，2010 年蜜蜂传粉给中国农业生产带来的经济价值为 7182 亿元，2015 年蜜蜂授粉带来的中国农作物增产价值达 3000 亿元以上。

（三）观赏昆虫丰富了生物多样性

观赏昆虫主要指蝶类、锹甲类、犀金龟类、臂金龟类、大蚕蛾类等。这些昆虫中不少种类是各地昆虫博物馆的"镇馆之宝"，或是昆虫爱好者争相收藏的种类。由于观赏性高、标本难得，金凤蝶短尾亚种 *Papilio machaon asiaticus*、蓝带枯叶蛱蝶 *Kallima alompra*、印度长臂金龟 *Cheirotonus macleayi* 等甚至被非法采集者和倒卖者报出上千元乃至上万元的高价，种群数量因此受到一定影响。绢蝶是高海拔蝶类，是高原的珍稀昆虫，能够起到传粉作用，也丰富了高原的生物多样性。观赏性昆虫在青藏高原没有严重为害的记录。

（四）药用昆虫类促进农牧民收入提高

青藏高原主要药用昆虫有 140 多种，最著名的是冬虫夏草。根据资料统计，仅西藏的虫草年产量就在 36～48t，可实现 20 亿～30 亿元的经济产值，是青藏高原特别是虫草产区农牧民增收的重要来源之一（李晖，2012）。

（五）青藏高原珍稀昆虫的稀有性

青藏高原有珍稀昆虫 100 多种，如中华缺翅虫 *Zorotypus sinensis*、墨脱缺翅虫 *Zorotypus medoensis*、印度长臂金龟 *Cheirotonus macleayi*、伟铗虮*Atlasjapyx atlas*、三尾

凤蝶 *Bhutanitis thaidina*、藏叶䗛*Phyllium tibetense*、安达刀锹甲 *Dorcus antaeus*、君主绢蝶 *Parnassius imperator*、西藏山蛉 *Rapisma xizangense*、察隅山蛉 *Rapisma zayuanum*、西藏优螳蛉 *Eumantispa tibetana*、西藏新蝎蛉 *Neopanorpa tibetensis*、西藏盲蛇蛉 *Inocellia tibetana* 等，都是青藏高原稀有的种类。

金凤蝶有金凤蝶西藏亚种 *Papilio machaon ladakensis* 和金凤蝶短尾亚种 *Papilio machaon asiaticus*，分布于青藏高原腹地（3700m 以上的地域），但非常罕见。王保海在西藏 40 年间，仅在西藏林周县北部（海拔 4100m）、拉萨甘白山（海拔 3700m）、札达（海拔 3900m）发现并采集；戴万安在桑日县（海拔 3700m）发现并采集，西藏林业局的刘务林在申扎发现并采集；中国科学院动物研究所的李传隆在羊八井（海拔 4300m）发现并采集，周尧只在拉萨达孜县（现为达孜区）拍摄照片并采集。

珍稀昆虫或形态优美，或形态特异，对生境要求高，数量稀少，价值是无法估量的。即便是昆虫学者想对其展开深入的科学研究，也由于材料难以获得，各类研究相较于其他类群的进展也更为缓慢。

六、坚决贯彻《中华人民共和国野生动物保护法》，加强对青藏高原资源昆虫的保护

国家对珍稀、濒危的野生动物实行重点保护。国家重点保护的野生动物分为一级重点保护和二级重点保护。《国家重点保护野生动物名录》由国务院野生动物保护主管部门组织科学评估后制定，每 5 年评估一次，根据评估结果对名录调整后，报国务院批准公布。

地方重点保护野生动物是指国家重点保护野生动物以外，由省、自治区、直辖市重点保护的野生动物。地方重点保护野生动物名录由省、自治区、直辖市人民政府组织科学评估后制定、调整并公布。迄今为止，西藏资源昆虫保护名录还很不完善，保护力较低，甚至没有摸清保护对象，致使众多资源得不到应有的保护。坚决贯彻《中华人民共和国野生动物保护法》，加强对青藏高原资源昆虫的保护，是落实青藏高原生态文明建设的重要措施。

第二章　青藏高原资源昆虫研究史

关于青藏高原昆虫学研究，西藏历史档案馆等单位整理和发表的《灾异志：雹霜虫灾篇》中记载了自1797年后约200年间的虫灾档案。广大藏族人民在发展农业生产和与自然相处的漫长过程中积累的许多经验流传至今，并与其他地区文史资料中记载的方法有相同或相似之处。例如，篝火诱杀，《诗经•小雅•大田》记载“田祖有神，秉畀炎火”，由此可见，火诱杀虫的办法在中国已经有3000多年历史；开沟陷杀主要针对蝗虫若虫和无翅蝗；人工捕打的最早记录是王莽地皇三年（公元22年）采用的方法；灌水灭虫在《灾异志：雹霜虫灾篇》中也有明确的记载。

过去对青藏高原昆虫的研究主要围绕青藏高原昆虫资源调查、青藏高原昆虫区系组成、青藏高原昆虫分类系统三方面开展。

第一节　青藏高原昆虫资源调查

青藏高原多样的地貌结构、神奇的生态景观、丰富的生物资源，以及扑朔迷离的故事吸引了众多探险家、科学家和游客。

一、国外研究者早期在青藏高原的考察活动

青藏高原的昆虫资源调查在18～19世纪比较盛行，当时主要是外国人的考察活动。

18世纪中叶，考尔巴克（Kaulback）进入西藏采集昆虫标本。英国植物学家金顿•沃德（F. Kingdon Ward）于1920年前后深入西藏大峡谷，他的活动范围很广，除了大峡谷底部低海拔的密林深处，还攀登上高海拔的高山地带，编写了《藏布峡谷之谜》（*Riddle of the Tsangpo Gorges*）、《植物采集者在西藏》（*A Plant Hunter in Tibet*）等著作，他在西藏活动期间采集到大量生物标本，包括不少昆虫标本，这些标本多数保存于大英博物馆，其中蝗虫类由俄罗斯昆虫学家尤万诺夫整理鉴定，命名不少种类，如发表9个隶属于高山缺翅的金蝗属 *Kingdonella* 的种，其中沃德金蝗 *K. wordi*，印秃蝗属 *Indopodisma* 之下的金印秃蝗 *I. kingdoni* 等，都是以他的名字命名的。

据瓦里（Vaurie）1972年的记述，英国人威廉•摩尔科夫特（William Moorcoft）于1812年进入青藏高原阿里地区，在现在的玛旁雍错一带进行了地理考察和动植物观察采集活动。此后，埃尔芬斯通（Elphinstone）于1815年、斯特雷奇（Strachey）于1848年、奥斯汀（Austen）于1863年、利特代尔夫妇（Mr. & Mrs. Littledle）于1895年、齐格迈耶（Zugmayer）于1906年、斯文•赫定（Sven Hedin）于1906～1908年、勒德洛（Ludlow）于1932年、萨利姆•阿利（Salim Ali）于1945年陆续深入阿里采集、观察，获得了大量动植物标本及其他学科资料。

普热瓦尔斯基（Przewarski）在1870～1873年4次赴内蒙古、甘肃、青海、新疆直

至深入西藏考察，行程约 30 000km，获取植物标本 1700 种、15 000 号以上，以及动物标本 685 种、8500 余件。1889～1890 年，在彼夫佐夫组织的考察中，研究人员获得新疆、青海、西藏的植物标本 700 种、700 余号，动物标本 500 种、1780 号。1897 年，罗博罗夫斯基（Roborovski）自藏东南丁青采集包括昆虫在内的数万号生物标本。1934～1936 年，德国人霍恩（Hone）深入云南丽江、啊墩子（A-tun-tze，今德钦），四川巴塘、康定等地采集标本。1923～1930 年，美国人格雷厄姆（Graham）在康定、丽江等地也采集了大量昆虫标本。

二、中国的科学工作者在青藏高原的考察研究

（一）国内研究者早期在西藏的昆虫研究

国内早期昆虫学研究机构——中国西部科学院由卢作孚创办，其下设的生物研究所成立于 1931 年，下设动物、植物两部，其中动物部又分为昆虫部和兽鸟部。20 世纪 30 年代初，时任动物部主任的德国昆虫学家博得利曾率队赴西康采集昆虫标本 600 多件。1939 年，四川大学组织川康科学家考察团，周尧、郑凤瀛、郝天和等进入康定、贡嘎山东坡、西昌及汶川、理县等地。1939～1941 年，李传隆到理县、松潘、西昌、盐源、会理、巧家、康定、泸定等地调查昆虫。相当长的时间以来，研究中国蝗史的历史学者多把目光集中在内地，搜集史料，探赜索隐，初步勾画出我国内地蝗灾和治蝗的基本历史脉络。然而，当时的研究对边疆地区却少有关注，尤其是对西藏的蝗灾几乎所有的研究论著都无涉及，给人以青藏高原古代无蝗灾的错觉。之所以出现这种局面，一是西藏地区偏远，自然环境恶劣，与内地交流不便，无论是涉及西藏的史志，如《清史稿》《清实录》《西藏志》《卫藏通志》等，还是自然灾害史料汇编专书，如《中国历代天灾人祸表》《中国古代重大自然灾害和异常年表总集》《中国农业自然灾害史料集》等，抑或是论及西藏自然灾害的重要学术著作，如中国科学院青藏高原综合科学考察队编著的《西藏农业地理》等，对西藏蝗灾都罕有记录；二是号称“第三极”的青藏高原许多地方终年白雪皑皑，常给人一种先入为主的错觉，认为此地只有雹、雪、风、水之灾，然而，地形、气候复杂多样的青藏高原亦具有蝗虫发生并为害的生态条件。

1990 年，由西藏历史档案馆、西藏社会科学院、西藏农牧科学院、中国科学院地理研究所组织编译，由中国藏学出版社出版《灾异志：雹霜虫灾篇》，其中“虫灾”部分收录了反映藏族地区虫灾的清代与民国时代西藏档案 40 件，内有不少涉及蝗灾发生、危害、防治思想与方法等的内容。由于史料匮乏，这些第一手档案资料显得弥足珍贵。

（二）西藏和平解放后青藏高原的昆虫考察研究

1. 西藏植保科技人员的考察研究

（1）1951～1980 年艰难开拓起步期

1952 年，为发展西藏的农业生产，西藏科学工作队入驻西藏。1952 年 7 月 1 日在拉萨西郊拉萨河畔建立“拉萨农业试验场”（即西藏自治区农牧科学院前身），这是西藏有史以来建立的第一个科学试验研究机构，西藏昆虫研究从此正式展开。此后不久，工作队从拉萨出发，途经日喀则、江孜、帕里、吉隆、萨迦、拉孜等地，对西藏农业进行

首次考察。

对西藏农业病虫害调查结果显示，此阶段害虫危害不严重。其一，可能是调查面积有限；其二，可能是农田杂草较多，使得庄稼受虫害不重；其三，可能当时以春播为主，不利于害虫发生发展。后来的调查也验证了这一结果。研究发现，地老虎、蛴螬及斑蝥等农业害虫为害普遍，但也不十分严重。

此后的10年里，农业有害生物考察面越来越大，尤其是在1963年正式成立“西藏农业科学研究所”，正式设立了植物保护专业研究组织——西藏农业研究所植保组，西藏的植保事业才和其他学科的事业齐头并进发展。

1961年，由西藏的植物保护工作者拟定“西藏农业病虫害及农药资源调查提纲”，组织调查队伍，对西藏山南沿江农区的贡嘎、扎囊、乃东、桑日、琼结5个县的10个区19个乡农业病虫害的发生情况做了比较全面的调查。参考中国科学院综合科学考察队1960～1961年在拉萨、日喀则、江孜、山南、林芝等地的考察，中国农业科学院1952～1954年的调查报告，以及其他单位在其他地区的调查结果资料，截止到1961年，在西藏共发现农业虫害40种。

上述考察工作虽然是初步的、粗浅的，却是在当时当地条件下所作出的开拓性工作，贡献出了西藏昆虫研究最早的第一手宝贵材料，为后来的工作奠定了基础。

1962～1971年，西藏植保人员连年持续开展了调查工作，不断有新发现的农业害虫。

1977年，西藏农业研究所植保组在《西藏农业科技》上发表了《关于我区麦类作物病虫害的防治意见》，这是有史以来西藏植保工作者发表的第一篇昆虫研究论文。

1978年，西藏昌都地区农业科学研究所、日喀则地区农业科学研究所在《西藏农业科技》上分别发表了《秀夜蛾发生与防治研究简报》《青稞新害虫——缺翅黄蓟马》；王富顺、何隆甲发表了《甘蓝夜蛾生物学特性的观察及防治》《拉萨河谷农区四种金龟子发生规律的初步研究》等论文。

1979年，王荫长、巴桑次仁发表了《西藏农作物害虫的种类及其发生特点》、梁玉璞、江白发表了《苹果绵蚜调查研究初报》、胡胜昌发表了《麦毛蚊的初步观察》、李新年发表了《八字地老虎发生与防治的初步观察》。

西藏植保工作从1951年起步，到1980年步入科学发展时代，很多领域都是开拓性的，研究结果也是在非常艰苦的条件下取得的。

在此阶段，主要研究人员有：张大镛、王富顺、杨宗岐、林大武、何隆甲、强巴格桑、王荫长、梁玉璞、胡胜昌、李新年。

（2）1981～1990年发展成熟期

1981年，为了进一步做好植保工作，加快农业发展，西藏农业研究所承担了西藏自治区科委下达的重点科研项目“西藏农业病虫草害及天敌资源调查研究”。1982年，日喀则地区农牧局、农技推广总站、山南地区农业科学研究所、西藏农牧学院等单位也先后参与该项目的工作。王保海主持了西藏东部兼顾西部的考察，胡胜昌主持了西藏西部兼顾东部的考察。此次考察，是在国内外有关专家对西藏进行历次科学考察的基础上，首次主要依靠本地的科技力量经过周密计划所进行的一次大规模科学考察。在西藏各级领导和各族人民支持下，在驻藏部队的帮助下，参加考察的人员历经8年，克服高原缺氧、交通不便等困难，跋山涉水、风餐露宿，艰苦奋斗、团结协作，行程数万千米，取得了辉煌的成就。

1985年，在前期调查研究的基础上，张大镛、林大武、王保海等在陈一心、方承莱、王林瑶、蔡荣权、赵仲苓、薛大勇等学者的帮助下完成了《西藏昆虫图册　鳞翅目第一册》的编写工作。1986年，由西藏人民出版社出版，填补了西藏地方科技人员出版昆虫科技图书的空白。

1987～1988年，在西藏自治区科委、自治区农牧厅等的组织下，章士美组织全国多位学者编写了《西藏农业病虫及杂草》（第一册、第二册）。

这一阶段是西藏植保工作有突破性进展的阶段，主要标志是完成了西藏部分主要害虫的研究，由本地科技力量完成重大科技项目“西藏农业病虫草害及天敌资源调查研究”。前后8年组织了24个单位104人，统一方案、科学分工，普查与典型调查、系统调查和专项研究结合，对西藏7地（市）62个县展开调查，总行程66万km，其规模、广度、深度，以及投入的人力、财力、物力和工作成果都是前所未有的。采集农业病虫草害及天敌资源标本28.5万件，建成拥有丰富种类的标本馆，在生产、科研、教学中发挥了重要作用。与内地20多个院校、科研单位协作，鉴定出病虫草4000余种，命名221种，整理出西藏特有种近1000种，有特殊利用价值的近1000种。《西藏昆虫图册　鳞翅目第一册》和《西藏农业病虫及杂草》（第一册、第二册）三部专著相继出版，共115万字，是当时西藏依靠本地力量完成的最完整、最系统的植保著作，重点系统地对麦蚜、地下害虫、蓟马、甘蓝夜蛾、麦类黑穗病、条纹病、野燕麦、灰藜、瓢虫、蜘蛛等主要农业病虫草害及天敌资源进行了180多个点8000多个类型田的发生面积、密度、消长规律等调查，基本掌握了西藏主要农业病虫草害及天敌资源的家底。积累了大量的资料，同时，还开展了农业昆虫区划、主要害虫发生预测、农林业蜘蛛区系等十几项专项研究。明确了自然控制在西藏有害生物综合治理中的重要性以及益害间相互作用的复杂性和极端重要性，提出了农作物病虫草害综合治理的总体策略：天敌资源的保护利用、使用地方种质的抗性资源、主要病虫草害预测预报、建立高层次平衡稳定的西藏独特农业生态系统等。本地科研工作人员发表研究论文19篇，在国内外产生了重要影响；直接参与各种农业病虫草害防治面积20余万亩[①]，指导各地防治每年近10万亩；累计挽回粮食损失2000余万斤[②]，增加收益1000余万元（当时价）；单独或与县农牧局联合举办各种农技培训班20余期，培训1000多人（次），取得了显著的社会经济效益，为今后的研究奠定了基础。

这一阶段基本摸清了西藏农业虫害的种类、分布、发生特点和危害情况，对确定今后西藏植保工作方向起到很好的指导和借鉴作用；采集的虫害及天敌标本，多有中国新记录，为生物多样性研究填补了空白，为昆虫分类事业作出了巨大贡献，为研究昆虫区系起源和演替提供了极其宝贵的材料。此次考察成果，获得西藏自治区科技进步奖一等奖和国家科技进步奖二等奖。主要获奖人员：胡胜昌、王保海、李爱华、何潭、阎兆兴、王宗华、章士美、蒋金龙、胡颂杰、林大武、黄文海。

这一阶段的研究人员有：林大武、强巴格桑、达娃扎巴、胡胜昌、王保海、张涪平、

①亩，面积单位。1亩≈666.7m^2。

②斤，质量单位。1斤=500g。

李晓忠、李树林、左力、江白、何隆甲、杨静、陈俐、李爱华、尹东升、阎兆兴、姚其忠、王福顺、孔常兴、陈芝兰、王永坡、黄文海、何毓启、崔广程、杨汉元、李建兰、达次、李新年、覃荣、袁维红、何潭、王宗华、覃荣、王翠玲、戴万安、杨雪莲、王建忠、胡晓林、才旺计美、魏学红、邹立等。

（3）1991～2020年发展壮大期

1991～2020年，西藏昆虫研究有重大进展。首先，在过去考察的基础上，青藏高原及全国有关单位130多位专家再次对青藏高原昆虫和蜘蛛及其分布进行了系统考察。考察范围不局限于西藏，还联合青海，研究广度上进一步加大。设置137个片区、13 672个样点，很多为新中国成立以来的历史性新样点，包括海拔超过6200m的西藏阿里、那曲无人区样点55个。积累标本210万件以上，其中主要调查单位西藏自治区农牧科学院采集13.32万件，西藏农牧学院采集11.3万件，青海大学采集8.1万件；长期合作单位河南农业大学采集9.8万件，中国农业大学采集10.6万件，河北大学采集20.2万件，中国科学院动物研究所采集40.6万件；其他有关科研单位、大专院校采集100万件以上。从此，青藏高原昆虫学研究有了雄厚的基础材料，西藏和青海能够独立开展研究，极大地缩小了与内地的差距。

本阶段着重于昆虫志编写，昆虫区系、作物害虫的绿色综合防控研究。1991年，陈一心、王保海、林大武编著了《西藏夜蛾志》，并获北方十省区和中南五省区优秀科技图书一等奖。1992年，王保海、袁维红、王成明、黄复生、唐昭华、林大武等编著了《西藏昆虫区系及其演化》并获中南五省区优秀科技图书一等奖，入选当代科技重要著作。2006年，王保海、黄复生、覃荣等编著了《西藏昆虫分化》，并获中南五省区优秀科技图书一等奖，列入"十一五"国家重点图书出版规划。本阶段还出版有《西藏植保研究》《西藏昆虫研究》《青藏高原天敌昆虫》《青藏高原农业昆虫》《青藏高原昆虫地理分布》《青藏高原瓢虫》等。同时，研究人员开展了30多项昆虫专项研究，发表了千余篇论文。

这一阶段的标志性成果有两个获国家奖，简述如下。

1）"西藏昆虫区系及其演化和西藏夜蛾研究"获国家自然科学奖四等奖，填补了西藏获得国家自然科学奖的空白，主要获奖人员：王保海、袁维红、陈一心、黄复生、王成明、唐昭华、覃荣、王翠玲、林大武。研究人员针对西藏昆虫区系的争论、夜蛾类群家底不清开展科学研究，考察了西藏7个地市73个县，采集10万余件标本，鉴定西藏昆虫3900余种，其中西藏新记录近1000种。发表昆虫专著3部，以及论文56篇。

《西藏夜蛾志》将西藏夜蛾记录种类数量由216种刷新到543种，是当时国内收录西藏夜蛾种类最多、最系统的夜蛾专著。根据翅脉的形态，厘定了夜蛾总科和夜蛾亚科的分类系统，并将西藏夜蛾的地理分布划为五大分布区：喜马拉雅山脉中段南缘地区，这一区域种类最为丰富，东洋区成分占优势，也有不少喜马拉雅山脉的特有成分，与周围地区间区系成分关系密切；喜马拉雅山脉东段南缘区，这一区域种类丰富度仅次于前一区域，东洋区种类占优势，有不少属于热带区系；墨脱、察隅、波密，热带区系特色最明显；阿里、那曲，主要为古北区成分，有少量中亚区系成分；横断山区，以古北区和东洋区的混合成分为主，也有不少特有成分。此外还论述了西藏夜蛾的适应特点、生物学特性、发生规律、迁飞与迁移特点、综合治理方法，促进了西藏害虫绿色防控技术的进步。

《西藏昆虫区系及其演化》入选全国当代科技农业领域重要著作。在区系研究中，不单以一科甚至一属作为分析对象，而是以全群大数量为依据，明确了西藏昆虫区划的原则、方法和依据，阐明了影响区划的环境条件；将西藏昆虫区系划分为 2 个大区、6 个亚区、13 个小区；提出西藏昆虫区系既古老又年轻的理论，明确了西藏昆虫垂直分布的特点、不同垂直带谱昆虫的成分、不同垂直分布特有昆虫占比、水平分布与垂直分布的关系；阐明西藏昆虫区系起源及演化历经的 5 个阶段，以及适应进化的 5 个方面；首次依据特有种类占比，提出把青藏区作为世界昆虫地理区划之一，与东洋区和古北区平级。这一理论得到昆虫学家周尧的认可并引用。到本书完稿时，《西藏昆虫区系及其演化》已被引用 100 余次。

2）“青藏高原青稞与牧草害虫绿色防控技术研发及应用”获国家科学技术进步奖二等奖。

该项目围绕建设青藏高原生态屏障和国家高原特色农产品基地的重大战略需求，针对 20 世纪 80 年代青稞与牧草害虫猖獗为害、粮食产量连续十年徘徊不前、农药不当使用等严峻形势，以青稞和牧草主要害虫为治理对象，查清了昆虫的种类、分布、分化与适应特点，探明了主要害虫成灾机理，创建了青稞与牧草害虫绿色防控技术体系，并进行大面积推广应用。实现了青藏高原连续 21 年农产品的稳定增产，进一步保护了祖国江河源、水塔源的环境，提升了西藏的科技水平，促进了西藏及其周边地区的和谐发展。在理论上，针对青藏高原昆虫家底不清的状况，进行了全面考察与研究，鉴定出昆虫与蜘蛛 10 133 种，命名 119 种，补充青藏高原记录 3864 种。依据青藏高原昆虫组成的特殊性，提出划分青藏高原青稞与牧草昆虫水平分布的三大区域、垂直分布的三大地带、三大分化类群和三大分化趋向等观点，丰富了青藏高原昆虫区系及生物地理学理论。从种群、群落、系统三个结构层次和植物、害虫、天敌三者相互作用，解析了 5 种重要害虫的灾变规律，发现了扩大冬播面积及不当早播是引发虫灾的主要原因，证实了化学防治不当是导致害虫再猖獗的首要因素，发展了高原害虫监测预警有关理论，揭示了主要害虫的成灾机理。提出了生态调控、生物防治及保护天敌等绿色防控技术体系，适合青藏高原独特的人文地理环境及农业生产需求，创建了不同生态区域的治理措施。

在技术上，针对青藏高原独特的农牧业环境与生产特点，将农牧区划分为生态稳定区、半脆弱区和脆弱区三大区域，各区采用不同的害虫防控方法，创造并实施了青藏高原害虫分区治理模式。集成并实施了改种植模式、改防治方法、用生态调控、用生物防治的“两改两用”高原害虫防控对策，研发出 5 项天敌扩繁与保护技术，优选应用 3 种高效生防制剂，凝练了 8 项轻简化实用措施，构建了“简单、环保、高效”的青藏高原害虫绿色防控技术体系。该体系地域特征鲜明，实用效果好，既有效地遏制了害虫的危害，又尊重当地居民不杀生的宗教习俗，易于推广应用。在应用上扭转了青藏高原荒漠化地域害虫防治的负效益，取得了显著的经济、生态和社会效益：1992 年以来累计推广应用 6.6 亿亩，挽回青稞与牧草产量损失 54.7 亿 kg，产生直接经济效益 105.7 亿元，少用化学农药 7302.6t，天敌数量增长 44%～56%，打破了西藏粮食产量的十年徘徊，实现了粮食连续增产的历史性进步，在解决温饱及粮食自给问题上具有突出贡献。围绕该项研究，项目组成员编撰专著 8 部；发表论文 75 篇；举办培训班 33 期、340 多场，培训农牧民 1.6 万余人次，提高了农牧民对害虫防治的认识水平。

获奖人员：王保海、王文峰、张礼生、巩爱岐、陈红印、覃荣、王翠玲、李新苗、李晓忠、扎罗。

这一阶段的研究人员有：林大武、王保海、王文峰、张涪平、李晓忠、左力、杨静、陈俐、李爱华、尹东升、阎兆兴、姚其忠、王福顺、孔常兴、陈芝兰、王永坡、黄文海、杨汉元、达次、覃荣、王翠玲、戴万安、杨雪莲、王建忠、潘朝晖、胡晓林、才旺计美、魏学红、邹立等、扎罗、姚小波、张亚玲、翟卿、桑旦次仁、雷雪萍、次旦普尺、张欢欢、相栋、李杨、庞博、赵卓、赵远、陈新兰、陈翰秋、刘何春、次仁央拉、边巴普赤、吴沁安、席玉强、刘晨阳等。

2. 青海植保科技人员的考察研究

从 1950 年开始，当时的青海农业实验场的技术人员组成的青海省农作物病虫害调查工作队，到西宁市、互助县、乐都县（现为乐都区）、民和县、贵德县、海西州（柴达木盆地）、通化县、兴海县，采用黑光灯诱集、糖醋液诱集、网捕等方法进行调查。主要调查对象涉及农作物病原物、害虫、害兽、天敌生物，其中害虫以小麦吸浆虫、螟虫、地下害虫、果树害虫、麦秆蝇等为主。到 1960 年，先后形成了多项总结和调查报告。这是新中国成立后第一次对全省农作物病虫鼠害进行的全面调查，摸清了青海省农田病虫草鼠害发生概况。

青海省农林科学院植物保护研究所害虫防治研究室是青海省昆虫研究的主要科技力量。1954～1958 年，开展地下害虫研究。1955～1957 年，开展青稞穗蝇调查与防治试验研究。1955～1960 年，开展豌豆象、根瘤象鼻虫调查与防治试验。1955～1964 年，开展小麦吸浆虫调查与防治试验研究。1956～1958 年，开展草地螟调查与防治试验研究。1956～1963 年开展黏虫调查与防治试验研究。1957～1959 年，开展草地螟调查与防治试验研究。1957～1963 年，开展青海省黄斑草毒蛾研究及农业病虫害防治区划。1957～1960 年，开展苹果巢蛾调查与防治试验研究。1958 年，开展地下害虫研究。1958～1963 年，开展梨星毛虫的发生规律与防治技术研究。1959～1960 年，开展梨花象甲、梨茎蜂调查与防治技术研究。1958～1960 年，开展苹果、沙果小食心虫调查与防治试验研究。1960 年，开展地下害虫研究。1960～1961 年，开展麦茎蜂防治试验研究。1960～1964 年又组织了全省地下害虫调查工作。1961～1964 年，开展梨大食心虫调查与防治技术研究。1961 年，崔广钦等开展了萝卜地种蝇调查与防治试验研究。1961～1964 年，开展地下害虫调查与防治试验研究。1962 年，开展白菜蝇生活史观察及药效防治调查与防治试验。1962～1965 年开展白菜蝇生活习性观察及药效防治调查与防治试验。1963 年，张世珩开展了白菜蝇生活习性观察及药效防治试验。1964～1966 年，张世珩等开展地下害虫调查与防治试验研究。1966～1973 年，开展杀螟松防治小麦潜叶蝇药效调查和防治试验与示范。1971～1972 年，开展新杀菌杀虫农药大田调查和防治试验与示范。1972～1974 年，李美信开展了豌豆小卷蛾调查与防治试验研究。

1974 年，青海省生物研究所成立了由 16 人组成的西藏阿里动植物科学考察队，成员是潘锦堂、印象初、周永福、王佐平、李世龙、魏金成、刘尚武、张盍曾、武云飞、黄永昭、郑林昌、李继钧、李德浩、冯彦、崔清弟和徐朗然。考察队行程 12 000km，考察阿里 6 个县，获得了大量的研究资料。这次科学考察是对西藏阿里地区展开的一次开拓性的工作，初步查明阿里地区有植物 349 种，鸟类 91 种，兽类 25 种，鱼类 12 种，爬行类 2 种，昆虫 28 种。对于青藏高原西部系统研究的空白区域，这些研究资料是非常宝贵的。

1975 年，李美信开展了地下害虫调查与防治试验研究。1976 年，张世珩等开展了农作物地下害虫调查与防治试验研究。1977～1978 年，李美信等再次开展了地下害虫调查与防治试验研究。1978～1981 年，赵利敏开展了绿僵菌对小云斑鳃金龟的致病性研究，以及小云斑鳃金龟雌虫的性外激素鉴定分析及利用研究。1979 年，李美信开展了白僵菌对小云斑鳃金龟幼虫防治试验与效果调查，杨励东开展了春油菜田害虫的调查与防治试验。1979～1984 年，周启明等调查了蔬菜上的主要病虫害种类及危害情况，并开展了药剂防治工作。1980 年，李美信调查并鉴定了青海省麦类经济昆虫的种类。

1980 年，青海省农林科学院植物保护研究所李美信主持项目“麦类经济昆虫种类调查及防治方法研究”，研究内容包括麦类害虫的天敌种类及其分布。参加人员有徐培河、杨荣科、王爱玲、苏春华、许智敏、苏秀芳。确定以西宁市和循化县为重点调查地区，民和县、化隆县为不定期调查点。1980 年，项目组组织农业厅农业技术推广站，青海省农林科学院，民和、湟中、循化等县农业技术推广站科技人员及在职干部 22 人，在循化县进行调查试点，以取得经验，推动全省调查工作的开展。当年 7 月 1～19 日，共调查了循化县 8 个公社的 16 个大队。完成了《循化县农业病虫及天敌调查简结》等 4 份调查总结。当年重点调查和鉴定的主要天敌昆虫有瓢虫类的横斑瓢虫、多异瓢虫、黑点红瓢虫、红点瓢虫；草蛉类的大草蛉；食蚜蝇类的短刺刺腿蚜蝇、短翅细腹蚜蝇；此外还有寄生麦茎蜂的姬蜂、步甲及多种蜘蛛。至 1985 年，完成循化县、湟中县的调查工作，调查对象为农作物和果树。在此项调查工作中，李仲山在白求恩医科大学生物教研室朱传典的指导下，初步整理了《湟源、民和两县农田蜘蛛种类调查简况》，收录农田天敌蜘蛛 17 科 95 种。

1980～1981 年，徐培河等对青海省循化县农作物病虫及天敌进行调查、鉴定与防治，并对青海省高原麦茎蜂的生物学特性及其防治技术开展研究；杨励东等调查了春油菜田害虫的种类与危害情况。1980～1984 年，徐培河等开展了麦茎蜂发生规律及防治研究。1981 年，李美信调查了农业经济昆虫的危害，并鉴定了重要昆虫的种类。1982 年，杨明、李美信开展了小云斑鳃金龟蛹期发育起点温度和有效积温测定。1982～1983 年，杨励东开展了油菜茎象甲等油菜害虫的生活习性、危害调查及防治技术研究。1982 年，青海省森林病虫普查办公室编著了《青海经济昆虫图志》系列著作。1983～1984 年，李美信等开展了小麦吸浆虫、麦鞘毛眼水蝇发生规律及其防治技术研究。1984 年，杨励东开展了油菜茎象甲生活习性及防治研究。

1985 年，许智敏编制了《青海省农业害虫名录》，赵利敏开展了青海省小麦吸浆虫防治技术研究，王爱玲采用黑光灯诱虫技术诱集农田害虫，张宏亮开展了油菜茎龟象生活习性及防治技术研究。1986 年，赵利敏开展了甘蓝型油菜苗期主要害虫的发生规律与防治技术研究，以及麦鞘毛眼水蝇发生规律与防治技术研究。1987～1988 年，赵利敏等开展了甘蓝型油菜苗期主要害虫的发生规律与防治技术研究。1989～1991 年，徐培河等开展了苹果主要害虫发生规律及综合防治技术研究。1991～1993 年，许宏亮等对苹果主要害虫的综合防治进行技术开发与推广。1992～1993 年，徐培河开展了春小麦病虫害综合防治技术研究。1994 年，徐培河编制了《苹果主要害虫防治技术规范》《灰翅麦茎蜂调查与防治规范》《小麦吸浆虫调查与防治规范》。

1994 年，蔡振声、史先鹏、徐培河编著的《青海经济昆虫志》，包含 17 目 214 科 1646 种，其中青海记录种增加了 218 种，附图 806 幅，鉴定至属的有 42 种，对当时青海经济昆虫的家底进行了阐释。

1994～1995 年，赵利敏开展了春小麦主要病虫害综合防治技术研究。1996～1999 年，强中发开展了春小麦主要病虫害综合防治技术研究。1997 年，杨君丽开展了节能日光温室蔬菜病虫害综合防治技术研究。1997～1998 年，张登峰开展了青海省玉米田棉铃虫发生规律的调查研究。1998～2000 年，杨君丽开展了节能日光温室蔬菜病虫害综合防治技术研究。

2000～2001 年，强中发开展了“病虫净”开发及使用技术研究。2002 年，张登峰开展了新型生物农药 BtA 调查和防治技术与推广，邱学林开展了麦田主要病虫草害可持续治理技术研究。2003～2004 年，侯生英等开展了“病虫净”对农作物主要病虫害化学防治技术调查与防治试验示范。2004 年，张登峰开展了坎布拉林场油松梢小蠹发生规律与防治技术研究，邱学林开展了青海省中藏药材主要病虫草害防治及施肥技术研究和麦田主要病虫害综合治理新技术研究。2004～2006 年，张登峰开展了青海省中芷药材主要病虫害防治及施肥技术研究。2005 年，侯生英开展了“病虫净”对农作物的主要病虫害化学防治技术调查与防治技术示范。2006～2008 年，张登峰等开展了油菜角野螟综合防治技术、青海省中芷药材主要病虫害防治及施肥技术、坎布拉林场油松梢小蠹发生规律与防治技术，以及农药效果调查与防治技术研究。2009 年，郭青云、来有鹏实施“马铃薯甲虫持续防控技术体系构建与示范”项目，调查了马铃薯甲虫发生与危害情况，构建并示范了马铃薯甲虫持续防控技术体系。

2004 年，青海人民出版社出版了巩爱岐主编的《青海草地害鼠害虫毒草研究与防治》。

2009～2016 年，严林、郭蕊、李琳琳、金生英、陈生翠、陈伶俐、李亚娟、马洪福等调查了青海省天然枸杞林和栽培枸杞林病虫害及其天敌昆虫种类与主要病虫害发生规律。调查发现害虫 34 种、天敌昆虫 32 种。34 种枸杞害虫隶属于 2 纲 7 目 18 科，栽培红果枸杞的主要害虫有棉蚜、枸杞瘿螨、枸杞木虱、枸杞绢蛾；天然枸杞林的重要害虫有枸杞绢蛾、枸杞瘿螨；黑果枸杞的主要害虫仅有枸杞瘿螨。印度谷螟主要为害枸杞干果。枸杞蚜虫类的主要天敌昆虫是瓢虫类和丽草蛉，枸杞瘿螨的主要天敌昆虫是枸杞瘿螨姬小蜂；枸杞木虱的优势天敌为莱曼氏蚁。

2010 年，来有鹏、张登峰开展了青海省禾本科植物长管蚜发生调查、田间药效调查与防治试验、青海省农药使用情况调研，获得农药田间调查与防治试验批准证书。2011 年，张登峰等签订小菜蛾防治项目协议，开展了小菜蛾防治试验研究；实施了马铃薯田病虫草害综合防治技术研究与示范，开展了油菜病虫草害综合防治关键技术研究。2012～2014 年，来有鹏、张登峰开展了“病虫净”对农作物主要病虫化学防治技术调查与防治试验示范。2015～2021 年，来有鹏、李秋荣、咸文荣、马永强开展了青海省主要农作物害虫的杀虫剂田间药效调查与防治试验，撰写试验报告。2015～2017 年，李秋荣、郭青云等对引入青海省种植的藜麦、印加萝卜进行了引种风险评估，未发现外来入侵害虫、病原菌及杂草，确认其可在省内种植。

2017～2019 年，李秋荣主持完成了青海省自然科学基金项目青年项目“枸杞蚜吡虫啉抗性比较蛋白质组学研究”，监测了枸杞棉蚜对吡虫啉的抗药性产生情况，建立了抗性、敏感品系，测定了抗性品系的交互抗性谱，并基于比较蛋白质组学技术筛选到了与抗药性产生相关的靶抗原 CYP6k1，建立了基于 CYP6k1 的枸杞棉蚜抗药性酶联免疫吸附测定（enzyme linked immunosorbent assay，ELISA）检测方法，用于比较不同棉蚜田间种群对吡虫啉的抗性水平，完成科技成果鉴定 1 项。2018～2021 年，李秋荣开展了枸杞木虱对寄主挥发性化合物的室内及田间选择性研究，筛选具有显著诱集或驱避作用的气味物质，用于防控枸杞木虱的危害。2019 年，来有鹏完成“青海春油菜全生育期重要害虫‘三甲一螟一蛾’综合防治技术”科技成果鉴定 1 项。

2019 年 7 月，在“2019 年第二批林业改革发展资金国家级自然保护区补助资金”支持下，祁连山国家公园青海省管理局启动了“昆虫专项调查项目”。编制完成了《祁连山国家公园（青海）昆虫专项调查成果报告》及《祁连山国家公园（青海）常见昆虫图鉴》，共鉴定出祁连山国家公园青海片区分布的昆虫纲及蛛形纲动物 512 种，隶属于 18 目 83 科 344 属，其中，命名昆虫 8 种，增加中国记录种 4 种，增加青海省记录种 139 种，基本查清了祁连山国家公园（青海）常见昆虫类群和分布状况。

2019～2021 年，来有鹏、李秋荣参与了青海省重大科技专项“青海农区化肥农药减量增效综合配套技术研究与集成应用”，研发、集成并应用有效的农药减量增效技术，防治油菜、大蒜和枸杞 3 种作物上的重要病虫害。2020 年，刘雲祥获批青海省自然科学基金项目“土地利用对湟水河流域蚋科昆虫生物多样性影响研究”。2021 年，刘雲祥获批国家自然科学地区基金项目“湟水河流域蚋科昆虫生物多样性分布格局研究”，李秋荣、郭青云等制定了青海省地方标准《藜麦主要害虫绿色防控技术规范》。

2000～2021 年，青海省农林科学院植物保护研究所张登峰、咸文荣、杨君丽等在“坎布拉林场油松梢小蠹发生规律与防治技术研究”项目执行期间，对小蠹虫的天敌昆虫（螨类）进行了初步调查研究，记录了小蠹长尾广肩小蜂、西北小蠹长尾金小蜂、秦岭刻鞭茧蜂等，为林业害虫的生物防治提供了基础资料。青海省农林科学院植物保护研究所张登峰、杨君丽、咸文荣等，结合该省油菜害虫防治研究工作，先后对东部农业区的西宁市（以二十里铺镇和大通县为主）、海东地区（以乐都区为主）、海北州（以浩门农场为主）油菜田昆虫种类和主要害虫发生量进行了采集与调查，在此基础上对昆虫种类进行了初步鉴定，整理鉴定出油菜田天敌昆虫 5 目 9 科 22 种。确定主要天敌种类包括瓢虫类、食蚜蝇类、草蛉类和寄生蜂类，此外还有步甲和虎甲。

3. 其他科研院校在青藏高原的昆虫考察

20 世纪五六十年代，中国科学院先后组织了多次青藏高原综合科学考察，取得了显著成就。

西藏和平解放后，为了迅速建设西藏，在交通还十分不便的情况下，国家就组织了科考队伍进藏考察。1951 年，国家派遣了由 50 多人组成的工作队赴藏开展科研工作，对西藏农业、林业、牧业等多方面的问题进行了调研。

中国科学院综合科学考察队于 1960～1961 年组织了综合考察工作。进藏人员积累了大量标本，搜集了丰富的资料。参加昆虫考察的人员有李传隆、王林瑶、王春光、陈永林等，通过考察，采集昆虫标本 5050 件，其中农业昆虫 22 种、资源昆虫 3 种。对西藏主要农区害虫的种类、分布、寄主、危害情况等和资源昆虫的种类与产地进行初步调查研究，提出了农业害虫防治和资源昆虫开发利用的建议。

在 1956～1967 年和 1963～1972 年两次国家科学发展规划中，青藏高原科学考察都被列为重点项目。

1962 年，印象初参加了中国科学院西北高原生物研究所动植物考察队，对青藏高原的蝗虫进行了详细考察，获得了大量的蝗虫标本。1984 年，印象初发表了《青藏高原的蝗虫》，使青藏高原的蝗虫记录由原来的 42 种增加至 200 种，其中，命名 51 个种和亚种。

1974 年，黄复生、李铁生也进入墨脱考察。1975 年，黄复生为了解缺翅虫，再次赴墨脱汗密研究缺翅虫活动动态。

1973～1976 年，中国科学院再次组织西藏综合科学考察，多位昆虫分类学者参与考察，如黄复生、张学忠等于 1973～1974 年进藏，之后又有林再、陈泰鲁、韩寅恒等，以及全国各地大学、研究所的昆虫学者也相继进藏考察。

1979～1984 年，中国科学院组织了青藏高原横断山地区资源昆虫考察，范围涵盖西藏芒康，四川泸定、乡城、卧龙、灌县、南平、若尔盖、道孚、松潘、炉霍、西昌、荥经、红原、理县、马尔康、汶川、甘孜、德格、康定、贡嘎山、雅江、盐源、理塘、巴塘，云南中甸、维西、泸水、丽江、德钦、大理、志奔山、永胜、兰坪、元江、沧源、下关、六库、保山、雀儿山等。

1982～1984 年，中国科学院登山科学考察队先后组织了 22 个单位 100 余人次，对雅鲁藏布江大拐弯南迦巴瓦峰地区的米林、墨脱、波密、林芝等地进行考察，1982～1983 年，韩寅恒、林再参加了昆虫组的考察，采集了大量的昆虫标本。同期，黄复生、李铁生、印象初、李法圣、金根桃、吴建毅、谌谟美、李广武等学者也先后进入这一地区开展资源昆虫调查和标本采集工作。雅鲁藏布大峡谷为人们展示了丰富多彩的生物世界及其极其复杂的进化历史，40km 的距离内囊括了从热带、亚热带，直至温带和寒带的各种景观，吸引了众多昆虫学家到大峡谷开展研究。

自从 20 世纪 70 年代初中国科学院青藏高原综合科学考察开始以来，中国学者就已经意识到雅鲁藏布大峡谷在地理学上和生命科学上具有重要意义，曾多次深入考察。同时，南迦巴瓦峰为研究生物多样性、区系复杂性，以及物种分化机制、区系演化过程等提供了一个难得的基地，对于生物学的研究也具有极其深刻的意义。

中国科学院上海昆虫研究所的金根桃、吴建毅，中国林业科学院的谌谟美等诸位学者先后到大峡谷开展调查，但从未完整穿越大峡谷，有些无路可走的无人区仍是野外考察的处女地。1998 年，姚建参加穿越雅鲁藏布大峡谷的活动，深入无人区地段和过去考察未曾到达的地方，从 10 月 29 日到 12 月 3 日整整 36 天，徒步穿越雅鲁藏布大峡谷的核心地段，实现了首次成功穿越雅鲁藏布大峡谷的壮举，采集昆虫及其他动物标本近 4000 件，首次在喜马拉雅山脉北坡采集到缺翅目昆虫。

这一阶段，在各科研院校对西藏昆虫考察的基础上，《西藏昆虫第一册》《西藏昆虫第二册》《横断山区昆虫第一册》《横断山区昆虫第二册》《青藏高原的蝗虫》《青藏高原蝇类》《喀喇昆仑山-昆仑山地区昆虫》等著作出版。共记录青藏高原昆虫 1 万余种，命名 1000 余种。

2000 年至今，河北大学的任国栋持续每年进藏考察，采集昆虫标本 20 余万号。

西藏和平解放后，青藏高原昆虫调查研究未曾间断，参加考察与研究的科研人员达1000多人（次），主要人员见表2-1。青藏高原昆虫考察所取得的巨大成就，凝聚了本土和全国众多昆虫学者的心血与汗水。尤其是解放初期西藏的老一辈科学工作者，在极其艰苦的条件下，风餐露宿、吃苦耐劳，为开拓青藏高原昆虫事业付出的巨大牺牲、作出的巨大贡献无法估量，他们的足迹遍布高原，成果留在了千家万户，他们的名字留在广大农牧民的心中，是最可爱可敬的科学家。

表2-1　1951～2021年青藏高原昆虫考察参加人员及考察地区

年份	人员	活动地区及地点
1951～1960	李传隆、王春光、杨宗岐、何隆甲、张大镛、王林瑶、陈柏林	当雄县、林周县、林芝市区、墨竹工卡县、拉萨市区、山南市区、日喀则市区、萨迦县、拉孜县、隆子县、错那市、亚东县
1961～1966	王林瑶、王书永、杨宗岐、何隆甲、张大镛、王富顺	日喀则市区、白朗县、萨迦县、拉孜县、错那市、亚东县、聂拉木县、樟木口岸、定日县、珠穆朗玛峰地区
1970～1972	黄复生、李铁生、张学忠、印象初、王子清、韩寅恒、杨宗岐、何隆甲、张大镛、王富顺、林大武	昌都市区、察隅县、八宿县、波密县、拉萨市区、泽当县、措美县、哲古湖、山南市、错那市、曲水县、林芝市区、米林县、墨脱县、朗县、加查县、聂拉木县、樟木口岸、定日县、珠穆朗玛峰地区、江孜县、亚东县、康马县、吉隆县、仲巴县、萨嘎县、芒康县、察雅县、左贡县、类乌齐县、江达县、贡觉县、噶尔县、普兰县、札达县、安多县、改则县、革吉县、日土县、藏北及青海省部分市县
1973～1979	印象初、李铁生、黄复生、张学忠、杨宗岐、何隆甲、张大镛、王富顺、林大武、李铁生、李继钧、武云飞、吴建毅、谌谟美、李广武、徐雍皋、李法圣	西藏阿里地区、林芝市、墨脱县、波密县、米林县及青海省部分市县
1980～1981	王保海、孔常兴、李新年、杨汉元、印象初、吴建毅、金银桃、黄复生、王子清、张学忠、谌谟美、徐培河、尚铁城、彭占清、王永绵、李美信、宋俊儒、陈勤、汪天福、霍成、折乐民、祁永忠、陈占全、杨荣科、拉朗、韩有福、曹运明、王庆兰、王志荣、贾玉刚、张泽泉、何俊、赵香梅	日喀则市区、定日县、隆子县、林周县、山南市、扎囊县、贡嘎县、桑日县、琼结县、洛扎县、加查县、曲松县、措美县、错那市、朗县、循化县、湟中县、互助县、化隆县、西宁市区、平安县、乐都县、湟源县、民和县、贵德县、海西州
1982～1983	王保海、何潭、胡胜昌、黄复生、李爱华、林大武、杨汉元、印象初、孙彩红、张学忠、林再、韩寅恒、李美信、杨荣科、王爱玲、苏春华、许智敏、苏秀芳、徐培河、尚铁城、彭占清、王永绵、宋俊儒、陈勤、汪天福、霍成、折乐民	波密县、察隅县、八宿县、昌都市区、类乌齐县、左贡县、芒康县、盐井县、察雅县、贡觉县、工布江达县、林周县、拉萨市区、西宁市区、循化县、民和县、湟中县、互助县、化隆县、平安县、乐都县、湟源县、民和县、贵德县、海西州
1984～1985	王保海、何潭、王宗华、黄复生、孔常兴、彭云良、王荫长、胡胜昌、石世清、李爱华、陈一心、王永坡、祁永忠、陈占全、杨荣科、拉朗、韩有福、曹运明、王庆兰、王志荣、贾玉刚、张泽泉、何俊、赵香梅、王保忠、薛迪社、薛长学、姚其忠	林周县、当雄县、那曲市区、巴青县、索县、嘉黎县、安多县、桑日县、扎囊县、墨脱县、林芝市、米林县、朗县、加查县、波密县、山南市、工布江达县、墨竹工卡县、曲水县、贡嘎县、堆龙县、平安县、乐都县、湟源县、民和县、贵德县、海西州
1986～1987	王保海、何潭、王宗华、孔常兴、彭云良、王成明、平措旺堆、唐昭华、陈一心、王永坡、黄人鑫、黄复生、张登峰、王保忠、薛迪社、薛长学、胡胜昌、姚其忠	林芝市、达孜县、江孜县、墨竹工卡县、工布江达县、堆龙县、曲水县、隆子县、山南市、当雄县、那曲县、索县、巴青县、丁青县、类乌齐县、昌都市区、八宿县、芒康县、左贡县、察隅县、波密县、日喀则市区、聂拉木县、亚东县、康马县
1988～1989	王保海、王宗华、孔常兴、李晓忠、王成明、唐昭华、陈一心、黄复生、张登峰、郭青云、王保忠、薛迪社、薛长学、姚其忠、覃荣、杨雪莲、王翠玲	工布江达县、林芝市区、米林县、朗县、曲松县、琼结县、山南市、扎囊县、贡嘎县、曲水县、堆龙县、林周县、当雄县

续表

年份	人员	活动地区及地点
1990～1991	王保海、何潭、王成明、李晓忠、袁维红、唐昭华、黄复生、陈一心、张登峰、郭青云、覃荣、王翠玲、黄文海	山南市、工布江达县、林芝市区、米林县、浪卡子县、日喀则市区、江孜县、白朗县、拉孜县、措勤县、改则县、革吉县、札达县、普兰县、仲巴县、萨嘎县、阿里地区
1992～2000	王保海、何潭、李晓忠、袁维红、唐昭华、姚建、黄复生、陈一心、乔格侠、张登峰、郭青云、巩爱岐、王翠玲、覃荣、李晓忠、李新苗、代万安、才旺计美、严林、郭蕊、李琳琳、金生英、陈生翠、陈伶俐、李亚娟、马洪福	昌都市区、察隅县、八宿县、波密县、拉萨市区、泽当县、措美县、错那市、曲水县、林芝市区、米林县、墨脱县、朗县、加查县、聂拉木县、定日县、江孜县、亚东县、康马县、吉隆县、仲巴县、萨嘎县、芒康县、察雅县、左贡县、江达县、贡觉县、噶尔县、普兰县、札达县、安多县、改则县、革吉县、日土县、藏北、措勤县及青海枸杞分布区
2001～2010	乔格侠、任国栋、李成德、黄建、陈红印、张礼生、王保海、覃荣、王永坡、张涪平、潘朝晖、张登峰、咸文荣、杨君丽、郭青云、巩爱岐、达娃、王文峰、王翠玲、姚小波、翟卿、代万安、张涪平、才旺计美、严林、郭蕊、李琳琳、金生英、陈生翠、陈伶俐、李亚娟、马洪福	林芝市区、米林县、波密县、达孜县、拉萨、工布江达县、察隅县、噶尔县、普兰县、札达县、安多县、改则县、革吉县、日土县、藏北、朗县、加查县、聂拉木县、定日县、江孜县、亚东县、帕里县、康马县、吉隆县、仲巴县、萨嘎县、芒康县、察雅县、左贡县、江达县、那曲县、比如县、索县、嘉黎县、措勤县、西宁市区、循化县、民和县、湟中县、互助县、化隆县、平安县、乐都县、湟源县、民和县、贵德县、海西州
2011～2021	王保海、翟卿、达娃、宋刚、陈军、梁红斌、任国栋、张欢欢、杨定、乔格侠、于晓东、白明、黄晓磊、韩香红、高彩霞、牛泽民、宋志顺、刘春香、潘朝晖、张亚玲、姚小波、雷雪萍、王文峰、王翠玲、覃荣、代万安、张涪平、登增卓嘎、李晓忠、相栋、扎罗、李杨、陈翰秋、雷雪萍、刘河春、陈新兰、才旺计美	墨脱县、察隅县、林芝市、波密县、昌都市区、左贡县、芒康县、江达县、察雅县、丁青县、工布江达县、米林县、八宿县、拉萨市区、日喀则市区、阿里地区、改则县、札达县、亚东县、樟木县、吉隆县、拉孜县、林周县、当雄县、那曲市、比如县、错那市

三、青藏高原昆虫区系研究

范斯特（Fanst）（1928 年）、陈世骧（1934 年）、冯兰洲（1935 年）、霍夫曼（Hoffmann）（1935 年）等在划分中国昆虫地理区划时，将西藏高原分别归入不同的区划。1959 年，我国著名的生态学家马世骏在《中国昆虫生态地理概述》中系统研究了中国昆虫地理区系特征，提出中国境内古北区由两个亚区，即中国-喜马拉雅山亚区和中亚细亚地区所组成。西藏、青海合称青藏高寒草原的冻漠区，并归于中国-喜马拉雅山亚区，但夹杂有中亚细亚区系和欧洲-西伯利亚区系成分。而在东洋区内的康滇峡谷森林草地包括昌都以下横断山脉的山地与峡谷。1963 年，陈世骧又对西藏叶甲类区系特征进行了研究。

由于独特的地质历史和生态环境，西藏昆虫区系极其复杂，随着研究的展开，涌现出不同观点。古北区和东洋区界线划分更是存在诸多分歧。

随着考察的深入和材料的丰富，昆虫区划方面的研究成果层出不穷。黄复生在《喀喇昆仑-昆仑山昆虫区系》《西藏东南部山地昆虫区系特点》《高原环境和昆虫的适应》等一系列著作中，以地质学、古生物学和进化论的观点阐明了西藏昆虫由欧亚大陆和南亚次大陆地质运动相互碰撞混合后，经若干世纪的进化而来，由于昆仑山脉和喀喇昆仑-唐古拉山系阻隔了欧亚大陆昆虫的进入，欧亚大陆昆虫成分在本区域内所占比例较少，研究提出了西藏东洋区与古北区的分界线位于喜马拉雅山脉主脊的观点。根据种类、分布、数量、出现频率、所属区系和自然地理条件（包括地貌、气候、植被等），将西藏昆虫区系划分为东洋区和古北区两个大区。东洋区包括喜马拉雅热带雨林区、季雨林亚区和藏东山地森林亚区；古北区包括高寒草原草甸亚区和中亚荒漠亚区，共4个亚区，亚区下又划分了8个小区。

1979年，王荫长在《西藏农作物害虫的种类及其发生特点》中提出，西藏农业害虫区划为：三江流域与雅鲁藏布江中下游河谷农区、雅鲁藏布江中游河谷农区、西部狮泉河和象泉河河谷农区。研究认为西藏自治区农田面积小而分散，森林、草地、荒漠与农田各类生态系统相互影响，故农业害虫以多食性种类为主，随作物生长发育阶段的不同，主要害虫种类也有变化。例如，在半农半牧的干旱区麦类作物上，播种期以半腐食性的毛蚊和拟步甲幼虫为害较为突出；苗期至拔节期以蛴螬为主的地下害虫、蚜虫和局部地区的根蛆为主；穗期至收获期以蛴螬和局部地区的蓟马、麦穗夜蛾为主。

1984年，印象初在《青藏高原的蝗虫》中把青藏高原分为9个蝗区，即墨脱察隅热带稻作蝗区、东喜马拉雅林间草地蝗区、中喜马拉雅灌丛草原蝗区、西喜马拉雅山地荒漠蝗区、藏东北青南高寒灌丛草甸蝗区、羌塘高寒草原高寒荒漠蝗区、青海高山灌丛草甸蝗区、青海东部麦作蝗区、柴达木荒漠蝗区。

1987年，章士美等在《西藏农业昆虫地理区划》中，以农业昆虫种类、农业昆虫数量、农作物种类、气候和海拔为主要依据，结合其他昆虫种类、数量，以及耕作制度、作物布局、地形、地貌、植被等情况，将西藏农业昆虫区系划分为两个区、10个小区，并将西藏境内东洋区和古北区的分界线划定在喜马拉雅山脉南麓，即在喜马拉雅山脉中、西段，以南坡3000～3400m接近乔木天然林的上限为界；在喜马拉雅山脉东段及藏东横断山脉三江流域，以南坡2800～3000m针阔叶混交林的上限地带为界。

1992年，西藏自治区农业科学研究所的王保海等，集多年对西藏昆虫的考察资料，编著了《西藏昆虫区系及其演化》，将西藏昆虫区系划分为东洋区、古北区两大区。其中，东洋区分为 3 个亚区：喜马拉雅雨林山地常绿阔叶林亚区，包括墨脱-察隅小区、中喜马拉雅小区；中东念青唐古拉山南翼湿润针阔叶林亚区，包括波密-易贡小区、米林-林芝市小区、加查-朗县小区；横断山南部半湿润针叶林亚区，包括横断山南部小区。古北区分为3个亚区：横断山北部湿润针叶林亚区，包括横断山北部小区、怒江中上游小区；藏南半干旱山地灌丛草原亚区，包括藏中小区、藏南高寒小区；羌塘高原寒冷草原亚区，包括那曲小区、阿里西部小区、羌塘高原小区。王保海和黄复生围绕西藏昆虫区系划分进行研究、讨论、斟酌后，将横断山北部东洋区划入古北区，提出把青藏高原及其附近地区划定为青藏区，作为与古北区、东洋区相平行的区，并进行了多方面的论证。

2011年，王保海等在《青藏高原天敌昆虫》一书中进一步明确了青藏区的范围：东界是横断山脉至川西高原边缘，向西是喀喇昆仑山西坡基带，向南是喜马拉雅山脉南坡基带，向北是昆仑山脉北坡基带。该研究所指的青藏高原包括中国境内的西藏自治区（除墨脱、察隅、错那小部分区域外）、青海省、新疆维吾尔自治区、甘肃省、四川省、云南省的部分或全部，以及中国境外的不丹、尼泊尔、印度、巴基斯坦、阿富汗、塔吉克斯坦、吉尔吉斯斯坦的部分或全部，总面积为300万km^2。

2015年，王保海、张亚玲在《青藏高原昆虫区系独特性研究》中重申了青藏区是一个与古北区和东洋区相平行的区的观点。

四、青藏高原昆虫分类研究

青藏高原昆虫分类研究成果分散在中国科学院青藏高原综合考察队和西藏昆虫各作者的专著及论文中。

1964年，中国科学院西藏综合考察队汇编了《西藏综合考察论文集：水生生物及昆虫部分》，有3篇西藏昆虫考察报告。虽然涉及种类较少，但算是西藏昆虫分类学的突破性进展，除了分类外，还讨论了其经济价值、地理成分。其中，陈世骧在《西藏昆虫考察报告（鞘翅目，叶甲科）》中，记录西藏叶甲17种，命名5种；陈永林在《西藏昆虫综合考察报告（直翅目，蝗科）》中，记录西藏蝗科昆虫3亚科7属5种4亚种，其中命名1种1亚种。李传隆在《西藏昆虫考察报告（鳞翅目，锤角亚目）》中，记录蝶类6科23属31种，其中7种是西藏高原特有种。这些是中国昆虫学者发表的最早的西藏昆虫考察与分类报告。

1979年，《西藏阿里地区动植物考察报告》中有3篇昆虫考察报告。其中，颜京松等在《西藏阿里地区的摇蚊》中，记录摇蚊3亚科9属12种，其中命名1种；印象初在《西藏阿里地区的蝗虫》中，记录蝗虫2科3亚科8属9种，其中命名6种；李继钧在《西藏半翅目考察报告Ⅰ. 阿里地区的蝽科、缘蝽科和猎蝽科》中，记录5种，其中命名1种，增加2个记录种。

中国科学院青藏高原综合科学考察队在1981年编著的《西藏昆虫第一册》中，记录西藏昆虫15目92科513属955种，其中命名18属261种。随后，在《西藏昆虫第二册》中，记录西藏昆虫6目89科663属1387种，其中命名2属139种。在《西藏南迦巴瓦峰地区昆虫》中，记录西藏昆虫19目197科1170属1982种，以及蛛形纲蜱螨目1科4属5种，其中命名8属145种或亚种。在《西藏雅鲁藏布大峡谷昆虫》中，记录西藏雅鲁藏布大峡谷昆虫13目95科360属459种，其中命名1属46种或亚种，增加24种中国记录种、79种西藏地区记录种。在《喀喇昆仑山-昆仑山地区昆虫》中，记录喀喇昆仑山昆虫12目92科397属741种，其中命名106种。在《横断山区昆虫第一册》《横断山区昆虫第二册》中，记录西藏昆虫19目230科1971属4758种，其中命名24属841种。

薛万琦、王明福在《青藏高原蝇类》中，记录西藏蝇类23科1717种，其中11个特有属、856个特有种。

李晖在《西藏冬虫夏草资源》中，记录蝠蛾科昆虫24种。

印象初在《青藏高原的蝗虫》中，记录青藏高原蝗虫88属200种，其中命名13属51种或亚种。

张大镛、林大武、王保海等在《西藏昆虫图册　鳞翅目第一册》中，记录西藏昆虫8科500种。

王保海等在《青藏高原天敌昆虫》中，记录天敌昆虫300属759种。

蔡振声等在《青海经济昆虫志》中，记录青海昆虫17目214科1646种。

章士美在《西藏农业病虫及杂草》（第一册）中，记录西藏昆虫1244种，其中命名107种；还收录了蜘蛛133种，命名11种。在《西藏农业病虫及杂草》（第二册）中，记录西藏昆虫921种，命名73种；蛛形纲记录蜘蛛73种，命名23种；捕食螨14种，命名 6 种。

陈一心、王保海、林大武在《西藏夜蛾志》中，记录西藏夜蛾 215 属 543 种。

胡胜昌、林祥文、王保海在《青藏高原瓢虫》中，记录青藏高原瓢虫 172 种，其中命名 9 种。

张亚玲、王保海在《青藏高原昆虫地理分布》中，记录青藏高原昆虫 10 630 种。

潘朝晖等在《西藏蝴蝶图鉴》中，记录蝶类 344 种。

以上著作中命名昆虫 1589 种，其他各种期刊中命名发表的西藏昆虫有 600 种左右。1951 年以来，国内有关西藏昆虫著作 20 余部，记录青藏高原昆虫 10 630 种，加上国外专著和其他期刊发表的种类，有 13 000～15 000 种，其中命名 2000 余种，约占全国数量的 1/4。从青藏高原生态环境多样性分析推测，当地昆虫种类至少在 4 万种，已记录的尚不足一半。

第二节　青藏高原昆虫考察研究论文与专著等成果

一、专著出版与论文发表

1964 年，中国科学院西藏综合考察队，《西藏综合考察论文集：水生生物及昆虫部分》，科学出版社。

1979 年，青海省生物研究所，《西藏阿里地区动植物考察报告》，科学出版社。

1981～1982 年，中国科学院青藏高原综合科学考察队，《西藏昆虫第一册》《西藏昆虫第二册》，科学出版社。

1984 年，印象初，《青藏高原的蝗虫》，科学出版社。

1985 年，西藏自治区农业局，《西藏农作物病虫害防治知识》，西藏自治区农业局和西藏农村科普协会。

1986 年，张大镛、林大武、王保海等，《西藏昆虫图册　鳞翅目第一册》，西藏人民出版社。

1987～1988 年，章士美，《西藏农业病虫及杂草》（第一册、第二册），西藏人民出版社。

1988 年，中国科学院登山科学考察队，《西藏南迦巴瓦峰地区昆虫》，科学出版社。

1990 年，胡胜昌和邹永泗，《西藏农业病虫研究文集》，天则出版社。

1991 年，陈一心、王保海、林大武，《西藏夜蛾志》，河南科学技术出版社。

1992 年，王保海等，《西藏昆虫区系及其演化》，河南科学技术出版社。

1992～1993 年，中国科学院青藏高原综合科学考察队，《横断山区昆虫第一册》《横断山区昆虫第二册》，科学出版社。

1994 年，蔡振声等，《青海经济昆虫志》，青海人民出版社。

1994 年，王保海和林大武，《西藏植保研究》，河南科学技术出版社。

1996 年，中国科学院青藏高原综合科学考察队，《喀喇昆仑山-昆仑山地区昆虫》，科学出版社。

2004 年，巩爱岐，《青海草地害鼠害虫毒草研究与防治》，青海人民出版社。

2004年，杨星科，《西藏雅鲁藏布江大峡谷昆虫》，中国科学技术出版社。

2005年，西藏自治区地方志编纂委员会，《西藏自治区志•动物志》，中国藏学出版社。

2006年，王保海、黄复生、覃荣等，《西藏昆虫分化》，河南科学技术出版社。

2006年，薛万琦和王明福，《青藏高原蝇类》，科学出版社。

2010年，覃荣，《西藏农作物害虫防治实用技术》，西藏人民出版社。

2011年，王保海，《西藏昆虫研究》，河南科学技术出版社。

2011年，王保海等，《青藏高原天敌昆虫》，河南科学技术出版社。

2012年，李晖，《西藏冬虫夏草资源》，云南科技出版社。

2013年，胡胜昌、林祥文、王保海，《青藏高原瓢虫》，河南科学技术出版社。

2016年，张亚玲、王保海，《青藏高原昆虫地理分布》，河南科学技术出版社。

2016年，王保海、王翠玲，《青藏高原农业昆虫》，河南科学技术出版社。

2021年，潘朝晖等，《西藏蝴蝶图鉴》，河南科学技术出版社。

据不完全统计，青藏高原昆虫相关研究成果发表于《昆虫学报》《昆虫知识》《植物保护学报》《昆虫分类学报》《西南农业学报》《西藏科技》《西藏农业科技》及国外相关刊物的论文不少于2000篇。

二、青藏高原昆虫研究获得省部级以上的科技成果

（一）国家级成果奖3项

西藏农业病虫草害及天敌资源调查研究，1990年获国家科学技术进步奖二等奖。

西藏昆虫区系及其演化和西藏夜蛾研究，1991年获国家自然科学奖四等奖。

青藏高原青稞与牧草害虫绿色防控技术研发及应用，2014年获国家科技进步奖二等奖。

（二）省部级成果一等奖8项

西藏农业病虫草害及天敌资源调查研究，1989年获西藏自治区科技进步奖一等奖。

西藏昆虫区系及其演化和西藏夜蛾研究，1993年获西藏自治区科技进步奖一等奖。

西藏特有昆虫、蜘蛛分化中心的形成及其开发利用研究，2004年获西藏自治区科技进步奖一等奖。

西藏农作物主要病虫害综合防治技术研究，2008年获西藏自治区科技进步奖一等奖。

青藏高原天敌昆虫资源调查与生防技术应用，2013年获西藏自治区科技进步奖一等奖。

西藏河谷农区草产业关键技术研究与示范，2010年获西藏自治区科技进步奖一等奖。

青藏高原疯草绿色防控与利用技术体系创建及应用，2016年获西藏自治区科技进步奖一等奖。

青藏高原林木害虫成灾机理与绿色防控关键技术，2020年获西藏自治区科技进步奖

一等奖。

（三）图书一等奖及国家重点出版规划图书 4 部

《西藏夜蛾志》，1992 年获北方十省区优秀科技图书一等奖。

《西藏昆虫区系及其演化》，1993 年获中南五省区优秀科技图书一等奖，入选当代科技重要著作。

《西藏昆虫分化》，2006 年入选“十一五”国家重点图书出版规划。

《青藏高原天敌昆虫》，2012 年获河南新闻出版局优秀图书一等奖。

自西藏和平解放以来，昆虫研究者对西藏实地考察连续不断，研究持续深入，获得了大量研究资料，取得了重大理论与生产应用上的突破，解决了以前想解决而未能解决的问题。青藏高原昆虫研究短短几十年取得了辉煌成就。出版 20 多部著作，发表 2000 余篇论文，取得各类成果 40 余项，奠定了青藏高原植保科学发展的基础。成就的取得彰显中国特色社会主义制度的优越性和繁荣昌盛，彰显了中国共产党的正确、英明、坚强领导！没有共产党，就没有新中国，就没有西藏植保事业的发展，就没有西藏人民的幸福安康！

第三章　青藏高原资源昆虫保护的意义

《中华人民共和国野生动物保护法》规定，珍贵、濒危的陆生、水生野生动物和有重要生态、科学、社会价值的陆生野生动物受到国家法律保护。

第一节　保护昆虫就是保护人类自己

昆虫与人类息息相关，保护昆虫，就是保护人类。地球上已知昆虫有100多万种，有害昆虫8万余种，但真正造成危害的仅3000余种。对一个地区造成危害的往往只有几十种，甚至十几种。对于特定地区特定植物来说可能仅仅是几种。中国已知昆虫约有14万种，其中仅有少数种类是农林牧医方面的害虫；据张亚玲、王保海等统计，青藏高原20目369科3515属10 630种昆虫中有害种类为1000种左右，但造成危害的仅有100种左右，为害比较严重的有50种左右，为害严重的仅十几种，大发生年份经济损失在10%左右，普通年份损失不大。绝大多数昆虫与人类的直接益害关系不明显；部分种类，如家蚕、蜜蜂、紫胶虫、倍蚜、天敌昆虫、食品昆虫、药用昆虫等都可作为经济昆虫。在人类近半个多世纪害虫防治的历史中，单纯使用化学农药导致的抗性（resistance）、再增猖獗（resurgence）和残留（residue）的"3R"问题严重。农业生态系统极其脆弱是青藏高原非常明显的特点，化学防治很容易引起生态环境的改变，导致害虫的严重暴发。

西藏主要农业区是指拉萨、山南、日喀则。过去冬小麦仅在喜马拉雅山脉南部零星种植，而在上述3个地区都没有种植。1959年，由中国农业科学院作物科学研究所引进肥麦；1963年，在西藏林芝市、拉萨试种；1970年，在西藏全境推广，冬小麦播种面积达到了78万亩（其中肥麦占了90%），占作物播种总面积的1/4，很快成为西藏第一大作物。冬播作物的增加，且有些农区三四年重茬，使害虫越冬食物增加，导致麦蚜类、麦瘿螨等虫口基数提高，甚至暴发成灾。在当时优先解决温饱、植保研究和技术落后的背景下，为了减少产量损失，只能不惜代价地首选化学防治，西藏大规模害虫化学防治工作拉开序幕，粮食产量在1978年上升到51.3万t后，经历了10年徘徊，到1988年产量达50.5万t。10年间，冬前、早春各防治一次，生长季节见到虫就打药，滥用乱用严重。农药的过量使用，既没有从根本上控制害虫，又造成土壤、水源和空气污染，还导致瓢虫类、食蚜蝇类、寄蝇类等天敌数量减少。这一阶段防治技术与水平虽有提高，但是并没有消除任何一种害虫的危害。

西藏传统的农业区，主要指边缘农业区，生态系统非常稳定，益虫和害虫对立统一，作物受害较轻。边缘农区大部分没有使用过化学农药，害虫发生数量小，为害轻，损失轻微。多点调查结果证明这是普遍现象。西藏农业生态系统是立体的，呈岛屿状分布。每块农田上下左右都有不尽一致的景观，在物候期上也有一定差别，植物、昆虫多样性十分丰富。农田害虫一旦发生，田间和周边的天敌都会进入农田发挥控害作用。例如，虽然麦无网长管蚜多在麦田取食为害，但田间及周边的瓢虫、食蚜蝇、草蛉等诸多天敌种类，都以其为食，蚜虫发生后，天敌跟随进入，这也是当地农业生态系统中蚜虫猖獗不起来的缘由。在立体的、岛屿状生态系统中，害虫先发生、天敌后发生的现象不是特别明显，因为一旦害虫发生，周边多种区域，尤其是海拔较低区域早发天敌会转移过来，起到控制作用。

由于环境恶化、乱捕滥猎，野生动物正面临着各种各样的生存威胁。近100年来，物种灭绝的速度已超过了自然灭绝速度的100倍，每天都有100多种生物从地球上消失（张广学，1996）。我国已经有10多种哺乳动物灭绝，还有20多种珍稀动物面临灭绝。人类是自然界的一部分，只有保护生态，与自然和谐共处，人类才能稳定发展。几千年来，人类一直与病虫害做斗争，无论是先人的防治经验还是现代科学技术都没有从根本上解决害虫为害；而年复一年的防治，带来诸多生态问题，如不谋求与自然和谐共存，必将反受其害，因此科学绿色防控虫害、合理保护和利用资源昆虫势在必行。

马克思和恩格斯早在100多年前就强调人类与自然协调发展。1972年，联合国召开的人类环境会议上提出了“只有一个地球”的口号，并通过了《人类环境宣言》。1992年6月，联合国环境与发展大会（UNCED）通过《里约环境与发展宣言》，呼吁人类携手保护地球，认识到包括人类在内的生物与地球的整体性和相互依存性，强调人类享有追求健康而富有生产成果的生活的权利，但应该和坚持与自然和谐共处。树立科学发展观，走可持续发展道路，谋求人类与自然协调共存，具有长期的战略意义。

第二节　保护资源昆虫生态就是保护人类生态

地球上所有的生命都共同生活在一个有机统一体中。包括昆虫在内的每一种生物往往与10～30种其他生物共存，害虫、益虫、人类、环境等构成复杂的生态系统。生态系统是指在一定的时间和空间范围内，生物与生物之间、生物与非生物（各种有机物和无机物）之间，通过不断的物质循环和能量流动而形成的相互作用、相互依存的一个生态学功能单位。植物利用光能合成有机物，为动物提供养分，动物以植物或其他动物为食，微生物分解动植物尸体又为植物提供养分。农药的发明是保护人类的一个伟大成果，甚至可以攀登诺贝尔奖的高峰，但从生态角度而言，也开启了污染的时代，不仅危害了动物、植物，破坏了生态环境，也损害了人类本身。例如，六六六、滴滴涕已被禁用多年，却至今仍然残留在水土中，影响着人们的健康。任何一项农业措施，都会或多或少引起生态因子的变化，进而对整个生态系统产生或轻或重的影响。

随着生产和生活水平的提高，人口快速发展。由于人们的生活需求燃料，雅鲁藏布江、拉萨河、年楚河流域土著耐寒、耐旱的白刺花 *Sophora davidii* 灌丛遭到大量砍伐，河谷滩地荒芜、沙化面积扩展迅速，生态恢复却漫长而缓慢。20世纪70年代，意识到这一问题的严重性后，当地开始大面积造林。历经50年的造林活动，大面积的河谷滩地绿意盎然、郁郁葱葱。然而随着造林所需的苗木引进，外来有害物种入侵高原，原有的生态平衡被打破，加上造林品种单一，入侵的林木害虫开始大面积暴发。更有甚者，为了栽种杨树，将土著树种白刺花砍伐殆尽，结果导致害虫暴发，杨树生长不良，树势衰弱，感染杨树腐烂病，成片枯死现象十分严重。因此，在规划造林工程时，配套科学理论与技术支撑，在品种的搭配、合理的布局、苗木的引进中都是必需的。

什么是生态和生态学观点？简单来说，就是要按照大自然本来的面目和自身的规律来认识自然、研究自然、保护自然。地球本来是一个有机的统一体，一切生物都生长、繁衍、进化在这个统一体之中。有观点认为，生态财富是顶级财富，冰川雪山也是金山银山，正如原始森林的生态效益、科学效益、社会效益、经济效益，价值是无限的。蜜蜂的价值99%以上是生态和社会效益，主要体现在传粉提高植物产量、提高植物抗逆能力、恢复植被能力等维持生态平衡和生物多样性的能力，而所酿造蜂蜜的价值不足其经济价值的 1%。发达国家把养蜂当作公益事业，对蜂农实施补贴，皆因蜂农所得的经济效益仅仅是其生态效益和社会效益的 1/142。从生态学的角度来看，任何组成天然群落的物种都是共同进化的产物，各个生物区系的形成和存在都是自然选择与演化的结果。在生物圈中，谁能适应、谁发挥优势、谁被淘汰是在自然历史的长河中物竞天择、不断演化、不断优化的结果，不能由人类主宰。这就是大自然拥有物种多样性、遗传变异性和生态系统性的根源。

中国环保作家唐锡阳认为“物我同舟，天人共泰，尊重历史，还我自然”。“物我同舟”的“物”，是指动物、植物和其他一切生命，“我”是指人类。人类和动物、植物等同舟共济。“天人共泰”意思就是人和自然应该是“和谐”“协调”“共泰”的关系，而不应该是“我掠夺你，你报复我”的关系。

第三节 害虫灾害与天敌昆虫的保护

青藏高原古代乃至近现代发生的虫灾，有文字记载的只有西藏飞蝗。文献记载清代到民国时期，青藏高原只有蝗灾发生较为频繁。在有档案文献记载的120年左右的时间里，西藏有 25 年发生蝗灾，平均不足 5 年一次，发生频率与同时期的华南地区接近，如广西在 1831～1949 年共有 23 年发生蝗灾。1830～1948 年，广东有 41 年发生蝗灾。西藏蝗灾发生频率介于两者之间。为什么青藏高原在 20 世纪 50 年代前害虫发生不甚严重，60 年代时也不很突出，而到 70 年代末逐年加重呢？

青藏高原西部与北部，也就是广大高原腹地，生物多样性贫乏，生态脆弱，受人为干扰严重，抗干扰能力弱。这一区域一旦有害虫侵入定殖，就会不断暴发，造成巨大危害。越是受人类活动影响大的区域，如雅鲁藏布江、拉萨河、年楚河、狮泉河等生态半脆弱流域，入侵害虫越多，害虫发生越严重。这是害虫逐步加重的主要原因。

青藏高原东南部及喜马拉雅山脉南部，环境复杂多样，生物多样性丰富，生态稳定，受人为干扰较轻，抗干扰能力强。这一区域害虫相对稳定，为害不是特别突出，对农业生产影响不明显。

值得注意的是，解决西藏害虫危害还是要从生态调控的角度入手，加大对天敌的保护，充分发挥天敌的作用，抑制害虫的发生。发生机理与绿色防控研发也是提高天敌保护作用的过程。

一、农业害虫灾害

20 世纪五六十年代，随着冬小麦的引进和推广面积的逐步增加，小麦虫害逐年猖獗发生，小麦损失严重，轻者减产 20%～30%，重者减产 50%～70%，甚至绝收。

为了切断害虫的食物链，应保护与发挥天敌的作用，不得压缩冬作物的面积，使农业生态系统回归到原来的状态，以确保作物抽穗后天敌昆虫基本可以控制害虫的严重危害。

二、人工林害虫灾害

2000 年以来，随着人工林苗木的引进，春尺蠖 *Apocheima cinerarius* 成为人工林前期发生的第一大害虫。河曲丝叶蜂 *Nematus hequensis* 成为人工林第二大害虫。青杨天牛 *Saperda populnea* 成为人工林第三大害虫。桃剑纹夜蛾 *Acronicta intermedia* 成为人工林第四大害虫。杨二尾舟蛾 *Cerura menciana* 是西藏的土著害虫，在拉萨、山南等地间歇发生。植物检疫、植树造林制度改革、保护天敌等技术，有效控制了人工林害虫的暴发。

三、原始林害虫灾害

原始林害虫主要发生在伐木场、主要城市周边，与林木的采伐强度、生物多样性降低密切相关。因松树和桦木木材好、易砍伐，栎树木材硬、成材差、难砍伐，所以很多林场砍伐松树和桦木，留下栎树，导致绿黄枯叶蛾 *Trabala vishnou* 和朱颈褐锦斑蛾 *Soritia leptalina* 暴发成灾。尤其是藏东南，以通麦至波密一带的伐木场周边发生最为严重。由于受天气的影响较大，发生是间歇性的，年降水量偏少、偏晚，发生重。横坑切梢小蠹 *Tomicus minor* 主要在青海黄南州成灾，2003 年以来发生加重，为害致死的油松达 39.5%，造成成片枝梢枯黄，甚至死亡。纵坑切梢小蠹 *Tomicus piniperda* 发生危害情况和横坑切梢小蠹近似。这些原始害虫的防治基本上靠的是生态系统中的天敌昆虫。

四、果树害虫灾害

苹果绵蚜 *Eriosoma lanigerum* 在 1960 年 6 月于拉萨罗布林卡、夏宫果园的海棠和苹果树上被发现。海拔 3658m 是其目前分布的最高海拔记录，它们在这以下的高原地区能够适应而长期滋生，并且表现出顽强的适应能力。西藏民主改革为果树事业的发展提供了有利条件。为改善人民生活水平，从 1961 年开始，西藏从内地各省引入大量果树栽种。但在引入苗木时，未能严格履行检疫手续，致使各种病虫害随苗木传入。尤其是苹果绵蚜，先后在拉萨、林芝市等果园发现，并逐年暴发成灾，但防治一直没有很好的解决方案，综合考虑认为仍需要天敌的保护与引入。

五、茶树害虫灾害

2017年，小贯小绿叶蝉 *Empoasca onukii* 和茶橙瘿螨 *Acaphylla theae* 两种害虫在易贡严重发生。调查发现，在2015年以后新建茶园中两者危害非常严重，后期茶园基本无收，老茶园内仅有零星发生。根据调查分析，并考虑两种害虫的生物学特性、扩散能力和速度、茶苗引进地生态环境、入侵后定殖所需要的时间等，它们极大可能是在2015年前后，随着茶树苗木引进入侵茶园的。

解决茶树入侵害虫问题，首先要就地销毁，防止进一步扩散；其次是对引入的茶苗进行严格检疫；最后要引入天敌，保护天敌，实施生物防治。

六、青稞草地害虫灾害

青藏高原是世界海拔最高的高原，也是世界海拔最高的蝗虫发生区。独特的地理条件和环境使得生存于高原上的蝗虫不同于其他区域。中国昆虫学家陈永林在1963年定名西藏飞蝗 *Locusta migratoria tibetensis*。它与东亚飞蝗和亚洲飞蝗同为飞蝗的不同亚种，体型明显小于东亚飞蝗和亚洲飞蝗，大于缅甸飞蝗。主要分布在中国西藏雅鲁藏布江沿岸、阿里河谷地区、横断山谷以及波密、察隅、吉隆、普兰等地区；青海南部的玉树、囊谦也有少量分布。成虫和若虫取食玉米、小麦、青稞、水稻等禾谷类作物的茎叶，也取食芦苇等禾本科杂草。活动范围在海拔1130～4600m，是世界上分布海拔最高的飞蝗亚种，也是青藏高原分布最广泛、农田和草地上最主要的害虫。随着农田水利基本建设、豆科牧草的种植比例加大、天敌数量增加、荒地面积减少，尤其是防治水平不断提高，西藏飞蝗间歇发生时间延长，危害减轻。

以上都说明天敌保护的重大作用和意义，西藏植物保护的多项成果都把绿色防控技术或生物防治技术放在了特别突出的位置。

第四节 青藏高原害虫暴发的警示

一、苗木、种子的引进要把好检疫关

西藏具有控制入侵害虫的先例和成功经验。20世纪80年代，王保海在西藏自治区农牧科学院农业研究所从云南调运的苹果树苗的果园栽种研究阶段，发现苹果根瘤病发生严重，因为西藏没有此病害的相关记载，因此提出将苗木彻底销毁的建议。在农业所洛桑赤来书记的大力支持下，西藏自治区农牧厅、科学技术厅、林业厅、动植物检疫局等十几位专家论证后支持将相关批次的苗木彻底销毁的建议。在苗木、种子引入的检疫中，西藏自治区动植物检验检疫局发挥了重要作用，在口岸截获了大量危险害虫，为西藏经济发展和生态环境建设作出了重要贡献。

害虫一旦入侵，贻害无穷。从人工林、果树、茶园新发害虫来看，西藏本地对入侵害虫的认知水平、鉴别能力、防治技术与内地相差甚远，值得商榷的是，上述害虫除苹

果绵蚜 *Eriosoma lanigerum* 外均不是国家检疫对象，但入侵后都给西藏造成极大的经济损失和生态环境的破坏。

有观点认为这属于扩散的范畴，不能称为生物入侵。也有观点认为，生物入侵不应以国界来确定，而应以生态系统来确定。害虫从一个生态区，不论通过何种方式入侵到另一个生态区，暴发灾害，造成严重生态灾难和巨大的经济损失，就可以定义为生物入侵。虽然在行政区划上西藏是中国的一个省级行政区，与青海、云南、四川等地紧密连接，但由于特殊的地形地貌和生态环境，又是相对独立的生态系统。不论是国内还是国外害虫入侵西藏，对生态系统和经济发展造成重大危害的，都应属于生物入侵的范畴。对于西藏原本没有的重大害虫，或入侵西藏后有可能成灾的害虫，都应该加强检疫。

二、农业耕作制度改革，对害虫发生要有预警预案

青藏高原腹地气温低，没有越冬作物，害虫缺乏越冬寄主，主要食物链中断，农业生态系统极其脆弱，是害虫发生相对较轻的根本原因。耕作制度改革对农业害虫的影响由此可见一斑。

实践证明，害虫的发生与生产活动密切相关。从西藏农业害虫发生的情况来看，人类活动越频繁的地区，害虫组成变化越大，新害虫发生增多，危害严重。原有害虫发生趋于稳定，新发害虫逐年增多，并有上升为主要害虫的趋势，为害严重。

不论是水平分布还是垂直分布，青藏高原农业害虫在各分布区都具有不同的优势种。研究证明，农业害虫与其寄主在青藏高原独特的环境条件下，相互制约、协同进化，形成高度复杂而又稳定的对立统一体。

农业生产活动打破了原有的平衡，害虫生境趋好，促进了害虫暴发。例如，冬小麦的推广就没有考虑到生境改变，优化了害虫的越冬场所，致使害虫暴发；过度采伐、生物多样性降低会导致原始林害虫暴发成灾等。

西藏多种害虫的暴发是在人类生产活动中无意造成的，或因缺乏植物检疫意识导致的。随着农业生产发展，新技术、新品种的交流与引入势必成为常规操作，但在品种引入前需要系统分析生态系统对新事物可能产生的反应，在引入苗木、种子的同时，要充分考虑植物检疫的重要性，趋利避害。

第四章　青藏高原资源昆虫保护的重要性

青藏高原平均海拔超过 4000m，被称为“世界屋脊”和“第三极”。海拔超过 7000m 的山峰多达 50 多座，超过 8000m 的则有 11 座。

青藏高原拥有世界第一高峰——珠穆朗玛峰和世界第一大峡谷——雅鲁藏布江大峡谷。高峰、高原、盆地、峡谷构成了独特的天然立体生态系统，孕育了大量不同动物类群及区系成分，吸引着国内外学者开展研究。然而，由于环境及交通条件等多重限制，对其研究还是不够深入。该区域南部有喜马拉雅山脉、唐古拉山、雅鲁藏布江等；北部有昆仑山脉、阿尔金山、祁连山及众多湖泊；西部有喜马拉雅山脉西段、喀喇昆仑山、狮泉河、象泉河、班公湖；东部有横断山脉、金沙江、怒江、澜沧江，气候、地理环境等十分复杂，物种丰富而独特。开展该地区资源昆虫的综合保护及重要类群资源评估具有重要的生态、社会、经济、政治意义和价值。昆虫资源保护是完善国家生物种质资源库数据、资源的需要，是国家生物资源战略需要，也是开展生物学基础科学研究、资源保护利用的需要，尤其需要关注这一区域特有的、适生于特殊环境的资源昆虫。编著本书的主要目的在于通过对西藏资源昆虫状况摸底，补充青藏高原资源昆虫保护信息，为青藏高原区域生态经济建设规划、国家西部发展战略的实施、依法保护等提供资源昆虫信息和决策参考数据。

第一节　国家重要的战略性生物资源

青藏高原昆虫作为生物多样性的重要组成部分，维系着生物链和生态系统的完整性，在我国生态系统中占据着重要地位。随着生物技术和基因工程的迅猛发展及知识产权保护制度的确立，基因资源的重要性也日益凸显。资源依赖性和资源信息化是生物产业的典型特点。这意味着生物物种及其种质基因资源成为继国土资源之后可以再占有的战略资源。我国是世界上资源昆虫最为丰富的国家之一，然而随着人类社会和经济活动的发展、人们对资源昆虫的过度利用、非法贸易和资源掠夺，加之水体污染、全球气候变暖、生境碎片化等问题的加剧，昆虫遗传资源严重流失，造成昆虫的生存危机。对于目前受人类活动影响相对较小的青藏高原开展本地昆虫资源调查、编目和评估工作，在应对昆虫遗传资源危机和保护方面具有长远的战略意义。回顾西藏昆虫的研究，重点多集中在种类调查和害虫防治方面，对昆虫资源的保护研究不足。随着交通更加便利，盗采滥采现象时有发生，重要资源昆虫流失严重，甚或已濒临灭绝危险。造成资源减少的原因有环境因素，也有人为因素，就目前的西藏而言，人为因素要大于环境因素。

第二节　昆虫地理区划及多样性资源保护的特殊区域

1992 年，王保海等对已知西藏全部昆虫进行区系分析；1996 年，陈宜瑜等依据青藏高原独特的鱼类区系及地理地质历史，提出将青藏区提升为与古北界及东洋界并列的第七个世界动物地理区。这说明青藏高原的独特性和重要性，也说明青藏高原昆虫保护具有其特殊意义。

一、对中国昆虫地理区划、多样性保护意义重大

青藏高原昆虫区系组成复杂多样，虽然和周边地区有一定联系，但独立性明显，内部各小区间也明显不同。1992 年，王保海在《西藏昆虫区系及其演化》中，将西藏昆虫区系划为 13 个小区，采用种群系数统计分析，结果显示除 12 区（中喜马拉雅小区）与 13 区（墨脱-察隅小区）相异系数为 0.6 外，其余均在 0.6 以上，表明不同小区相异程度相当高，各小区均有相对独立性，具有特有的代表类群。

青藏高原不仅在世界昆虫地理区划中占有重要地位，而且在生物多样性保护上也具有重大意义，是研究生物地理学、生物多样性、物种形成等关键科学问题的天然实验室。藏东南及喜马拉雅地区由于地质地貌复杂多样、山川纵横、岭谷相间、水系繁盛，形成了众多特殊的、孤立的小生境，同时又具有完整的垂直生态体系。南北走向的山系使印度洋的暖湿气流能够沿横断山系峡谷北上，构成南北动物的通道。黄复生等（1996）发现横断山区具有古北界和东洋界物种交汇的特点，存在北方种向南迁移、南方种向北迁移的现象。这一区域也是第四纪冰期古老物种与原始类群的避难地。横断山脉的不断隆升，加速了物种就地分化和新种形成，高大的山脉又限制了新种向外扩散，因此出现了大量地方特有属和特有种。

按照传统观点，在世界动物地理区划中横断山南部明显属于东洋区，北部则为古北区。随着横断山南低北高逐步抬升的走势，东洋区昆虫区系成分所占比例逐步减少，古北区昆虫区系成分所占比例逐渐增多。由于研究的对象、取样数量、代表类群选取、分析标准和方法不同，两区的分界线存在诸多争议。1992 年，王保海等通过对已知横断山地区全部昆虫种类和分布逐段研究与分析，认为以昌都海拔 3200m 的区域分界比较合适，南部归东洋区，北部归古北区。

青藏高原是许多昆虫类群的分布和起源中心，在不同的地质历史时期对周边地区的昆虫区系形成有着不同程度的影响，是许多珍稀、濒危昆虫的避难地。中国昆虫区系形成与青藏高原隆升密不可分。青藏高原及其昆虫区系的特点，尤其是它的形成、演变和对整个动物区系的影响，一直是学术界关注的重要问题。就整个青藏高原而言，特有昆虫占主导地位。特有种类在此区域内的灭绝就意味着世界范围的灭绝。

青藏高原既是我国社会经济发展的资源保障基地，又是生态环境极为脆弱的地区，无论哪方面的建设，都应把生态建设放在优先地位，兼顾经济发展、生物多样性保护及生物安全。随着全国经济的快速发展、人民生活水平及国家整体科研水平的提高，有必要响应国家战略决策，高度关注青藏高原的生物资源、环境资源。在该地区开展资源保

护研究既具有重要的科学研究价值，又具有重要的政治与经济意义。

二、对世界昆虫地理区划分界理论具有重大开拓性作用

中生代以来，地球上发生过 3 次大的地质事件：一是板块运动促使地球陆地大规模移动，使海陆分布呈现新格局；二是在大陆漂移、碰撞的推动下高原隆起，形成世界上最高、最大的高原——青藏高原；三是冰期与间冰期的交替。青藏高原昆虫区系是在漫长的地质历史进程中，在上述三大地质事件的强烈影响下逐渐形成的，既有欧亚大陆的特征，又有南亚次大陆的特点。其中，青藏高原的隆起和冰期作用对其影响最为显著，也更为直接。从新生代开始，高原隆升过程产生的地质、地貌变迁和气候环境的变化对栖息于该地区的生物分布、分化、种群结构等都产生了深远影响。正是由于青藏高原如此独特的时空演变过程及复杂的地理单元-物种-气候环境关系，昆虫区系及系统发育与地理环境在时空上的同步演化历来都受到国内外科学界的高度关注。古北区和东洋区在中国的界线是全球动物地理区划研究的焦点之一，在动物系统学和动物地理学界中一直存有争议。早在 20 世纪 80 年代，曹文宣、郑作新、费梁、杨大同、张荣祖等就已经开始展开青藏高原隆升与动物区系演变或系统发育关系的研究。近年来，随着系统发育系统学、谱系生物地理学、泛生物地理学、隔离分化生物地理学和支序生物地理学等学科的发展，对青藏高原的动物系统发育和动物地理学研究更加全面而深入，产出一系列具有重要国际影响的研究成果。1992 年，陈宜瑜认为我国青藏高原具有完整的历史与生物区系演变规律，应该重点研究与第三纪以后发生的重大地质事件有关的问题，如青藏高原隆起、全球气候变化等问题，并建议国内学者应尽早开展不同类群的综合研究，进一步丰富和完善新的昆虫区系理论。

三、对全球生物多样性保护具有重要影响

在全球 34 个生物多样性热点中，有 3 个交汇于喜马拉雅-横断山区，这一区域也因此成为全球生物多样性最集中的地区之一，藏东南地区则是多样性热点的核心区域，陆栖昆虫特有种与受威胁物种在此区域都具有高丰富度。因此，该区域在全球生物多样性研究与保护中发挥着重要作用，被誉为“珍稀野生动植物的天然栖息地和高原物种基因库”、动物类群进化的“种源地之一”。在全国保护性昆虫中，青藏高原昆虫占有较大的比例。青藏高原是生态系统最为复杂的地区之一，已知特有种子植物 3700 余种、特有脊椎动物 280 余种、珍稀濒危高等植物 300 余种、珍稀濒危动物 120 余种、特有和珍稀昆虫 2000 余种，在生物多样性保护和生物安全工作中的地位举足轻重。该区域富含古老孑遗类型，是物种分化中心和珍稀濒危物种分布中心之一。自然保护区的建立有效地保护了青藏高原特有与珍稀濒危动植物及其生存环境。

随着高原隆起，高原区物种分化中心形成，青藏高原已成为世界最活跃的生物分化中心之一。青藏高原也因此成为生物多样性研究的天然实验室，藏东南则是揭示生物多样性规律的“金钥匙”。2006 年，王保海提出直翅目、半翅目、鞘翅目是西藏昆虫分化的三大类群；高原中心区、横断山区、雅鲁藏布江区是西藏昆虫分化的三大中心。

青藏高原生物是从周边地区迁移扩散而来。一方面，青藏高原独立接受印度板块带来的冈瓦纳古陆的古老生物类群，如惇蝗属 *Oknosacris*、拙蝗属 *Hebetacris*、缝隔蝗属 *Stristernum* 等类群的祖先类群；另一方面，也接受了在印度板块向北漂移过程中发展的南亚次大陆上的已有类群，此外，还接受了来自欧亚大陆的古生物群，如暗边皱膝蝗 *Angaracris morulimarginis* 的祖先等，以及部分鳞翅目、双翅目和鞘翅目昆虫的祖先。还有当地分化起源的类群，如全世界已知的 100 多种喜马象属 *Leptomias* 昆虫中绝大部分种类（90 余种）都分布于西藏，只有少数种类向东或向西延伸，因此有理由相信这些类群是高原隆起后逐渐演化形成的。青藏高原昆虫来源的多样性，构成了物种多样性。

第五章　青藏高原资源昆虫保护的紧迫性

开展青藏高原资源综合考察，摸清家底，对于生态文明建设和生物多样性保护等具有十分重要的战略意义。

第一节　中国西部生态经济建设的迫切需要

70余年间，中国科学院动物研究所、西北高原生物研究所、成都生物研究所、水生生物研究所以及西藏自治区政府等多个单位、部门的学者在青藏高原不间断地开展考察，积累了大量的标本和文献资料，但资源昆虫保护研究仍基本处于空白状态。在该地区开展动物资源保护具有前瞻性和紧迫性。随着全球贸易（尤其是旅游业）的迅猛发展，人员、商品流动性大幅增加，为物种（外来种）的扩散、侵入创造了条件，对当地生态环境、动物资源及其多样性造成影响。作为生物中种类占比最多的昆虫，开展当地资源昆虫保护重要且迫切，也是我国西部开发和动物资源持续利用的基础和保障。

在青藏高原已知的10 630种昆虫中，特有种占1/4强。以西藏命名的有180多种，以青海命名的有50多种，以波密命名的有20多种，以吉隆命名的有20多种，以喜马拉雅山脉命名的有20多种，以墨脱命名的有60多种，以察隅命名的有40多种，此外还有以青藏高原其他地名命名的160余种。合计以地点命名的有600多种，多数都包含在青藏高原特有种中。这些特有成分是西部生态环境建设和经济建设需要重点保护的类群。

第二节　保护国家资源家底的需求

由于严酷的自然地理条件和落后的交通状况，1950年之前，青藏高原几乎与其他地区隔绝；随着交通条件的改善，青藏高原与外界的联系逐渐频繁，这对于经济、文化发展的推动作用毋庸置疑，然而，对于尚未完成本底资源调查的地区而言，随着人类活动的增加，自然生态环境产生的变化将无法评估，尽快组织该地区动物资源的综合保护普查已迫在眉睫。

藏东南和喜马拉雅东南部是我国从热带雨林到高山裸岩植被带最完整的区域，海拔为600～7782m，水平距离仅40余千米。因此，这里既是地球上物种多样性最丰富的基因库之一，也是研究气候变化与物种分布梯度格局响应最理想的天然实验室之一。另外，随着研究的深入，发现南亚热带区域是许多害虫的发生地，而该区域正处于南亚大陆向青藏高原的过渡区，该区域需要保护的昆虫种类、是否有入侵害虫、潜在风险都是青藏高原昆虫保护中需要完成的基础又关键的工作。

青藏高原素有“世界屋脊”和“第三极”之称，孕育了大量适应高寒极端环境，具有耐寒、耐低氧、耐辐射等特性的昆虫类群，形成了适应特殊环境和地质演变的特有类群和区系成分，如熊蜂属 *Bombus* 大多数种类是当地特有种。同样，资源昆虫组成与其他区域也有很大的不同，特有种类多，密度低，有的甚至处于濒危状态。例如，金凤蝶短尾亚种 *Papilio machaon asiaticus* 十分罕见，目前全国有记录的标本不足 20 头。

全世界已知缺翅目 Zoraptera 1 科 1 属 27 种，多分布在近赤道的热带、亚热带地区的常绿阔叶林内，栖居于倒木、折木的树皮下。幼虫、成虫集聚，受到惊扰后四散逃逸。1973 年、1974 年，在西藏发现 2 种缺翅虫，分别命名为墨脱缺翅虫 *Zorotypus medoensis* 和中华缺翅虫 *Zorotypus sinensis*。墨脱缺翅虫和中华缺翅虫的亲缘关系近，外形极为相似，但其第 8 腹板的毛序有明显区别；分布区域极接近，可能由于高山阻隔形成地理隔离，经长期进化，形成两个不同的种；栖境郁闭度达 0.7～0.8，生境中植物多为苔藓及附生植物。

珍稀昆虫被盗采事件时有发生。2000 年，西藏林业厅曾截获当雄县被采集的 100 余件绢蝶标本，经鉴定有 40 多件为珍稀种类。除了开展必要的研究以外，在摸清本底以前，乃至摸清本底以后仍需针对特定种类实施科学保护，支持合法的科研采集，对于不合法的盗采、滥采、私下收售等活动，应当明令禁止。

经统计，在青藏高原已知昆虫种类中，以中华命名的有 60 多种，如中华大刀螳 *Tenodera sinensis*、中华大齿螳 *Odontomantis sinensis*、中华广肩步甲 *Calosoma maderae chinense*、中华条蜂 *Anthophora sinensis*、中华缺翅虫 *Zorotypus sinensis*、中华拟隧蜂 *Halictoides sinensis*、中华突眼木蜂 *Proxylocopa sinensis* 等，其中有些种类只在青藏高原有分布。但目前西藏缺乏地方性昆虫保护名录，制定相关法律缺乏科学依据。随着人民生活水平的提高，对精神生活需求增加，旅游、工艺品需求等相应增多，拟定西藏昆虫保护名录迫在眉睫。

第六章　青藏高原资源昆虫保护的基本原则和主要类群

第一节　保护的基本原则

青藏高原资源昆虫种类繁多、分布广，是我国资源昆虫最丰富的地区和巨大的天然基因库之一。本书中资源昆虫主要指天敌昆虫、传粉昆虫、药用昆虫、食用昆虫、观赏昆虫、工业用昆虫、饲料昆虫、环境昆虫。

青藏高原资源昆虫保护遵守以下原则。

第一，遵照《中华人民共和国野生动物保护法》和植物检疫法律法规、条例等的规定，对规定的保护对象实施保护，对检疫对象实施检疫。

第二，保护本土珍稀昆虫，尤其是青藏高原罕见的、特有的种类。

第三，保护有益的或有重要价值的昆虫，包括但不仅限于天敌昆虫、药用昆虫、观赏昆虫、食用昆虫等。

第四，结合青藏高原实际拟定本区域范围的昆虫保护名录。

第五，结合各级自然保护区的建立，实行跨区域保护。

目前，青藏高原范围内已知各类资源昆虫3000余种，约占已知总数的1/3。这充分显示了青藏高原资源昆虫的重要性和昆虫区系的稳定性。早在1981年，黄复生就提出：自然界中弱肉强食、互相竞争……似乎是消极的表现，但实质上是促进各类昆虫在各自的进化道路上不断分化发展；昆虫产生种种变异，解决了生存和天敌的矛盾，使自身防御天敌的特征更加完善多样。所以，在某种意义上，这是一种进化的动力。正是这种进化动力的作用，昆虫得到巨大发展。

第二节　保护的主要类群

一、天敌昆虫

1. 天敌昆虫的主要类群

青藏高原天敌昆虫有7目47科，其中，捕食性天敌已知有800余种，寄生性天敌已知有500余种，共计1300余种。蜻蜓目主要包括12科58种。螳螂目主要有1科19种。半翅目主要有猎蝽科 Reduviidae 42种；姬蝽科 Nabidae 25种。脉翅目主要有8科 143种。鞘翅目主要包括瓢虫科 Coccinellidae 172种；虎甲科 Cicindelidae 26种；步甲科 Carabidae 84种。双翅目主要有食蚜蝇科 Syrphidae 166种；寄蝇科 Tachinidae 378种。膜翅目主要有19科174种。

2. 天敌昆虫的主要作用

天敌昆虫是一类寄生或捕食其他节肢动物的昆虫，在农林草业中能有效控制害虫的发生和蔓延。王保海在朗县麦田发现平均每平方米有 51 头瓢虫、12 头食蚜蝇、4 头草蛉、3 头姬蜂，天敌昆虫能大幅降低害虫为害造成的损失。在青藏高原岛屿状农田生态系统中，天敌的自然控制作用尤其突出，边缘农区几乎不需要施用化学农药。利用天敌的自然控制作用，能够更好地维持生态平衡，减少环境污染。

螳螂类：螳螂是墨脱、察隅稻田中重要的捕食性天敌，食性广、食量大，种类丰富。蜻蜓类：在西藏所有农区均有分布，是墨脱、察隅稻田数量较大的捕食性天敌，活跃于整个水稻生育期，对控制水稻害虫有重要作用，同时也是需要重点保护的类群之一。寄蝇类：是一类常见的寄生性天敌，寄生范围广，已知能寄生 20 余种害虫，在 7～8 月墨脱、察隅的稻田中，寄蝇的自然寄生率能达到 25%～40%。瓢虫类：西藏麦田、豌豆田和油菜田常见的捕食性瓢虫，已知有 20 多种，其中二星瓢虫 *Adalia bipunctata*、多异瓢虫 *Hippodamia variegata*、横斑瓢虫 *Coccinella transversoguttata*、龙斑巧瓢虫 *Oenopia dracoguttata*、小七星瓢虫 *Coccinella lama* 等分布广，发生量大，为农区的优势类群。王荫长在察雅荣周麦田调查发现，瓢虫密度均在 45 头/m^2 以上，最多可达 90 头/m^2 以上；在拉萨城关区冬小麦抽穗期调查发现，蚜虫平均百株 102 头，而瓢虫平均百株达 70 头。每只成虫每天可捕食蚜虫 45 头，最多可达 60 头以上，高龄幼虫每天捕食 30～60 头蚜虫。在拉萨麦田中，每平方米可达 100 多头，在藏东南每平方米达 70 多头。瓢虫抗逆性强，在自然条件下易建立种群，控制蚜虫效果好。因此，应注意保护瓢虫的越冬环境、避免滥用农药，保护瓢虫的种群，以充分发挥其控制蚜虫的作用。食蚜蝇类：食蚜蝇是一种重要的天敌昆虫，其发生数量与瓢虫相当，多数种类幼虫以蚜虫为食。在西藏河谷农区的麦田中，每平方米 12 头左右，在麦、油、豆等混作田中，每平方米可达 30 头左右。食蚜蝇抗逆性和繁殖力强，发生期比蚜虫长，对蚜虫可以起到持续控制的作用。保护食蚜蝇的最好措施是合理布局油、麦、豆混作田或间作田，形成诱集带。寄蝇类：是双翅目中最大的一类天敌昆虫，寄主范围广，寄生方式多样，对控制害虫的发生起到重要作用。其活动能力、繁殖力和对环境的适应性强。寄生蜂类：营寄生的蜂类种类多、数量大，蔬菜天敌主要为凤蝶金小蜂 *Pteromalus puparum*、菜粉蝶绒茧蜂 *Apanteles glomeratus*、菜蚜茧蜂 *Diaeretiella rapae*，王荫长、王保海调查发现在拉萨、山南、日喀则等地的菜田，菜粉蝶蛹被寄生率达 76%以上。通过对寄生蜂的保护与利用，可以控制蔬菜害虫的危害。

由于西藏远离内地、环境闭塞，农药全部由内地调进，运输困难、成本高、品种单一，还会因使用不当大量杀伤天敌，造成环境污染，破坏农田生态平衡，导致一些次要害虫的大发生。因此，发挥西藏自然生态系统为主的农业结构优势，利用天敌自然控制害虫尤为重要。对已掌握生物学特性、发生发展规律的天敌，在害虫发生关键时间内，若天敌数量不足难以达到控制害虫的目的，可利用作物布局和耕作措施，布置作物诱集带或诱集田，或人工释放经过安全评估、繁育技术成熟的天敌。

二、药用昆虫

1. 药用昆虫的主要类群

青藏高原药用昆虫主要有 140 余种。蜻蜓目主要有蜻科 Libellulidae 2 种、蜓科 Aeshnidae 1 种，共计 3 种。蜚蠊目主要有蜚蠊科 Blattidae 1 种、姬蠊科 Blattellidae 1 种、鳖蠊科 Eupolyphaga 3 种，共计 5 种。螳螂目主要有螳科 Mantidae 5 种。等翅目主要有象白蚁科 Rhinotermitidae 1 种、白蚁科 Termitidae 1 种，共计 2 种。直翅目主要有蝗科 Acrididae 5 种、螽斯科 Tettigoniidae 2 种、蟋蟀科 Gryllidae 1 种、蝼蛄科 Gryllotalpidae 1 种，共计 9 种。半翅目主要有蝽科 Pentatomidae 1 种、龟蝽科 Plataspidae 1 种，共计 2 种。鞘翅目主要有步甲科 Carabidae 1 种、拟步甲科 Tenebrionidae 1 种、芫菁科 Meloidae 32 种、萤科 Lampyridae 1 种、粪金龟科 Geotrupidae 1 种、犀金龟科 Dynastidae 1 种、鳃金龟科 Melolonthidae 1 种、丽金龟科 Rutelidae 1 种、花金龟科 Cetoniidae 1 种、叩甲科 Elateridae 1 种、天牛科 Cerambycidae 2 种，共计 43 种。脉翅目主要有蚁蛉科 Myrmeleontidae 1 种。毛翅目主要有石蛾科 Phryganeidae 1 种。鳞翅目主要有蝠蛾科 Hepialidae 52 种、刺蛾科 Eucleidae 1 种、螟蛾科 Pyralidae 1 种、夜蛾科 Noctuidae 1 种、灯蛾科 Arctiidae 1 种、大蚕蛾科 Saturniidae 1 种、蚕蛾科 Bombycidae 1 种、粉蝶科 Pieridae 1 种、凤蝶科 Papilionidae 2 种，共计 61 种。双翅目主要有虻科 Tabanidae 1 种、丽蝇科 Calliphoridae 1 种，共计 2 种。膜翅目主要有土蜂科 Scoliidae 1 种、木蜂科 Xylocopidae 1 种、马蜂科 Polistidae 1 种、胡蜂科 Vespidae 1 种、蚁科 Formicidae 1 种、蜜蜂科 Apidae 3 种，共计 8 种。

2. 药用昆虫的主要作用

我国药用昆虫历史悠久，《周礼》、《诗经》和《四部医典》中都有药用昆虫的记载，药用昆虫在治病防病中发挥了重要作用。青藏高原最著名的药用昆虫是冬虫夏草，据统计，仅西藏每年的虫草产量在 36～48t，可实现 20 亿～30 亿元的经济产值，是青藏高原虫草产区农牧民增收的一个重要途径。

三、食用昆虫

1. 食用昆虫的主要类群

青藏高原有可食用昆虫 500 多种，主要集中于直翅目 Orthoptera、半翅目 Hemiptera、鞘翅目 Coleoptera、鳞翅目 Lepidoptera、膜翅目 Hymenoptera 中，但多数种类在青藏高原，尤其是广大藏族人民中很少食用。为此，笔者参考了其他地区的食用昆虫种类，对青藏高原有分布的可食用昆虫进行了初步整理。

蜻蜓目主要有蜓科 Aeshnidae 1 种、蜻科 Libellulidae 2 种，共计 3 种。

蜚蠊目主要有鳖蠊科 Eupolyphaga 2 种。

螳螂目主要有螳科 Mantidae 4 种。

等翅目主要有象白蚁科 Rhinotermitidae 1 种、白蚁科 Termitidae 1 种，共计 2 种。

直翅目主要有蝗科 Acrididae 360 种、蟋蟀科 Gryllidae 8 种、蝼蛄科 Gryllotalpidae 2 种、螽斯科 Tettigoniidae 2 种，共计 372 种。

半翅目主要有蝽科 Pentatomidae 1 种、龟蝽科 Plataspidae 1 种、蝉科 Cicadidae 3 种、蜡蚧科 Coccidae 1 种、蛾蜡蝉科 Flatidae 1 种，共计 7 种。

膜翅目主要有土蜂科 Scoliidae 2 种、木蜂科 Xylocopidae 10 种、马蜂科 Polistidae 2 种、胡蜂科 Vespidae 12 种、蚁科 Formicidae 19 种、蜜蜂科 Apidae 3 种，共计 48 种。

鞘翅目主要有粪金龟科 Geotrupidae 8 种、犀金龟科 Dynastidae 2 种、鳃金龟科 Melolonthidae 1 种、丽金龟科 Rutelidae 1 种、花金龟科 Cetoniidae 1 种、叩甲科 Elateridae 1 种、天牛科 Cerambycidae 2 种，共计 16 种。

脉翅目主要有蚁蛉科 Myrmeleontidae 1 种。

鳞翅目主要有蝠蛾科 Hepialidae 64 种、刺蛾科 Eucleidae 1 种、螟蛾科 Pyralidae 1 种、夜蛾科 Noctuidae 1 种、灯蛾科 Arctiidae 1 种、大蚕蛾科 Saturniidae 1 种、蚕蛾科 Bombycidae 1 种、粉蝶科 Pieridae 1 种、凤蝶科 Papilionidae 2 种，共计 73 种。

双翅目主要有丽蝇科 Calliphoridae 1 种。

2. 食用昆虫的主要作用

昆虫是大自然中种类最多、数量最大的生物类群。尽管部分种类取食植物，造成农林草业损失，部分寄生于人体、动物，造成疾病传播等，成为卫生或畜牧业害虫，但这仅占昆虫种类的一小部分。许多昆虫可供人类食用，是优质的蛋白源，并能提供多种营养物质。食用昆虫古今中外兼有，青藏高原直翅目昆虫有 300 多种，几乎全部都可食用，但由于心理、宗教信仰等多种因素影响，鲜有食用，相关资料更是少之又少。

四、观赏昆虫

1. 观赏昆虫的主要类群

青藏高原观赏昆虫有 1100 余种。

蜻蜓目主要有蜓科 Aeshnidae 3 种、春蜓科 Gomphidae 3 种、大蜓科 Cordulegastridae 3 种，共计 9 种。

螳螂目主要有螳科 Mantidae 16 种。

直翅目主要有蟋蟀科 Gryllidae 10 种、露螽科 Phaneropteridae 3 种，共计 13 种。

䗛目主要有䗛科 Phasmatidae 3 种。

半翅目主要有蜡蝉科 Fulgoridae 3 种、广翅蜡蝉科 Ricaniidae 4 种、蛾蜡蝉科 Flatidae 3 种、蝉科 Cicadidae 6 种、猎蝽科 Reduviidae 8 种、红蝽科 Pyrrhocoridae 6 种、缘蝽科 Coreidae 4 种、蝽科 Pentatomidae 22 种，共计 56 种。

脉翅目主要有蝶角蛉科 Ascalaphidae 5 种。

鞘翅目主要有虎甲科 Cicindelidae 13 种、步甲科 Carabidae 46 种、丽金龟科 Rutelidae 60 种、花金龟科 Cetoniidae 21 种、犀金龟科 Dynastidae 7 种、臂金龟科 Euchiridae 1 种、锹甲科 Lucanidae 35 种、吉丁甲科 Buprestidae 10 种、叩甲科 Elateridae 1 种、瓢虫科 Coccinellidae 120 种、拟步甲科 Tenebrionidae 80 种、芫菁科 Meloidae 20 种、天牛科

Cerambycidae 100 种，共计 514 种。

鳞翅目主要有蝶类、蚕蛾类、天蛾类、箩纹蛾类等，约 500 种。

2. 观赏昆虫的主要作用

观赏昆虫是指可供赏玩娱乐、给人以美感、增添生活情趣、有益身心健康的昆虫，如花间飞舞的彩蝶、树上鸣唱的秋蝉、夏夜闪烁的萤火虫等。在“穿花蛱蝶深深见，点水蜻蜓款款飞”（杜甫）、“风轻粉蝶喜，花暖蜜蜂喧”（杜甫），“小荷才露尖尖角，早有蜻蜓立上头”（杨万里）等脍炙人口、千古传诵的诗句中，昆虫大显身手。根据可提供的观赏内容可将观赏昆虫分为鸣叫类、运动类、形体类、发光类及色彩类。

五、传粉昆虫

1. 传粉昆虫的主要类群

青藏高原的传粉昆虫有 7000 余种。

膜翅目是最重要的传粉昆虫。例如，蜜蜂总科的昆虫，嚼吸式口器适于取食花粉和花蜜，在其他构造及行为上也显现出其是最特化的传粉昆虫。而角蜂眉兰 *Ophrys speculum* 的花能散发出挥发性的次生物质，引诱地蜂雄蜂伪交配，雄蜂通过与不同的花朵进行伪交配，完成异花授粉的任务。膜翅目主要有蜜蜂科 Apidae 蜜蜂 3 种、熊蜂 69 种，木蜂科 Xylocopidae 10 种，条蜂科 Anthophoridae 41 种，准蜂科 Melittidae 5 种，隧蜂科 Halictidae 27 种，地蜂科 Andrenidae 30 种，分舌蜂科 Colletidae 4 种，切叶蜂科 Megachilidae 47 种，泥蜂科 Sphecidae 9 种，胡蜂科 Vespidae 14 种，土蜂科 Scoliidae 4 种，树蜂科 Siricidae 12 种，叶蜂科 Tenthredinidae 117 种，三节叶蜂科 Argidae 6 种，其他类群 162 种，共计 560 种。

双翅目昆虫的许多种类，如瘿蚊、摇蚊、蚋、蠓等也被认为是原始的传粉昆虫。蜂虻科 Bombyliidae 属于特化的传粉昆虫，具有极长的吻管，可吸食筒形花基部的蜜汁。食蚜蝇科 Syrphidae 的食蚜蝇成虫也是访花昆虫，体表的毛刺有助于携带花粉。双翅目中的传粉昆虫主要有寄蝇科 Tachinidae 377 种，虻科 Tabanidae 54 种，食蚜蝇科 Syrphidae 166 种，麻蝇科 Sarcophagidae 118 种，花蝇科 Anthomyiidae 282 种，蝇科 Muscidae 425 种，其他类群 571 种，共计 1993 种。

鳞翅目成虫具有虹吸式口器，便于吸食花蜜。其中，蝶类昼出性，是典型的访花昆虫；蛾类多数夜出性，喜趋色淡和香味浓郁的花朵，身体鳞毛有助于携带和传授花粉。主要有蝶类 600 余种，蛾类 2900 多种，共计 3500 多种。

鞘翅目昆虫是最原始的传粉昆虫，有些种类口器前突，有助于取食花朵基部的蜜汁，也可取食和传播花粉，如芍药科的芍药等常由甲虫传粉。主要传粉类群有金龟类 308 种、叶甲科 Chrysomelidae 483 种、芫菁科 Meloidae 41 种和天牛科 Cerambycidae 189 种，共计 1021 种。

此外，缨翅目的蓟马可以为杜鹃花科的植物传粉。半翅目的长蝽科 Lygaeidae、缘蝽科 Coreidae 和蝽科 Pentatomidae 等类群中有些种类活动于菊科、伞形科等植物上，可为其传播花粉。

2. 传粉昆虫的主要作用

（1）传粉昆虫与植物的协同进化

化石证据显示，白垩纪晚期显花植物繁盛，90%的现代木本植物的属种都已出现，而显花植物中虫媒植物占多数，故推测传粉昆虫在白垩纪晚期亦应出现。虫媒植物在长期适应条件下逐渐演化出适应昆虫传粉的特征。传粉昆虫在采食花蜜过程中也逐渐发生适应性变化，如专门采食管状花花蜜的昆虫多生有长喙。传粉昆虫与植物之间一方获得食物，另一方获得授粉，两者协同进化。不同植物吸引不同种类的昆虫，这是由昆虫的行为反应和植物的特征所决定的。

花的颜色、形状和气味都能对传粉昆虫产生刺激，其中花的气味是对传粉昆虫的一个重要引诱因素，尤其对夜出性的传粉昆虫非常重要。当花粉成熟可进行授粉时，对传粉昆虫的刺激性最强。此外，花释放气味分子具有昼夜节律性，依靠蜜蜂、蝶类等昼出性昆虫传粉的白天释放，靠蛾类等夜出性昆虫传粉的则在夜间或黄昏释放，也有些类群可以持续释放。

由于自身结构和特性，传粉昆虫对花的形态也具有选择性，如甲虫、蝇类和蛾类常选择具有放射对称性花朵的植物，蜂类能区别放射对称和左右对称的花形差异，天蛾喜趋平直或下垂的花朵，蝶类则活跃于挺立的花朵。

不同的传粉昆虫对颜色刺激的敏感度也有所区别，如蜜蜂趋蓝色和黄色；甲虫喜趋暗淡色、奶油色或绿色；蝶类喜红色、紫色等鲜艳的颜色；蛾类喜红色、紫色和白色；蝇类喜暗淡色及棕色、紫色和绿色；胡蜂趋棕色。

植物花朵的颜色、形态和散发的气味对传粉昆虫的引诱能力与传粉效率密切相关，颜色鲜艳、体大、香味浓郁的花朵更能引诱昆虫，提高传粉效率。

（2）传粉昆虫的授粉

中国是养蜂大国，全国蜂群数量居世界第二位，蜂蜜和蜂王浆等蜂产品的出口量居世界首位，但蜜蜂为农作物授粉所产生的直接和间接的经济效益远远超过蜂产品的收入。其他类群传粉昆虫的研究和利用工作也陆续展开，在农业、园艺、草业等方面都取得了进展。

传粉昆虫不仅在自然生态系统中发挥着重要作用，也关系着农作物产量。昆虫传粉产生巨大的经济价值和生态价值。从全球尺度来看，传粉昆虫在 2005 年产生的经济价值约为 1500 亿欧元。根据 2011 年安建东和陈文锋作出的评估，2008 年中国 44 种虫媒水果和蔬菜的经济价值约为 520 亿美元。

国内外诸多研究表明，昆虫授粉能提高粮食、蔬菜、水果等作物产量。例如，蜜蜂授粉可使荞麦增产 35%～40%，棉花增产 20%～25%，向日葵增产 40%～45%，温室番茄增产 22%～40%，温室黄瓜增产 50%；可使油菜、柑橘、苹果、梨、棉花等增产 5%～60%；香梨坐果率比其他途径自然授粉提高 25%，增产 32%以上。1980 年，美国的谷物因昆虫授粉增收 34.6 亿美元，非谷物类作物增收 14.6 亿美元，间接收入达 189 亿美元。蜜蜂为农作物授粉带来的价值近 200 亿美元，其中果品和瓜类达 33 亿多美元、种子和纤维类达 25 亿多美元、茶类和苜蓿草达 60 亿美元，间接因蜂传粉而得到的牛（乳牛）和牛奶产值为 70 多亿美元。而作为蜂产品的蜂蜜和蜂蜡等创造的总价值仅为 1.4 亿美元，农作物产值是蜂产品产值的近143倍。蜜蜂授粉每年为美国农业增收16亿～57亿美元。20世纪70年代以后，苜蓿切叶蜂在美国、苏联（1991年苏联解体）等国被用于为苜蓿授粉，使种子产量由每公顷100～200kg上升到每公顷200kg。大分舌蜂为油茶传粉，使其增产30%左右。角额壁蜂、蓝壁蜂、凹唇壁蜂等已应用于中国、日本、美国、俄罗斯等国家果园，为苹果、扁桃、梨、樱桃等果树授粉，大大提高了果品产量和质量。

昆虫授粉会提高或改变粮食作物内含物如淀粉、蛋白质等的含量，增加油料作物的含油量，改善瓜果类作物果型大小、匀称度及提高其营养物质和维生素、微量元素等的含量。

如前所述，生物多样性和生态系统服务政府间科学政策平台（The Intergovernmental Science-Policy Platform on Biodiversity and Ecosystem Services，IPBES）充分肯定了传粉和传粉昆虫的价值，但是也提出了传粉昆虫当前所处的状态及所受的压力。传粉昆虫种类和数量都正处于减少状态。

（3）传粉昆虫的回报

传粉昆虫从植物中获得食物，在获取食物的过程中，主动或被动完成植物授粉。

在农业生产中，人们常常针对害虫开展大量的研究和防治，对传粉昆虫的保护和利用往往被忽视。事实上，昆虫传粉能够提高杂交优势，提高果实和种子的产量与质量，并能提高植物的生命力，带来的经济效益完全能够弥补害虫造成的损失，甚至侧重传粉昆虫的保护能比忽视传粉昆虫中为害类群防治获得更高的经济收益。

（4）传粉昆虫面临的威胁——被忽视的“濒危动物”

动物保护工作的关注点多集中在脊椎动物，如藏野驴 *Equus kiang*、林麝 *Moschus berezovskii*、马麝 *Moschus chrysogaster*、野牦牛 *Bos mutus*、虎 *Panthera tigris*、黑颈鹤 *Grus nigricollis* 等。有研究显示，全球绝大多数濒于灭绝的物种是节肢动物门的昆虫，传粉昆虫恰在其中。

目前，已经确认生境改变和农药毒害是对传粉昆虫产生威胁的重要因素。

生境改变：农事操作、放牧、经济开发等人类行为都会导致昆虫栖境碎片化，从而使得为传粉昆虫提供食物和栖息地的植物资源减少。尤其是依靠本地植物或特定植物生存的传粉昆虫，受到的影响更为明显。青藏高原生态系统最明显的变化是“超载过牧”导致的草地沙化和“乱砍滥伐”导致的害虫猖獗，同时也严重影响着传粉昆虫的生存。

农药毒害：农药可直接或间接杀灭或伤害传粉昆虫，这也是传粉昆虫面临的主要问题。例如，化学农药会直接毒害蜜蜂，或使蜜蜂将沉积的有害物质带回蜂巢毒害幼体或其他成年个体，还会导致蜜蜂反常的舞蹈交流方式和错误的食物资源指示。

1998年，康斯坦斯•霍尔登（Constance Holden）指出，为植物传粉的生物种类正急剧下降，不仅威胁生物多样性，还会威胁世界粮食产量。其中为许多经济作物传粉的蜜蜂处境尤为危险。调查显示，在德国、澳大利亚、英国、前苏联、波兰、意大利、加拿大和哥斯达黎加，有些种类的蜜蜂数量大幅下降。自1990年起，依赖驯养蜜蜂为作物传粉的北美，除了农药毒害和生境变化，还有寄生虫为害，蜜蜂数量降低了约25%。其他类群传粉昆虫的有些种类已濒临灭绝。

传粉昆虫的减少会从以下几个方面影响植物。籽实产量降低或损失最为明显。传粉昆虫不足，直接影响植物的授粉，自花授粉会降低籽实杂合性，增加有害性状表达，导致后代品质下降。从长远来看，传粉昆虫种类和数量减少或传粉系统破坏会使种子或果实数量下降，最终导致物种灭绝。因此，善待和保护传粉昆虫，是维护人类可持续发展的重要战略。

青藏高原农区极少使用农药，农药滥用问题仅存在于部分区域。由于气候变暖和当地养蜂业的发展，传粉昆虫不降反增，因此向日葵、玉米、油菜、果树等的产量都有所增加。

六、其他资源昆虫

青藏高原其他资源昆虫还有工业用昆虫，如产丝的家蚕、产紫胶的紫胶虫等；饲料昆虫，如黄粉虫、各种蝗虫、金龟、蝇的幼虫等；保护环境的昆虫，如蜣螂、埋葬甲等。

青藏高原资源昆虫种类丰富，但多数都未得到应有的重视，未能形成保护、研究、开发、利用的良性发展。

第七章　青藏高原主要资源昆虫类群评价

青藏高原资源昆虫丰富、应用广泛，已经产生重大经济效益和社会效益的主要有蝠蛾科 Hepialidae，芫菁科 Meloidae 等的药用昆虫，瓢虫科 Coccinellidae 等的天敌昆虫，蜜蜂科 Apidae 等的传粉昆虫。

第一节　蝠　蛾　科

西藏药用昆虫以冬虫夏草菌寄生的蝠蛾科最为重要。蝠蛾科 Hepialidae 幼虫被麦角菌科的冬虫夏草菌感染后形成的虫草，是当地农牧民重要的经济收入来源。在虫草采挖季节，可暂停农田管理，甚至学校停课，也不可错过虫草采挖，足以说明虫草在高原地区生产与生活中的重要性。据统计，西藏的虫草年产量在 36～48t，年产值 20 亿～30 亿元，是西藏，特别是西藏虫草产区农牧民增收的重要来源。

一、冬虫夏草药用历史及发展现状

药用冬虫夏草最早的文字记载见于清朝汪昂的《本草备要》(1694 年)：“冬虫夏草，甘平，保肺益肾，止血化痰，止劳咳。四川嘉定府所产者佳。冬在土中，形如老蚕，有毛能动，至夏则毛出土上，连身俱化为草。若不取，至冬复化为虫。”后来，赵学敏在《本草纲目拾遗》(1765 年）中记载：“夏草冬虫，功与人参同，能治诸虚百损，以其得阴阳之气全也。”该书还对冬虫夏草的产地、食用方法和用量有详细记述。1757 年，吴仪洛在《本草从新》中指出：“冬虫夏草保肺益肾、止血化痰。”此外，《黔囊》《文房肆考》《四川通志》《本草图说》等数百部古药书中都记载了冬虫夏草。我国把冬虫夏草作为药材出口的历史比文字记载更悠久，明代中叶 1400～1465 年冬虫夏草就经由浙江传到日本，并被贵族广泛食用。1723 年，冬虫夏草由传教士尚加特利茨库带入法国，列欧姆（Reaumur）在法国科学院的学士大会上作了介绍，并记录在会议纪要上；1943 年，伯克利（Berkeley）鉴定了来自中国的冬虫夏草。从此，中国的虫草也开始驰名于世。冬虫夏草主要产于中国，数百年来又被中国和其他亚洲国家视为名贵滋补中药材，享有极高的声誉，它的药性作用温和，属于药食同补的高级滋补品，老、少、病、弱、虚者皆宜服用。70 多部古代中药学文献把冬虫夏草功用归纳为：“能阴阳并补，治劳嗽膈症，诸虚百损；功与人参、鹿茸同，但药性温和，老少病虚者皆宜食用……。”新中国成立以来，有 200 多部药书详细记载了冬虫夏草的药效与用途，历部《中华人民共和国药典》记载其功用为“补肺益肾，止血化痰。用于久咳虚喘，劳嗽咯血，阳痿遗精，腰膝酸痛。”随着国内外医学的发展和中药学在全世界的推广，冬虫夏草镇静、止血、抗惊厥、降压、改善心肌缺血、抗血小板凝结、抗衰老、调节人体免疫以及抗肺癌、淋巴癌和肝癌等越来越多的功用效果得以证明。

中国青藏高原蝠蛾属昆虫的分布最早由英国波尔杰德（Polljade）在1886年做了科学描述，他在四川省宝兴县雪山上发现并命名了德氏蝠蛾*Hepialus davidi*；后来，阿福瑞克（Alpheraky）、施道丁格（Standinger）等学者分别于1889年和1895年描述了西藏的暗色蝠蛾 *Hepialus nebulosus* 和异色蝠蛾 *Hepialus varias*。1909年，奥柏修尔（Oberthür）在法国的阿莫里凯（Armorica）半岛上整理由中国西藏、四川带回去的药材和植物标本时，发现一头蝠蛾成虫，遂以该半岛名称将其定名为 *Hepialus armoricanus*。但在种类发表时描述说明，该种类产地可能是中国川藏高原，因为在半岛一直未再发现有该种类分布。

自20世纪50年代至今，多个单位开展过冬虫夏草的研究，涉及分类学、生物学、生态学、药理学、生物工程学等。与冬虫夏草相关的药品与保健产品也在百种以上。1958年，中国科学院动物研究所朱弘复等在四川康定等地采到大量的 *Hepialus armoricanus*（=*Thitarodes armoricanus*）成虫和幼虫，并确定其为中国特产的冬虫夏草菌的寄主昆虫之一，将中文名定为虫草蝠蛾（后变更为虫草钩蝠蛾）。青海大学畜牧兽医科学院草原研究所、青海畜牧兽医科学院、中国科学院西北高原生物研究所等单位从20世纪70年代起进行了冬虫夏草研究，还设立了专门的冬虫夏草研究室。先后发表《云南虫草蝠蛾生态学的研究：Ⅰ.区域分布和生态地理分布》（杨大荣等，1987）、《西藏北部地区蝠蛾属二新种记述（鳞翅目：蝙蝠蛾科）》（杨大荣和蒋长平，1995）、《西藏那曲地区冬虫夏草资源及分布》（陈仕江等，2000）、《中国西藏那曲冬虫夏草的生态调查》（陈仕江等，2001）、《冬虫夏草》（常章富和高增平，2002）、《我国冬虫夏草及其资源保护、开发利用对策》（胡清秀等，2005）、《西藏虫草资源及其对农牧民收入影响的研究报告》（罗绒战堆和达瓦次仁，2006）、《西藏冬虫夏草资源的可持续利用中存在的问题及对策》（卓嘎等，2008）、《青海冬虫夏草分布与生态环境关系及可持续利用的建议》（周兴民等，2008）、《西藏冬虫夏草资源》（李晖，2012）、《青藏高原蝠蛾科 Hepialidae 调查与区系成分分析》（王保海等，2015a）等百余篇论文著作。

据杨大荣于2015年的统计，在青藏高原及边缘地区，可作为中华虫草菌寄主形成冬虫夏草的蝙蝠蛾种类有51种；幼虫可被其他真菌寄生形成虫草，可食用和药用的蝙蝠蛾种类有28种。

二、蝙蝠蛾的形态特征与生物学特性

1. 蝙蝠蛾的形态特征

蝙蝠蛾属于节肢动物门 Arthropoda 六足亚门 Hexapoda 昆虫纲 Insecta 有翅亚纲 Pterygota 鳞翅目 Lepidoptera 蝙蝠蛾总科 Hepialoidea 蝠蛾科 Hepialidae。

成虫体小到大型；触角短于胸，线状或强栉状，喙退化；前胸发达，与中胸、后胸相等，足较短，胫节完全无距，爪有中叶，前后翅脉极相似，翅边缘多有长纤毛，多数种类前翅有颜色较暗的斑纹，有 Cu_2，R 分5枝，M 主干在中室内分叉，翅轭多明显，后翅无斑纹；腹长于后翅，无听器，表面多覆盖长绒毛，雌蛾交配孔与产卵孔分离，均位于第9腹节，雄性生殖器的抱器瓣、背兜、囊形突原始而简单。成虫在黄昏至上半夜进行飞行活动。

老熟幼虫体长38～45mm；乳白色至乳黄色、弯曲，头棕色至褐色，额高与冠缝等长，呈等边三角形，额缝弯曲；上唇缺口浅而小，仅为上唇高的1/10，前缘弯曲，上具刚毛6对；气门新月形，气门筛黄褐色，围气门片棕黑色；胸足3对，腹足5对，腹足趾钩成多行缺环。我国已知有41种，冬虫夏草菌可寄生37种。

2. 蝙蝠蛾的生物学特性

青藏高原的蝙蝠蛾主要分布于西藏自治区的拉萨、那曲、昌都、林芝、日喀则、山南等地，青海省的玉树、果洛、黄南、海东、海北等地，云南省的迪庆、丽江、怒江、大理等地，四川省的甘孜、阿坝、凉山、雅安等地，甘肃省的甘南、临夏、陇南、张掖等地。其中青藏高原东部的横断山系内，青海省玉树，西藏自治区的那曲、昌都、林芝，云南省的迪庆和丽江，四川省的甘孜等地为蝙蝠蛾和冬虫夏草的分布中心，这些地区蝙蝠蛾种类与数量以及冬虫夏草产量占全国的86%。蝙蝠蛾分布直接受到寄主植物、地形、地貌、海拔、气候、土壤等众多因子的影响。

蝙蝠蛾分布相对集中的高寒草甸地带（海拔3900～4600m）位于向阳、疏水性好的分水岭两侧。分布地海拔高，日照长，紫外辐射强，气温变化幅度极大，常年无夏。蝙蝠蛾越冬土层均属于冻土层；在5cm的土层深度，日最低温达–10.8～5.6℃，月平均地温已达–3.5～2.2℃；在20cm的土层深度，日最低温为–2.8℃，月平均温度为–2.0～1.8 ℃；30cm以下土层温度变化不明显，月平均地温为0.5～1.4℃。部分蝙蝠蛾大龄幼虫可在地下30cm以下隧道中越冬，部分低龄幼虫在地下2cm处越冬；大部分则处于地下15～20cm土层内越冬（陈泰鲁等，1973；张三元等，1988；杨大荣和蒋长平，1995）。

最适宜蝙蝠蛾生存的土壤湿度为35%～48%，低于30%时，幼虫向土层深处转移，虫草菌生长明显缓慢；低于20%时，幼虫除了夜晚到地表取食外，极少活动，人工饲养状态下则开始吐丝，虫草菌失水萎缩；低于10%时，虫体大量死亡，虫草菌子座干枯。当土壤含水量临近饱和时，蝙蝠蛾幼虫或蛹头部伸出土表后4～5天大量死亡腐烂，虫草菌子囊孢子和菌核部分发黑腐烂。

多数蝙蝠蛾喜好光照时间长的坡脊和半坡，虫草菌子座有较强的向光性，明显向强光照方向弯曲，光照强烈时，子座生长快，反之则慢。在高寒草甸中，年日照时数多为1380～2850h。

青藏高原高寒地带草甸中的蝙蝠蛾生活周期为986～1060天，即约3年1代，以幼虫越冬。成虫不需要补充营养，成虫期的活动均以交配、产卵、繁殖后代的生殖活动为中心。成虫羽化主要集中于6～7月，高峰期多在6月下旬至7月中旬；一天中羽化多在17:00～21:00，高峰期为18:00～20:30。羽化的最适地表温度为12.5～14.8℃；大气均温为7.0～9.5℃、相对湿度为72%～90%、土壤含水量35%～45%时自然羽化率为75%～95%。蝙蝠蛾羽化展翅完毕后，立即开始寻找配偶，交配高峰期为羽化当日的18:30～21:00，此时交配数量占总交配量的70%～90%；交配时间多为45～60min，目前研究发现交配时间最短为18min，最长达300min以上。交配授精以精包的方式进行。雌雄蛾多数仅交配一次，极少数交配2或3次；成虫交配率为52%～91%。雌蛾交配后半小时左右开始产卵，卵多产于缓坡、不积水、寄主丰富的高寒草甸。产卵量高峰期为羽化的当天晚上，占雌蛾总产卵量的55%～80%，随着时间延长，产卵量减少或不再产卵。产卵行为多发生在19:00～24:00，7:00～9:00时也有一次产卵小高峰，其他时间极少见产卵。雌蛾一生产卵3～15次，多为6～8次，羽化当晚可产2～8次，每次12～106粒，平均46粒。未交配雌蛾也能产卵，但交配蛾比未交配蛾产卵量高出20%～60%。雄虫活动灵敏，飞翔活动频繁；雌蛾由于怀卵体重，很少飞行。雌蛾性腺能分泌性信息素引诱雄蛾；部分雄蛾有趋光性。成虫白天藏于植株和土石块中不活动，晚上多集中于上半夜活动。未完全成熟的受精卵不变色，未受精卵不会孵化，部分能观察到变色，但变色时间比受精卵晚。在高寒草甸中，7月始见孵化，8月中下旬达到孵化高峰期。一天中卵孵化时间多为早上日出开始，9:00～12:00时达到高峰，14:00后减少，晚上罕见孵化。孵化时，幼虫用口器将卵壳咬破，并从咬破的洞口爬出。部分幼虫离开卵壳后，有取食卵壳的习性。幼虫出壳后并不立即入土，而是在表土爬行，部分爬上植株后又垂丝而下；孵化2～6h后，逐步钻入松软土中开始营造隧道。孵化后26～40h开始取食寄主植物的嫩芽、嫩根。幼虫期约有一半时间处于越冬状态。越冬期间停止取食，隧道在土壤浅层的低龄幼虫处于休眠状态，土壤深层的幼虫还能活动；一年中越冬期达126～230天。蝙蝠蛾幼虫是一类抗寒力极强的昆虫，各龄虫不一致，1～3龄虫最耐寒；预蛹次之；4～5龄虫再次之；6龄初期最差。1～6龄虫冷昏迷点为–15.3～–6.2℃（陈泰鲁等，1973；张三元等，1988）。

三、冬虫夏草资源的评价

1. 药效评价

《四部医典》又名《医方四续》，被认为是藏医药领域最经典的著作。在这部经典著作中收录单科药材911种，其中虫草占有一定的分量。2012年，姚海扬编写虫草组方16个；2015年，杨大荣编写虫草组方52个；描述虫组主要功能为补肺益肾、止血化痰，用于久咳虚喘、阳痿遗精、腰膝酸痛。

（1）调节免疫系统的功能

它对内抵御肿瘤，清除老化、坏死细胞组织，对外抗击病毒、细菌等微生物感染。调节免疫系统状态，既能促进机体产生和增加吞噬与杀伤细胞的数量，增强机体功能，又可调低某些免疫细胞功能。

（2）直接抗肿瘤作用

冬虫夏草提取物具有明确的抑制、杀伤肿瘤细胞的作用（贾泰元和Benjamin，1997；张传开和袁盛榕，1997；王旭丹等，1998）。冬虫夏草中含有的虫草素是其发挥抗肿瘤作用的主要成分。临床上多使用虫草素辅助治疗恶性肿瘤，如鼻癌、咽癌、肺癌、白血病、脑癌以及其他恶性肿瘤，症状改善率可达91.7%（丁瑞和郭培元，1981；刘凤安和郑效，1993，1995）。

（3）提高细胞能量、抗衰老、抗疲劳

冬虫夏草能提高人体能量工厂——线粒体能量，提高机体耐寒能力、减轻疲劳。冬虫夏草含有的超氧化物歧化酶（SOD）对小鼠脑内单胺氧化酶B（MAO-B）的活性有明显抑制作用，可起到抗衰老作用；可显著提高肾中抗氧化酶活力，对组织中过氧化物脂质生成的对抗作用明显，具有明显的抗氧化作用（朱萍萍等，2001；路海东等，2002）。

（4）调剂心脏功能

冬虫夏草可提高心脏耐缺氧能力，降低心脏对氧气的消耗，抗心律失常。动物实验表明，冬虫夏草对乌头碱和氯化钡引起的麻醉大鼠心律失常作用明显，能提高豚鼠心脏毒毛花苷中毒的承受量，能使麻醉大鼠和豚鼠的心律减慢，降低豚鼠心肌收缩力，因此，可用于治疗慢性心律失常，改善窦房结及房室传导功能，提高窦性心律（梅其炳等，1989）。

（5）调剂肝功能

冬虫夏草可减轻有毒物质对肝的损伤，抑制乙肝患者的透明质酸（HC）和前胶原III（PCIII）水平，对抗肝纤维化（龚环宇等，2000）。通过调剂免疫功能，可增强抗病毒能力，对病毒性肝炎的治疗可发挥有利作用，对乙肝表面抗原HbAg转阴有一定疗效（王要军等，1996a，1996b，1996c，1996d）。

（6）其他调剂功能

冬虫夏草具有扩张支气管、平喘、防止肺气肿的功效，可对肺心病呼吸衰竭发挥辅助治疗作用；减轻肾病变、改善肾功能，减轻毒性物质对肾的损伤；能增强骨髓生成血小板、红细胞和白细胞的能力；降低血液中的胆固醇和甘油三酯含量，提高对人体有利的高密度脂蛋白含量、减轻动脉粥样硬化；调节中枢神经系统，调节性功能等（杨大荣，2015）。

2. 经济效益评价

近年来虫草价格高，品质好的虫草市场售价达20万元/kg以上，堪称最昂贵的资源昆虫；但是，利益驱动可能带来过度采集以及生态环境破坏和资源枯竭；无序采集和交易会造成资源管理困难，影响农牧民收入，甚至危及社会安定。为此，西藏自治区先后颁布了《西藏自治区冬虫夏草采集管理暂行办法》和《西藏自治区冬虫夏草交易管理暂行办法》，确保虫草的采集与交易有序开展和虫草资源的可持续利用，更进一步造福于民。

四、虫草的两个科学问题

一是采挖虫草是否会造成资源枯竭；二是高强度放牧是否会导致虫草生态环境破坏。前者答案是否定的，后者答案是肯定的。

有观点认为采挖虫草会导致资源枯竭，这种担心是不必要的。其一，虫草密度非常低，挖虫草造成的稀疏小坑，往往被采挖者填平，且土壤湿度大，恢复快，对生态影响不大。其二，虫草是被寄生了的蝙蝠蛾幼虫，不挖只会烂掉，而且挖虫草已有上千年历史，大量集中采挖也已持续多年，因年度间气候等因素影响，产量虽有波动，但总体呈稳定状态。虫草的产量与蝙蝠蛾的发生量和虫草菌的感染率相关，与已形成的虫草是否被采挖关系不大。

过度放牧和砍伐高山灌丛是造成虫草生态环境质量下降的主要原因。前者是由于人口的增长及农牧民惜杀惜售，后者随着人们生态环境保护意识和举措的加强已基本得到控制。从种群、群落和系统3个层次级别上，牛羊、牧草、虫草间相互作用分析，确认超载过牧导致虫草钩蝠蛾寄主被过度践踏和啃食，虫草钩蝠蛾发生量受到影响，间接影响了虫草的数量。2013年，西藏自治区境内牲畜年存栏数较1951年增加了2.63倍，超载1.8～3.2倍，是虫草产量降低的主要影响因素之一。

目前，西藏冬虫夏草的实际产量比早些年要低，资源萎缩的趋势并没有改变，与青海、四川冬虫夏草收购量逐年下降的情况一致（胡清秀等，2005；李晖，2012）。

第二节　芫　菁　科

芫菁科 Meloidae 昆虫，又称为斑蝥，分泌的斑蝥素（cantharidin，$C_{10}H_{12}O_4$）具有药用价值。目前，斑蝥市价在1600元/kg左右，且货源紧缺。青藏高原是斑蝥的重要产区，初步估算，西藏斑蝥潜在年产量为10～15t，可实现较高的经济产值，但至今几乎未被发掘利用。斑蝥可以抑制蝗虫的发生、减轻农作物受害，还可以抑制疯草发生、促进牧草生长。

一、芫菁药用历史

中国是世界上最早认识芫菁药用价值，并将其作为抗癌药物沿用至今的国家。古代医药专著《神农本草经》就记载了芫菁“主寒热、鼠瘘、恶疮疽、蚀死肌、破石癃”。汉代《武威汉代医简》中记载多个芫菁药方，所针对的病症是目前内脏肿瘤的典型体征。南宋杨士瀛在《仁斋直指方论》中记载“有癌疮颗颗累垂……令人昏迷，急宜用地胆（指芫菁）为君，佐以白牵牛、滑石、木通，利小便以宣其毒，更服童便灌涤余邪，乃可得安也”，更明确阐明了芫菁的抗癌作用，并认识到配伍利尿药以减轻毒副作用。

古希腊时期，医学家希波克拉底记载将芫菁的翅用作研制消退水泡的膏布、抗刺激药等。在中国古代出现的世上首个有记录的臭弹，就是以芫菁混合砒霜、附子和人类的粪便而成。

二、芫菁的种类

目前，青藏高原芫菁科昆虫已知有8属41种。其中比较重要的20种在世界昆虫区系中可分为4个类型：特有种占主导地位，有12种，占60%；古北区+东洋区种类4种，占20%；东洋区种类3种，占15%；古北区种类仅1种，占5%。

1. 特有种

特有种是指某一物种因地理历史、生态或生理因素等，造成其分布仅局限于某一特定的地理区域或大陆，而未在其他地区出现。

高原斑芫菁 *Mylabris przewalskyi* 在西藏分布十分广泛，分布于海拔3000～4900m，包括东部的横断山地区、雅鲁藏布江南北两岸和西部的喜马拉雅山脉地区，发生数量大，是西藏的特有种、优势种。主要取食藏黄芪，偶尔为害豌豆等，分布广、数量大，是值得重视的药用昆虫。此外，拟高原斑芫菁 *Mylabris longiventris*、长角斑芫菁 *Mylabris hingstoni*、额窝短翅芫菁 *Meloe asperatus* 等11种也是西藏特有种。额窝短翅芫菁分布于海拔 4900～5500m 的珠穆朗玛峰定日县绒布沟，是目前珠穆朗玛峰地区分布海拔最高的种类。这些特有种在形态上具有明显的高山适应特征。

2. 古北区+东洋区种类

沟胸绿芫菁 *Lytta fissicollis* 模式产地为云南，主要分布于察雅古塘（海拔 3600m）、八宿（海拔 3800mm）、日喀则（海拔 3800m）。隆背短翅芫菁 *Meloe modestus* 模式产地是云南，在左贡（海拔 3800m）和芒康（海拔 3800m）亦有分布。心胸短翅芫菁 *Meloe subcordicollis* 模式产地是云南，在青藏高原分布于西藏樟木（海拔 2000～3000m）、甘肃南部。前两种芫菁在西藏的分布区都是传统意义的古北区，但在其他地区的分布范围有东洋区，所以，将这 3 种芫菁划分为古北区+东洋区类型。

3. 东洋区种类

大斑芫菁 *Mylabris phalerata* 分布于墨脱（海拔 850～930m）和察隅（海拔 1500～2500m）；毛角豆芫菁 *Epicauta hirticornis* 分布于墨脱（海拔 1090～2150m）；凹跗豆芫菁 *Epicauta interrupta* 分布于昌都（海拔 3300m）、芒康盐井（海拔 2600～2700m）；它们都分布于青藏高原边缘地带。黄胸绿芫菁 *Lytta taliana* 分布于昌都东洋区与古北区南北交汇的通道。

4. 古北区种类

曲角短翅芫菁 *Meloe proscarabaeus* 分布于西藏察隅（海拔 3300m）。察隅一般划分入东洋区，在此把本种定为古北区种。一是该种主要分布地位于古北区，如日本、朝鲜、前苏联和欧洲，是古北种南伸；二是虽然察隅被划归为传统意义上的东洋区，但海拔较高，垂直海拔的影响超越了水平地带性影响。

三、芫菁的形态特征与生物学特性

1. 芫菁的形态特征

芫菁科昆虫体柔软，长圆筒形。常见颜色多变，有黑色、灰色、褐色、黄褐色，有些种类有金属闪光，体表通常有细而疏的微毛，少数生有密毛。触角丝状或锯齿状；下口式；唇基明显，上唇突出，上颚弯曲，端部弯曲，具齿突，有时钝，下颚须 4 节，较瘦，端节略扩展，下唇有大的舌突，颏梯形，下唇须 3 节，较狭，末节通常扩大。颈窄狭。前胸背板比鞘翅基部窄，通常端部最窄，两侧没有隆起和饰边，表面光滑或具皱纹，侧缘大；前胸腹板短，基部无脊；中胸腹板短，三角形；后胸腹板短或长。前足基节窝大，汇合，后方开放；中足基节汇合。足长；前、中足基节突出并连接；后足基节横阔，近于连接，转节大、三角形，有时在雄性中减弱，胫节有明显的端距；跗节 5-5-4 型，爪纵裂为 2 叉。鞘翅正常或变短，末端分歧。腹节可见腹板 6 个。

2. 芫菁的生物学特性

成虫植食性，取食寄主植物的花、花粉、叶等；幼虫为捕食性，大多以蝗卵为食，也有种类以花蜂或地花蜂卵及贮藏的花蜜等为食。芫菁科昆虫营复变态生活，比一般全变态昆虫生活史，幼虫各龄期在形态、习性上有较大差异，1 龄幼虫胸足发达，活泼，能迅速搜索蝗卵或蜂巢，找到后进入卵囊或蜂巢取食，变成行动缓慢、体壁柔软、胸足退化的蛴螬型幼虫，接近老熟时，离开食物，深入土中，转变为胸足更加退化、不食不动、体壁坚硬的围蛹型幼虫或伪蛹，并以此虫态越冬，翌年化蛹、羽化。

芫菁成虫在青藏高原多在 7～8 月见于荒滩草地，有的种类成虫可见于 4 月中下旬，主要取食黄芪等植物。羽化期与其寄主生育期吻合。喜群集，可低飞，晨昏及阴雨天常静伏于寄主植物上，少活动，遇到惊扰时有假死现象，伴随口吐绿色黏液、腿节间分泌黄色体液现象。液滴中含有的斑蝥素具有毒性，对人畜皮肤有发泡致痛作用。

四、芫菁资源的评价

1. 药效评价

斑蝥能分泌斑蝥素，接触人体皮肤引起红肿中毒症状。医学研究发现斑蝥素可用于抗癌、治疗风湿等（杨大荣，2015）。斑蝥作为药用在中医中已逾 2000 年，其药用价值与作用在《雷公炮炙论》《本草纲目》《神农本草经》《别录》《药性论》《日华子诸家本草》等药学著作中都有论述。2012 年，姚海扬收编了 25 个组方；2015 年，杨大荣收编了 151 个组方。《中华人民共和国药典》中记载，斑蝥素外用能蚀死肌、敷疥癣恶疮，内服有攻毒、逐淤散结、抗肿瘤的作用。

临床观察表明，斑蝥素有明显的抗癌作用，对肝癌、食管癌、贲门癌、胃癌、肺癌等肿瘤细胞均有抑制效果。20 世纪 80 年代以来，国内研究证实其抗癌机制表现在：①抑制癌细胞蛋白质合成，继而影响其 RNA 和 DNA 的生物合成；②降低癌激素水平，主要是降低环磷酸腺苷（cAMP）磷酸二酯酶的活性；③使脾淋巴细胞产生的白细胞介素Ⅰ增加 2～5 倍，巨噬细胞产生的白细胞介素Ⅰ增加 1.5～2 倍，从而提高机体免疫功能（杨大荣，2015）。

2. 生态经济效益评价

芫菁成虫主要取食有毒植物——黄芪和棘豆。这两类有毒植物都属于威胁天然草地生产最严重的毒草，这类疯草在我国集中分布在西部九省区（西藏、青海、内蒙古、新疆、甘肃、宁夏、陕西、四川、云南）。芫菁能有效抑制疯草猖獗发生与为害，增加牧草的生长空间，提高牧草产量，维护生态平衡，减少牲畜中毒死亡，显著增加农牧民收入。

芫菁的幼虫取食蝗卵，抑制西藏飞蝗的发生，提高农作物和牧草的产量，增加农民收入，是重要的天敌昆虫。

五、芫菁研究的科学问题

芫菁科昆虫利用工作应侧重于：加强分类研究，查清可利用种类及其分布，正确评价其生态、经济效益。除成虫可能为害豆科作物外，幼虫取食蝗卵等，是有效的天敌资源，且具有重要的药用价值，因此，应及时澄清其生态作用及危害阈值。在上述工作基础上建立资源评价系统，制订保护计划，明确不同种类的资源价值（药用或天敌价值），禁止滥采滥收，提高其自然补偿能力。加强昆虫学与中药学的合作研究。斑蝥除了富含斑蝥素，还富含蛋白质、脂肪及有益的微量元素，低剂量及复配应用可减少或去除毒副作用，新剂型、新产品开发亦有潜在的市场前景。斑蝥在青藏高原的资源优势明显。与虫草相比，斑蝥发生量更大，分布更广，采集更方便，饲养难度小，科学合理地成规模开发不会破坏环境，科学采集不会造成资源枯竭，是快速、稳定、持续增加农牧民收入的有效措施，但目前还未产生应有的效益。

第三节　瓢　虫　类

与蚜虫等的生物防治相关的捕食性天敌昆虫，首推瓢虫。瓢虫成虫和幼虫均可捕食麦蚜、棉蚜、槐蚜、桃蚜、介壳虫、壁虱等害虫，可大大减少树木、瓜果及各种农作物害虫造成的损失，被称为“活农药”。捕食性瓢虫在西藏麦类作物生长中后期百株可达60 头以上，因此不需要对麦蚜进行化学防治，减少农药的使用量达 10%以上，在促进农产品安全生产中发挥重要作用。国内外都已实现人工繁育瓢虫，用于害虫防治。瓢虫对农作物、蔬菜、果树、茶树、林木控制害虫总效益达 1 亿元左右。

一、瓢虫的应用历史及发展现状

我国瓢虫研究与利用历史久远，但在西藏、青海等地，瓢虫的研究历史不足 100 年。20 世纪 20 年代初，大英博物馆在世界各地的“探险考察”开始深入进行，于 1921 年、1922 年、1924 年组织了 3 次“珠穆朗玛峰探险考察”。据印度动物调查所卡普尔（Kapoor）记载，在 1924 年的“珠穆朗玛峰探险考察”中，有一名军医博物学者兴斯顿（Hinston）于 4 月中旬从锡金北上到达西藏的亚东，再深入岗巴、定结、定日，在中国境内珠穆朗玛峰的东、北两侧共采集了瓢虫标本 80 头并带回大英博物馆。1963 年，这批标本由瓢虫分类学家卡普尔鉴定出 11 种，包含模式产地为西藏的小七星瓢虫 *Coccinella lama*、西藏瓢虫 *Coccinella tibetina*、纹条瓢虫 *Coccinella longifasciata* 等。喜马拉雅山脉南面的原英属印度则早已开始了瓢虫资源的调查和分类工作，并建立有研究机构。

近百年来，大英博物馆和印度的瓢虫专家对印度、尼泊尔，以及靠近中国西藏、新疆、云南等省区的瓢虫资源进行调查研究，发现这些地区的瓢虫与西藏的瓢虫共有种多。

1981 年，李鸿兴在《西藏昆虫第一册》中记述了隶属于 2 亚科 11 属的瓢虫科昆虫 29 种和 1 亚种。

经希立在《横断山区昆虫》（第一册）和《横断山区昆虫》（第二册）中记述瓢虫科昆虫 36 属 98 种，包括命名的 13 种和增加的 1 种记录种。

经希立在《西藏南迦巴瓦峰地区昆虫》中记述了南迦巴瓦峰地区的瓢虫科昆虫 5 亚科 45 种，其中包含增加的 6 种中国记录种。

2004 年，虞国跃在《西藏雅鲁藏布大峡谷昆虫》中记述了瓢虫科昆虫 13 属 19 种，包含补充的中国记录种 3 种和命名的 4 种。

在青藏高原东北部的青海省，中国科学院、农业部（现为农业农村部）、西北农业大学（现西北农林科技大学）、青海省农林牧医等有关部门的专家和学者曾多次对青海省的资源昆虫进行调查研究。刘崇乐于1962年命名发表了纵条瓢虫等；蔡振声等于1994年编著了《青海经济昆虫志》，其中记述瓢虫19种。

2009年，为了弥补西藏瓢虫研究的不足，王保海、姚小波等开展青藏高原瓢虫专项科学考察，收集瓢虫标本1000余号。2013年，胡胜昌、林祥文和王保海等编著《青藏高原瓢虫》，收录青藏高原瓢虫7亚科11族49属172种，其中命名9种，增加中国记录种2种。

二、瓢虫的种类

瓢虫科属于较大的科，世界上已知约有5000种，中国已知有700多种（虞国跃，2010），居世界首位。我国面积大，包含了热带、亚热带、温带、亚寒带等各种气候带和不同垂直带谱，有热带雨林、季雨林、阔叶林、针叶林、混交林、灌丛林、草原、高山草甸、亚高山草甸和戈壁荒漠沙滩等生境，气候条件、地理环境极其复杂多样，植物种类及资源昆虫丰富，以植物或昆虫为食的瓢虫种类和数量相当丰富。据统计，1963～2005年，命名发表的中国瓢虫有368种，其中中国科学家命名发表318种，国外学者命名发表50种（虞国跃，2010）。经过近百年的调查研究，青藏高原瓢虫已知有200种左右（天敌占1/4），其中西藏分布有119种，青海省分布有21种，其他区域分布有60种。

三、瓢虫的形态特征与生物学特性

1. 瓢虫的形态特征

体长0.8～17mm；体形多为卵圆形，个别为长形，体色多样；头部多被背板覆盖，仅部分外露；触角11节，少数7节，锤状、短棒状等；上颚因食性不同，分化为端部2齿、多齿类型；下颚须末端多为斧刃状，少数平切或锥状；前胸背板横宽，窄于鞘翅，表面隆凸；鞘翅盖及腹端；足腿节一般不外露；前足基节横形，基节窝关闭；中、后足基节远离；跗节4-4-4（隐4节），第2节多为双叶状，第3节小，位于其间；个别类群跗节愈合成1节；腹部可见5或6节，第1节较长，中部前缘伸向后足基节间，多数类群具后基线。幼虫头小，体多为纺锤形，体侧或背面多有枝刺或瘤突；触角3节；侧单眼3或4对；腹部第9节无尾突。

2. 瓢虫的生物学特性

在西藏，瓢虫多垂直分布于500～4200m，最高可达5200m。分布于3500m以上的主要是瓢虫亚科瓢虫族和长足瓢虫族等，3500m以下的主要是食植瓢虫亚科。庞雄飞和毛金龙（1977）认为，西藏瓢虫的分布与食料的垂直分布有关。海拔3500m以上大多是高山种，3500m以下大多是东洋种。

不同于其他昆虫在高海拔地区具有表皮较厚、鳞毛增多的现象，随海拔升高，瓢虫鞘翅角质化越弱，翅越薄，但韧性增强，少有鞘翅残损现象，有利于飞行和寻找食物、配偶，如多异瓢虫 *Hippodamia variegata*（胡胜昌、王保海），其吉隆（海拔2000m）、定日珠穆朗玛峰（海拔5000m）的标本均有此现象。

为了抵御寒冷，高原上的瓢虫向深色方向发展。例如，观察发现，七星瓢虫 *Coccinella septempunctata* 随海拔增高，翅面黑斑逐步加大，甚至左右两侧黑斑相互连接，深色型个体占58.8%。又如，观察从日喀则、拉萨、亚东、林芝获取的二星瓢虫 *Adalia bipunctata* 标本，深色型个体占100%。体色趋深有利于吸收阳光，增加体温。

从总体的发生与分布特点来看，分布于内地平原地区的种类在青藏高原地区则分布较少；青藏高原发生量大的种类，在内地发生较少。例如，长足瓢虫族，在古北区和东洋区共有9属，在我国分布有8属27种，其中22种分布于青藏高原。青藏高原与内地的共有种，分布于西藏的发生量大、密度高、个体大。

瓢虫卵通常为卵形或纺锤形，颜色从浅黄色到红黄色，长轴 0.25～2.00mm。雌虫产卵时，卵通过雌虫的精子贮存器（受精囊）开口时精子通过卵一端的卵孔进入卵内完成受精。

初孵幼虫会在卵壳上停留几小时至1天，体壁硬化后，分散觅食。多数种类幼虫4龄。捕食性瓢虫幼虫为步甲型幼虫，通常有以下3种：①体纺锤形，行动活跃，胸足明显，体背上有毛片和瘤突（或少量的枝刺），身体表面常常有鲜艳的颜色，如七星瓢虫、龟纹瓢虫 *Propylea japonica* 等；②身体柔软，毛片和瘤突退化，身体表面覆盖着白色的棉絮状蜡丝，如小毛瓢虫类：③体扁卵形，足短，薄片状，如四斑广盾瓢虫。不同的形态是长期进化的结果，通常与生活的环境，特别是捕食对象关系密切，如有白色蜡丝的小毛瓢虫幼虫，能在蚂蚁访问的蚜群中生活。不少幼虫受惊后会分泌防御液，抵御潜在的天敌。

幼虫蜕皮前停止取食，用尾部臀棘固定于基质上，头向下蜕皮化蛹。

蛹多裸露在外，化蛹时幼虫的蜕在与基质相黏的一端。但盔唇瓢虫族和短角瓢虫族化蛹后的蜕仅在前部或背面中央开裂，蛹的大部仍在幼虫皮内，仅部分外露。

瓢虫可多次交配，交配的时间长，如西藏日喀则的二星瓢虫交配时间最长达218min，最短为37min，平均为121min（胡胜昌等，2013）。雌虫可拒绝交配，逃跑或将已爬到背上的雄虫甩掉。有些种类的雌虫对雄虫的色斑型有喜好倾向性。通过对二星瓢虫的研究发现，雌虫对黑色型雄性的喜好是由基因控制的，不管雌性是红还是黑，均喜欢与黑色的雄虫交配。野外可观察到不同种的瓢虫（通常属于同一属）之间的杂交（Majerus and Peter，1994）。

有些种类的瓢虫具有群集越冬的习性，在飞离越冬地前，雌虫通常已完成交配。单雌产卵量为几十粒到4000粒。产卵量大的种产卵期长。卵聚产，每块几枚到几十枚，有时超过100枚。卵聚产对其捕食性天敌具有警示及防御作用。有的种类卵单产，也有些种如黑襟毛瓢虫 *Scymnus hoffmanni* 产卵时，用取食后的蚜虫皮壳或未消化的残渣包盖卵粒，起到保护作用。卵孵化前颜色变暗。

七星瓢虫是瓢虫中已知单雌产卵数最多的种类，室内最大产卵量为4725粒（胡胜昌等，2013）。野外产卵量远低于此，蚜虫发生数量、瓢虫间的相互干扰都会影响产卵量。捕食性瓢虫对产卵的环境要进行评估。如果卵产在没有蚜群的地方，那么它的后代不可能存活；如果在蚜群发展早期产卵，孵化的幼虫把蚜虫吃完，使蚜群崩溃，幼虫无法完成发育，或自相残杀而只有极少数完成发育；如果在蚜群发展晚期产卵，一是刚孵化的幼虫不能有效地捕食高龄蚜虫，对存活率有影响；二是蚜群已接近崩溃，由于没有蚜虫，瓢虫的存活面临危机。因此只有在蚜群发展高峰的前期产适当数量的卵，初孵幼虫才有低龄蚜虫可捕食，蚜群的个体数量和种群维持时间才可使瓢虫幼虫完成发育。

捕食性瓢虫成虫寻找猎物的过程由下列步骤组成：寻找捕食对象的寄生植物—寻找猎物—捕捉并取食。视觉在觅食过程中对于确定生境具有重要作用。有些捕食对象寄主植物的挥发性物质也能刺激瓢虫前往觅食，如对灰眼斑瓢虫而言，松树比其他植物更具吸引力。有时蚜虫、介壳虫等同翅目昆虫分泌的蜜露，也可吸引瓢虫的定向行为。瓢虫若在某区域内捕捉到了猎物，那么它在爬行时会转很多弯，花较多的时间搜索，这称为集中型搜索；如果没有合适的猎物，就会直线型爬行，很少拐弯，从而展开广域型搜索。

瓢虫食量有明显的性别差异。雌性由于需要繁衍后代，对营养能量的需求远大于雄性。因此，产卵期的雌虫食量明显大于雄虫。张涪平（1997）在林芝市八一镇观察发现，在一定密度范围内，横斑瓢虫 *Coccinella transversoguttata* 捕食量随麦长管蚜密度增加而增大。不同性别的横斑瓢虫有所差异，雌虫的捕食潜能大于雄虫，但瞬间攻击率略低于雄虫，处置猎物时间短于雄虫。所以，进行食量试验时应区分雌雄，特别是当田间雌雄数量不等时。

初羽化瓢虫成虫鞘翅柔软，色浅而无斑纹。有些种类，如七星瓢虫后翅伸出鞘翅并展开直至硬化；有些如长管小毛瓢虫、澳洲瓢虫等则会静待在蛹壳下，直至翅硬化完成。鞘翅上斑纹的呈现时间为几分钟到几天甚至几周。瓢虫鞘翅上的红斑，新羽化时较浅，呈红黄色或黄色，可保持几周或几个月，可用于区分新一代成虫和越冬代或老一代成虫。

在青藏高原，大多数瓢虫 1 年 1～2 代。例如，二星瓢虫在西藏日喀则 1 年 2 代。卵期 7～10 天，幼虫 17～19 天，蛹期 6～9 天；第 1 代成虫期 30～45 天，越冬代成虫期 270～300 天；横斑瓢虫在西藏林芝市 1 年 2 代。

有些种类的瓢虫只栖居于特定生境，甚至只发生于特定生境的特定植物上。有些种类如异色瓢虫 *Harmonia axyridis*、龟纹瓢虫对生境要求低，分布广泛。判定典型生境的可靠标准是可以让昆虫完成完整的生活史。农药的施用直接杀灭瓢虫，或者因为蚜虫等昆虫减少导致瓢虫转移而数量下降。

瓢虫会聚集在特定地点越冬，有时甚至几个种聚集于一处。由于避风向阳及往年残存的气味等因素，瓢虫常选择同一地点越冬，如日喀则的二星瓢虫，常在老杨树树皮下群集越冬。有些种类，尤其是异色瓢虫会进入人类住宅越冬。

四、瓢虫的控害作用

瓢虫虽然为全变态类昆虫，但幼虫与成虫食性相同，这一特性使其在生物防治实践中占据优越地位（庞虹等，2004）。

1768 年，吹绵蚧 *Icerya purchasi* 传入美国加利福尼亚州，威胁到当地林木和柑橘，特别是在洛杉矶地区的柑橘生产中，成为柑橘的严重害虫，直到 1888～1889 年，自澳大利亚引进了澳洲瓢虫 *Rodolia cardinalis*，吹绵蚧为害才得以有效控制。很多国家和地区引入澳洲瓢虫防治吹绵蚧取得明显效果。1909 年，中国台湾自美国加利福尼亚州和夏威夷引进澳洲瓢虫，用以防治吹绵蚧；1932 年，由台湾引入上海，虽然无研究记录，但 1955 年以前，福建等地已有分布记录。1955 年，澳洲瓢虫由苏联植物检疫室引入广州，于 1957 年撒放，此后当地的吹绵蚧得到有效控制，随后在华南地区取得良好的防治效果。因此，瓢虫引进与释放在生产中发挥了重要作用。

瓢虫在西藏的优势种类有二星瓢虫、小七星瓢虫、七星瓢虫、横斑瓢虫、多异瓢虫和龙斑巧瓢虫等。

瓢虫幼虫体型和总食物消耗量多取决于 3～4 龄期，有研究表明，1～4 龄幼虫食物消耗分别为总消耗量的 9.8%、19.6%、31.4%和 39.2%。1 头黄斑盘瓢虫在幼虫期可取食 536 头棉蚜。

西藏麦田、豌豆田和油菜田的捕食性瓢虫达 20 种以上，发生量大，为天敌昆虫中的优势类群。在拉萨市、山南市、林芝市麦田中，尤其是 6 月下旬到 8 月上旬，每百株小麦瓢虫达 50 多头，有些地块甚至超过 100 头，单头瓢虫捕食蚜虫量平均为 45 头/天，最多可达 60 头/天，高龄幼虫单头捕食量为 30～60 头/天。西藏瓢虫抗逆力强，在自然条件下即可建立群落，对各类蚜虫有明显的控制效果。6 月中旬以后，当瓢虫和蚜虫比达 1∶100 时，就不再需要施用农药。

五、瓢虫研究的科学问题

尽管瓢虫是重要的捕食性天敌昆虫，但西藏地区瓢虫分类、生物学特性、控害水平等各方向研究都不足，保护与利用不充分，更没有用于防治害虫的成熟的人工引进和饲养瓢虫技术。

第四节　蜜　蜂　科

蜜蜂科昆虫是蜜蜂总科（包括分舌蜂科 Colletidae、地蜂科 Andrenidae、隧蜂科 Halictidae、准蜂科 Melittidae、切叶蜂科 Megachilidae、条蜂科 Anthophoridae、蜜蜂科 Apidae）中最重要的经济昆虫和传粉昆虫。

一、蜜蜂科昆虫研究历史

《科学》（*Science*）杂志 2006 年报道了一块来自缅甸的野蜂琥珀化石显示，蜜蜂的起源可以追溯到恐龙的极盛时代——白垩纪。白垩纪是中生代的最后一个纪，始于距今 1.45 亿年，结束于距今约 6550 万年，在这一时期，大陆之间被海洋分开，地球变得温暖、干旱。伴随开花植物的出现，蜜蜂开始出现。它们具有现代蜜蜂的形态结构和与采集花粉有关的分叉的毛。蜜蜂是重要的传粉昆虫，对于白垩纪早期到中期开花植物快速多样化可能起了作用。

人类利用蜂产品的历史久远，蜂蜜是最早利用的自然甜食，人们可能是偶然在空心树、木头或山洞中发现了蜂巢中的甜味物质。在非洲，土著民会利用寻蜜鸟的帮助寻找蜂巢，割取蜂蜜。

人类利用和饲养蜜蜂的历史大体上可分为古代养蜂、活框蜂箱养蜂和现代养蜂3个阶段，每个阶段又可分为不同的发展时期。

在原始社会，人们利用野生蜂巢的蜂蜜和蜂蜡，供食用和祭祀；进入渔猎社会后，人们利用绳索、绳梯爬到山崖或高大树木上，采集野蜂巢内的蜂蜜和蜂蜡，并会记住森林中野生蜂的蜂巢处所，定点采集。在利用过程中发现蜂蜜具有医疗作用，早在3500年前，古埃及人就已知道用蜂蜜治病。在古印度的阿育吠陀（Ayurveda）医学里，蜂蜜和牛奶被列为“延年益寿”的饮料。

蜂蜡可用作燃料和药物。进入农牧社会后，随着冶炼业和手工业的发展，人们把有野生蜂群的空心树段搬到住所附近，或者使用容器收容自然蜂群，开始驯养蜜蜂。16世纪以后，随着养蜂技术改进，蜂产品的生产效率提高。

1793年，德国人施普伦格尔（Sprengel）证实了蜜蜂在植物授精方面所起的作用，为现代养蜂学和利用蜜蜂授粉奠定了基础。17世纪以后，人们开始在巢内放置方形、六角形或多层木板蜂窝，由蜜蜂在内筑造巢脾，饲养工作包括准备蜂窝、收捕蜂群、割取蜂蜜和蜂蜡等。19世纪，活动巢框蜂箱、巢础、分蜜机等养蜂机具发明以后，养蜂业实现了机器化生产。

美国著名养蜂家杜利特尔（Doolittle）于1888年撰写了《科学育王法》，将人工育王（蜂王）发展成专业技术。

20世纪20年代以后，欧美养蜂发达国家出现了许多千群以上的大型蜂场，开始使用电动辐射式分蜜机，此后陆续研制出了药剂脱蜂、自动调温电热割蜜刀、蜜蜡分离机、电动割蜜盖机、吹蜂机，以及安有装卸装置的运蜂车等成套专用机械设备，有的还专门建立了取蜜车间、蜂蜜精制车间，使养蜂生产率大大提高，一个人管理的蜂群从数十群提高到数百群甚至上千群，使养蜂生产成为大规模的企业经营。另外，还出现了专门制造经营蜂具的工厂、蜂蜜加工厂、销售笼蜂和蜂王的种蜂场以及租赁授粉蜂群的蜂场（黄文诚，1993）。

20世纪30年代，意大利蜜蜂引入我国，活框饲养也随之引入。1926年，美国菲利普斯（Phillips）撰写了《养蜂学》，同期著作还有《蜂箱与蜜蜂》，标志着养蜂学的形成。

国际养蜂联合会曾于1977年决定在法国、意大利、西班牙和罗马尼亚成立国际授粉中心。罗马尼亚等由转地养蜂委员会组织授粉服务工作，种植虫媒授粉作物的企业向该会报告需要的蜂群数量，由该会安排放蜂数量、规定授粉费用标准，负责签订合同。美国正在研究利用蜜蜂授粉培育杂交棉和杂交大豆种子。蜜蜂授粉已成为农业增产和植物育种的一项重要措施。

中国养蜂业历史悠久，早在甲骨文中已出现“蜜”字，证明了早在3000年前我国已开始取食蜂蜜。古代中国把蜂蜜和蜂子视为珍贵食品。《山海经·中次六经》中记述有“平逄之山，有神人焉，……名曰骄虫，是为螫虫，实帷蜂蜜之庐”。这是我国最早的文献。公元前3～4世纪，《黄帝内经》中出现用蜂针、蜂毒治病的记载。公元前1～2世纪，《神农本草经》中称蜂蜜为药中之上品，又称“岩蜜”“石蜜”“石饴”“蜂糖”。《本草纲目》中则陈述为“入药之功有五，清热也，补中也，解毒也，润燥也，止痛也。生则性凉，故能清热；熟则性温，故能补中；甘而平和，故能解毒；柔而濡泽，故能润燥；缓可以去急，故能止心腹、肌肉疮疡之痛；和可以致中，故能调和百药，而与甘草同功”。

公元 3 世纪以后的著作，如晋朝皇甫谧《高士传》中记载东汉时人姜岐：“隐居，以畜蜂、豕为事，教授者满于天下，营业者三百余人”。同期张华在《博物志》中记载了蜜蜂收集方法：“远方诸山蜜蜡处。以木为器，中开小孔，以蜜蜡涂器内外令遍。春月蜂将生育时，捕取三两头着器中。蜂飞去，寻将伴来。经日渐益。遂持器归。”这是最早记述人工养殖蜜蜂的文献。宋朝王禹偁《小畜集》卷十四则有蜜蜂蜂群繁殖情况的记载：“商于兔和寺多蜂。寺僧为余言之，事甚具。予因问：蜂之有王，其状若何？曰：其色青苍，差大于常蜂耳。问：胡以服其众？曰：王无毒，不识其他。问：王之所处？曰：巢之始营，必造一台，其大如栗，俗谓之王台，王居其上，且生子其中，或三或五，不常其数。王之子尽复为王矣，岁分其族而去，山甿患蜂之分也，以棘刺关于王台，则王之子尽死而蜂不拆矣。又曰：蜂之分也，或团如罂，或铺如扇，拥其王而去。王之所在，蜂不敢螫。失其王，则溃乱不可响迩。凡取其蜜不可多，多页蜂饥而不蕃，又不可少，少则蜂堕而不作。”（黄文诚，1993）。

元初鲁明善《农桑辑要•卷七•蜜蜂》、元末明初刘基《郁离子•灵邱丈人》、明末徐光启《农政全书》、明朝宋应星《天工开物》、清郝懿行《蜂衙小记》等，都有蜜蜂养殖技术的系统记载。

中国全面介绍养蜂的著作当属清代郝懿行的《蜂衙小记》，书中描述了蜜蜂形态、生活习性、社会组织、饲养技术、分蜂方法、蜂蜜的收取与提炼、蜂群冬粮的补充、蜂巢的清洁卫生以及天敌的驱除等。

20 世纪初，黄子固引进国外养蜂技术，结合我国条件，研制养蜂用具，引进优良蜂种；创办刊物，发表文章和专著，宣传推广科学养蜂；开发利用蜂王浆，为振兴和发展我国现代养蜂事业作出了奠基性的贡献。他编著的《最新养蜂学》出版于 1937 年，介绍了蜜蜂品种、蜜蜂的生理与生活、人工分蜂与育王、蜜蜂疾病与敌害，以及蜜源植物、养蜂用具和蜂产品的采收、各地区蜂群的四季管理法等知识，是当时中国内容最完整的大型养蜂专著。在“养蜂大意”中阐述了发展养蜂的意义和养蜂与社会的关系；在“世界养蜂状况”和“中国养蜂业史”篇章中，分别介绍了世界 18 个国家和中国各个地区的养蜂状况差异以及生产技术，并指出，“近来科学昌明，养蜂日益发达。现在有很多以养蜂作副业的，但是以后一定要大多数进为专业。目下的蜂场多数密集在城市，将来应当慢慢地散布到四乡，在没有蜂场的地方将来也要渐渐地普及。各地农业学校，都要加授养蜂科并附设养蜂试验场”。

新中国成立后，在党和政府的重视与支持下，出现大量养蜂业科技工作者和养蜂人员，养蜂业飞速发展，蜂产品产量迅猛提高。到 1958 年，全国饲养蜜蜂接近 200 万群，蜂蜜年产量 1.23 万 t，紫云英、椴树、洋槐等品种的蜂蜜逐步成为国际市场的热销产品。

20 世纪 50 年代中国蜜蜂研究所创立。在福建农林大学、云南农业大学等高校创建蜂学系或蜂学专业。各相关部门多次召开全国性会议，出台一系列政策和措施。从 20 世纪 70 年代起，各省（自治区、直辖市）和重点地市相继成立了养蜂学会（协会、研究会）和养蜂管理站，有的还成立了蜜蜂研究所和实验蜂场，并加大了专业技术人员培养和培训工作，从组织、技术、管理、服务等诸多方面，为发展科学养蜂提供了良好的环境和条件，促使集体与国有养蜂场发展壮大，蜂群数量与蜂产品产量快速提高。到1981年，我国蜜蜂饲养量达650万群，蜂蜜产量为11万t，成为世界第二养蜂大国（仅次于苏联）；蜂产品产量及出口量跃居世界第一位；1990年，全国蜂群饲养量约为755万群，蜂蜜产量提高至19.3万吨。之后一段时期的蜜蜂饲养量和蜂蜜产量虽有所波动，但总体上仍呈上升趋势。

据估计，2010年蜜蜂传粉为我国农业生产带来的经济效益为7182亿元，2015年蜜蜂授粉对我国农作物增产价值达3000亿元以上。

二、蜜蜂科昆虫的形态特征与生物学特性

1. 蜜蜂科昆虫的形态特征

蜜蜂成虫各体段均被绒毛，体长因蜂种和蜂型（蜂王、雄蜂、工蜂）不同而异。嚼吸式口器，既可咀嚼花粉，又能吮吸花蜜。前翅大，后翅小，前后翅靠翅钩列连接。工蜂后足特化为携粉足，采集的花粉混以唾液和花蜜后凝集成花粉团并装在后足的花粉筐里带回蜂巢。产卵器特化成螫针，螫针由一根背刺针和两根腹刺针组成，根端连接着存储有毒液的毒囊和内脏器官，而腹刺针的尖端有倒钩。

2. 蜜蜂科昆虫的生物学特性

蜜蜂是典型的真社会性昆虫，广布于世界各地。除了生产蜂蜜外，还能为植物传播花粉。野生蜂群多活跃于热带、亚热带等蜜源充足的地区。

（1）繁殖力强

蜜蜂卵期约3天，孵化后5～7天，工蜂会为幼虫的巢房口封盖，幼虫在其中吐丝化蛹，蛹期8～14天。蜂群的喂食工作几乎都是由工蜂完成的。一个蜂群中只有一个蜂王，繁殖力强，产卵盛期一天的产卵量甚至超过2000枚。

（2）社会性群居

健康蜂群由蜂王、雄蜂和工蜂组成，不同类型承担不同职责。蜂王负责繁殖，通过信息素维持蜂群的正常秩序；雄蜂与蜂王交配，提供精子；工蜂是蜂群中数量最多的类型，采蜜、喂食蜂王和幼虫、建造蜂房、清理蜂巢等都由工蜂完成。

（3）分蜂扩散种群

蜜蜂扩大种群是通过分蜂的方式实现的，当蜂群出现培育蜂王和雄蜂、修筑王台等行为时，往往会出现分蜂现象，在新蜂王即将出台时，老蜂王会带领大部分蜂群重新寻找地方筑巢。

（4）取食蜂蜜和花粉

蜜蜂主要取食花粉和蜂蜜。流蜜期，白天采集花蜜，晚上在蜂巢内继续酿制，并通过翅的扇动蒸发蜂蜜中多余的水分，形成成熟蜂蜜。

（5）独特的交流方式

蜂群内个体间通过声音、触角接触、蜂舞、化学信息素等方式沟通交流。

三、蜜蜂科昆虫的评价

蜜蜂除了提供各类蜂产品，还能为作物传粉，增加产量，保障消费者食物供应。如果没有蜜蜂，很多植物会因不能授粉或授粉效率低下而濒临灭绝。

2009年，时任国家副主席习近平批示“蜜蜂授粉的‘月下老人’作用，对农业的生态、增产效果似应刮目相看。”蜜蜂是构架自然界“食物链”和“食物网”的重要环节，能促进植物繁衍，维护生物多样性，是生态环境优劣的风向标。

1. 世界对于蜜蜂授粉的依赖性明显提高

现代农业发展有几个特点：一是农业种植业结构的改变，作物种类、品种等向现代化、专业化发展；二是规模化、集约化，单一作物大面积种植；三是农业高质量发展需要，消费者对高品质农产品的需求；四是化学农药的使用，对生态环境造成破坏，减少了自然授粉昆虫的种群数量；五是劳动力成本增加，保护地、部分果树还需要人工授粉辅助。蜜蜂授粉可以提高农产品质量，降低成本，满足人们对食品安全与品质的需求。

联合国粮食及农业组织公布的107种主要作物中，91种作物依赖蜜蜂授粉。无论大田栽培还是设施农业种植，尤其是异花授粉的作物，经蜜蜂授粉后都可提高产量和品质。在常见的虫媒作物中，果树有苹果、梨、香梨、鳄梨、柳橙、杏、猕猴桃、桃、油桃、柑橘、橙、荔枝、龙眼、李、樱桃、柿、核桃、板栗、柠檬、石榴、杧果、阳桃、木瓜、梅、草莓等；瓜类有西瓜、甜瓜、哈密瓜、黄瓜、南瓜、冬瓜、西葫芦、苦瓜、丝瓜等；蔬菜有葱、甘蓝、胡萝卜、芥菜、芜菁、萝卜、白菜、韭菜、番茄、辣椒、茄子等；油料作物有向日葵、油菜、油茶、油葵、棕榈、芝麻、大豆等；经济作物有天麻、棉花、亚麻、咖啡、烟草、茶叶等；药材有党参、丹参、夏枯草、苦参、桔梗、枸杞、益母草、薄荷、牛膝、黄连等；牧草有苜蓿、三叶草、苕子、紫云英、砂仁、田菁、豆蔻、草木犀、紫穗槐、直立黄芪、野豌豆等；粮食作物有荞麦等。

在欧洲，蜜蜂授粉对农业生产总值的贡献，在动物中仅次于牛和猪，居第三位，年产值约142亿欧元。

蜜蜂和熊蜂是自然界中最为重要的授粉昆虫。然而，随着各种化学杀虫剂的使用，自然界中对作物无害的昆虫数量也呈减少趋势，活跃于农田园林中的访花昆虫首当其冲。每年加拿大得益于蜜蜂授粉的效益为120亿加元；蜂产品产值为6000万加元。授粉带来的经济效益是蜂产品的200倍。1985年，12个欧洲国家统计有蜜蜂650万群，虫媒作物的年产值为650亿欧洲货币单位，昆虫授粉带来的增产效益约为50亿欧洲货币单位，其中蜜蜂授粉作用占85%，增产价值为425亿欧洲货币单位；苏联利用蜜蜂为农作物授粉，年收益增加20亿卢布。利用蜜蜂授粉，还可以改善产品品质。例如，利用熊蜂为温室中番茄、茄子、青椒等授粉，可使其产量增加15%以上，使果实品质提高，还减少了因施用农药、激素等造成的果实污染。蜜蜂授粉的贡献率在中东亚、中亚、东亚等地区可达12%～15%（图7-1）；在果树、蔬菜、油菜、棉花、水稻中分别达到32%、20%、18%、12%、5%（图7-2）（陈黎红等，2012a，黄训兵等，2021）。

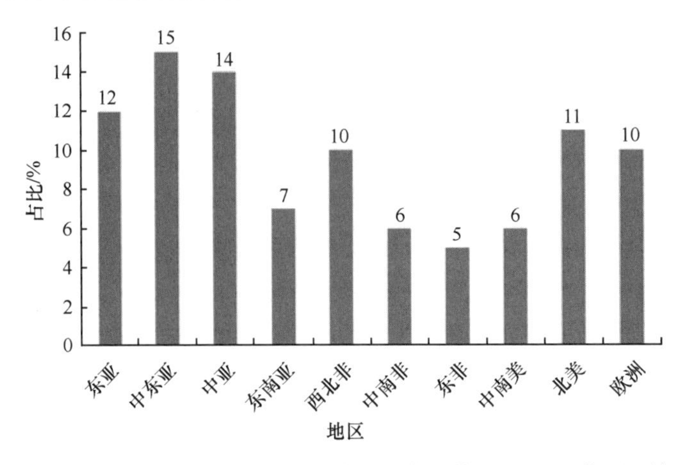

图 7-1　世界各地蜜蜂授粉对农业的贡献率（陈黎红等，2012a；黄训兵等，2021）

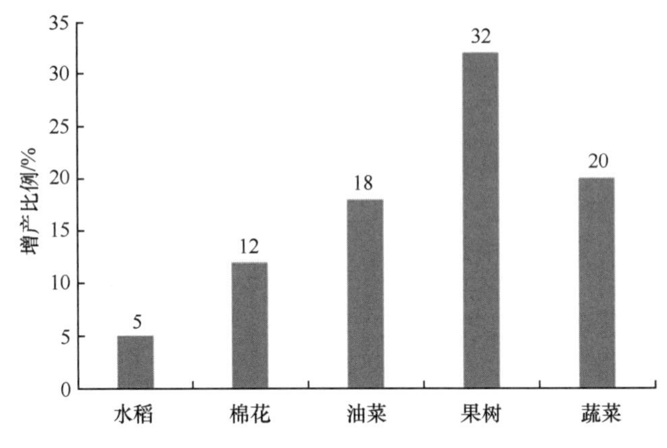

图 7-2　蜜蜂授粉对农作物增产比例

蜜蜂授粉的生物学优势明显，对花粉、花蜜的采集具有专一性，每次只针对单一植物，因此，对同种植物授粉有利；具有可诱导性，可以通过用特定花香的糖浆饲喂训练蜜蜂为指定作物授粉。人工繁育蜜蜂技术成熟。蜜蜂授粉能充分利用有效花，使植物坐果率高，种子多，果实饱满、均匀，增产增收。

蜜蜂授粉提高农产品品质，减少化学农药的施用，促进优质农作物产品生产，符合优质、高效、绿色、安全的发展方向，还能节省劳动力，减轻劳动强度，降低生产成本，解决雇工难、雇工贵的问题；此外，还可提高植物抗逆能力，增加生物多样性（陈黎红等，2012a）。

2. 美国蜜蜂授粉应用情况

美国绝大多数虫媒作物对蜜蜂的依赖性强，因此，形成了成熟的授粉产业。美国养蜂业的主要目的是提供蜂群为农作物授粉（表 7-1）（陈黎红等，2012b）。

美国可用于租赁授粉的蜂群达 200 万群以上，出租价格约为 200 美元/群，租金收入占蜂农总收入的 80%～90%。当地实行转地放蜂模式：1～2 月，将蜂群转地到加利福尼亚州，为杏树授粉，加利福尼亚州是世界最主要的大杏仁供应地，产量超过全球供应量的 80%，当地杏树每年需要 150 万群蜜蜂授粉，需要蜂群量占美国蜂群总量的 60%以上；

表 7-1　美国蜜蜂授粉对农作物的贡献

作物	依赖昆虫授粉比例/%	蜜蜂授粉所占比例/%	蜜蜂授粉价值/百万美元
苜蓿、甘草及其种子	100	60	4654
苹果	100	90	1 352.3
杏	100	100	959.2
柑橘	20～80	10～90	834.1
棉花	100	90	857.7
大豆	100	90	824.5
洋葱	100	90	661.7
花椰菜	100	90	435.4
胡萝卜	100	90	420.7
向日葵	100	90	409.9
甜瓜	80	90	350.9
其他水果和坚果	10～90	10～90	1 633.4
其他蔬菜及瓜类	70～100	10～91	1 099.2
其他大田作物	10～100	20～90	70.4
总计	—	—	14 563.4

3～5 月，北上将蜂群转移到华盛顿州为苹果等作物授粉；6～10 月，将蜂群转移到北达科他州，为苜蓿授粉的同时采收蜂蜜；11 月，回到本地进行越冬和春繁。

美国国家层面的养蜂组织有美国养蜂联盟（ABF）和美国蜂蜜生产者协会（AHPA）。前者主要目标是打击蜂蜜造假、保证蜂蜜食用安全、贯彻政府政策法规、举办蜜蜂学术研讨会、进行商业展销洽谈等；后者致力于维护和提升蜂蜜生产者的权利与利益。

蜜蜂授粉增产效果得到社会广泛认可，欧洲各国制定的法律法规促进了授粉产业的发展，成立专门的服务机构、开展培训、利用 GPS 定位蜂场，设立与授粉相关的推广项目或基金，给予养蜂者经济补贴、养蜂物资优惠、养蜂收入免税。蜜蜂产业服务机构完善，产业信息化水平高，使全球消费者对欧洲蜂蜜质量安全信任无疑（陈黎红等，2012b）。

3. 我国蜜蜂授粉应用情况

农业部于 2010 年制定了《全国养蜂业“十二五”发展规划》，同年发布了《农业部关于加快蜜蜂授粉技术推广促进养蜂业持续健康发展的意见》和《蜜蜂授粉技术规程（试行）》。随后，启动蜜蜂授粉与绿色防控技术集成示范推广项目，涉及 15 个省（自治区、直辖市）的 22 种作物；建立各类试验示范区 200 多个；证明了蜜蜂授粉的增产、提质、增效和生态功能；累计示范推广集成技术 1000 万亩以上，带动 2000 多万亩；开展了系列宣传报道和科普活动，提高了蜜蜂授粉的社会认知度。

蜜蜂授粉增产效果显著。与常规技术相比，番茄平均增产 830kg/亩，增幅为 28.4%；蜜柚平均增产 443kg/亩，增幅为 28%；向日葵平均增产 75.57kg/亩，增幅为 25.4%；草莓平均增产 359kg/亩，增幅为 23.8%；油菜平均增产 31.75kg/亩，增幅为 19.61%；梨平均增产 447.6kg/亩，增幅为 12.9%；大豆平均增产 40kg/亩，增幅为 8.5%。与空白对照组相比，苹果平均增产 3061kg/亩，增幅为 532%；樱桃平均增产 425kg/亩，增幅为 325%；

枣树平均增产 1115kg/亩，增幅为 250.5%。蜜蜂授粉坐果率高，果形周正，畸果率低，果实籽粒饱满、籽粒数多、千粒重高，水果类可溶性固形物、维生素 C 和可溶性糖等含量提高，油料作物等的出油率提高，农产品农残检测均达标。

据测算，2010 年，昆虫传粉给我国农业带来的经济价值为 7182 亿元。全国蜜蜂存养量为 900 多万群。尽管商业化出租授粉的蜂群比例低，但对农作物增产依然作出了巨大贡献。2015 年，有学者估算，蜜蜂授粉对农作物增产的价值达 3000 亿元以上。

总之，蜜蜂授粉增加了作物产量，提高了产品品质，增加了经济效益；同时，有了稳定蜜源，蜂蜜产量提高，减少了人工授粉费用，降低了人工劳动强度，提高了生产的生态效益和社会效益。蜜蜂授粉与生物防治、物理防控、生态调控等绿色防控技术集成应用，显著减少了化学农药的施用量，保证了农产品的质量安全，减轻了人类对环境的伤害，有利于形成良好的农业生态环境。

4. 我国青藏高原蜜蜂授粉对农业的贡献

青藏高原蜜蜂总科昆虫已知有 226 种。蜜蜂科中 80%以上的种类分布于西藏自治区。在 72 种蜜蜂科昆虫中，西藏分布有 68 种；在 69 种熊蜂属昆虫中，西藏分布有 65 种。熊蜂是青藏高原重要的经济昆虫之一，分布广，特有种占比大，对林木、农作物、蔬菜、牧草、中草药及野生植物的传粉起到重要作用，尤其是对牧草的传粉效果显著，是提高青藏高原植物生命力、改善环境不可或缺的昆虫，也是环境指示昆虫，在动物地理学和自然地理学研究中具有重要意义。

西藏蜂农养殖蜂群为 8000 群左右，年收益为 3200 万元（扎罗和王文峰，2019）。西藏野生蜂群达 10 万群以上，年收益达 1 亿元以上。保守估算，人工养蜂可发展至 10 万～20 万群，年产值 6 亿元以上。蜜蜂授粉每年给西藏带来的经济价值达 40 亿元以上，对西藏农作物与牧草增产的价值达 20 亿左右。在 5000m 以上的高海拔地区，熊蜂的传粉作用是其他生物不能替代的。

四、西藏蜜蜂利用的两个科学问题

1. 西藏养蜂业发展缓慢

青藏高原腹地没有 20 世纪 50 年代前养蜂的历史记录。20 世纪六七十年代，拉萨开展过养蜂试验，但以失败告终。

西藏自治区具有发展养蜂业的天然优越条件，但是养蜂技术和规模都不成熟。早在 1975 年，周恩来总理曾委托中共中央赴西藏代表团将科普片《养蜂促农》带到西藏，希望西藏能利用丰富的资源，发展养蜂业，为人民增加收入和改善生活。

由于交通不便、缺乏技术指导等，西藏的养蜂业发展缓慢。丰富的蜜源和中蜂资源没有得到充分开发与利用，当地供应产品不能满足当地生活需求，蜂产品多从外地调入。

20 世纪七八十年代，仅在西藏南部及东南部边缘地区有小规模的人工养蜂。其中贡觉县木协乡、芒康县阿布乡有几十群的规模，昌都县、芒康盐井、林芝县、波密县有几百群的规模，察雅县有 1000 群左右，多采用原始的自然养蜂技术，分散养殖，自养自销，发展缓慢，不成规模。

1981～1982年，中国农业科学院蜜蜂研究所派科技人员任再金参加西藏作物品种资源考察队，赴山南地区、林芝地区、昌都地区的20多个县考察蜜源和蜜蜂资源，获得丰富的一手资料，提出了在西藏发展现代科学养蜂的建议。

2003年以后，王保海、覃荣、王翠玲、王文峰、扎罗等与内地蜂农合作，在拉萨进行养蜂试验，解决了蜜蜂越冬问题。2004年，拉萨市科技局和西藏自治区科学技术厅先后立项，王保海、陈志申、王文蜂、扎罗等将优选蜂种引入西藏，展开了养蜂科学研究，获得西藏自治区农牧厅、国家养蜂产业等单位的支持，开展了大规模的示范推广，从此，西藏养蜂发展加快，养蜂户收入提高，蜂产品加工企业逐步增加，拉动了养蜂业的发展，广大农牧民对蜜蜂和养蜂业观念转变。

2020年，西藏植保学会西藏养蜂分会成立，该分会为西藏植保学会二级学会，专门负责西藏蜜蜂研究及产业发展。目前，养蜂带头人约有30名，成立了8家养蜂合作社。

2. 虽然蜜源植物资源丰富，但发掘不够

蜜蜂的蜜源植物包括人工栽培蜜源和野生蜜源。在西藏，栽培种类少，野生种类多。藏北地区草本蜜源多，藏南地区木本蜜源多；藏北蜜源条件较差，藏南蜜源条件优越。在西藏5000多种种子植物中，有2000种以上是蜜蜂的蜜源植物，对养蜂业利用价值较大的植物有400种以上，多为优质蜜源。西藏适合大力发展养蜂，蜜蜂有发展到10万群的潜力，但目前发掘力度还不够。

第五节　蝴　　蝶

蝴蝶是西藏重要的观赏昆虫，其中不乏珍稀种类。西藏有分布记录的金裳凤蝶 *Troides aeacus*、三尾凤蝶 *Bhutanitis thaidina*、君主绢蝶 *Parnassius imperator* 等是国家二级保护动物。在西藏，即便是世界性害虫菜粉蝶，蛹的自然被寄生率高达80%以上，也没有形成明显的虫害。

一、蝶类的应用历史及发展现状

在浙江河姆渡新石器时代的遗址中，人们发掘出大量玉制、石制和土制的“蝶形器”，说明在6000年以前我国人民就已对蝴蝶产生了兴趣（周尧，1994）。蝴蝶多出现在古代书画、诗歌中，崔豹、段公路、孟琯、刘恂、罗愿、李时珍等均对蝴蝶有论述。

林奈（Linnaeus）在1758年，法布里修斯（Fabricius）分别在1775年、1777年，多诺万（Donovan）在1798年，韦斯特伍德（Westwood）在1842年，布热德（Poujade）在1885年，布莱克（Bryk）和赫林（Hering）、莫尔特雷希特（Moltrecht）、伊文斯（Evans）等在1934年都对西藏蝴蝶开展过研究。国内学者专门对蝴蝶开展研究始于1919年，而对西藏蝴蝶的研究直到1950年以后才逐渐展开（周尧，1994）。

1990年以后，我国蝴蝶研究迅速发展，先后出版了多部蝴蝶专著。

1994年，周尧编著的《中国蝶类志》，是当时中国记载种类最多的一部蝴蝶著作，共记载中国蝴蝶369属1222种1851亚种，有彩色图片近5000幅，基本摸清了中国蝴蝶的物种资源，系统厘定了中国蝴蝶分类系统，填补了中国蝴蝶分类研究的空白。

1998 年，周尧在《中国蝶类志》基础上编著了《中国蝴蝶分类与鉴定》。随后，对《中国蝶类志》进行了修订。

2006 年，寿建新等编著《世界蝴蝶分类名录》，对世界蝴蝶分类概况进行了介绍，并根据国内外蝴蝶著述及成果，整理了 17 科 47 亚科 1690 属 15 141 种世界蝴蝶的分类系统，按科、亚科、属的特征记述其分类地位和分布，拟定了全世界 15 000 多种蝴蝶的中文名称，为国外分布种类的中文名称使用提供了参考资料。其中记载中国蝴蝶 12 科 33 亚科 434 属 2513 种。

2017 年，武春生、徐堉峰等编著的《中国蝴蝶图鉴》出版，记载了凤蝶科、粉蝶科、蛱蝶科、灰蝶科、弄蝶科等 5 科 1700 多种，共收录 11 000 多张标本图片，1500 多张生态图片，阐述了中国蝴蝶形态、分布特征。

目前，多个省区都有地方蝴蝶专著出版，关于蝴蝶生物学特性与发生规律研究的论文发表甚多，但西藏蝴蝶研究相对进展缓慢。

二、蝴蝶的种类

世界蝴蝶已知近 20 000 种，以南美洲亚马孙河流域最为丰富，其次是东南亚。我国已知有 2500 多种，西藏已知有 500 多种。

1958 年，《西藏农业考察报告》中涉及部分西藏分布的蝴蝶种类。1964 年，在《西藏综合考察论文集：水生生物及昆虫部分》中，李传隆发表《西藏昆虫考察报告（鳞翅目，锤角亚目）》，记录了西藏蝴蝶 6 科 23 属 31 种，其中 7 种是青藏高原特有种，1 种为西藏首次报道。

1964 年，李传隆描述了金凤蝶短尾亚种，并将其鉴定为独立的种。他还描述了由中国登山队队员在珠穆朗玛峰北坡海拔 5600m 东绒布冰川裂缝中发现的拉达克麻蛱蝶。此外，还在 1982 年编著的《西藏昆虫第二册》中描述了西藏蝶类 126 种。

1979～2020 年，西藏昆虫学者王保海、胡胜昌、达娃、潘朝晖等对西藏的蝴蝶开展了系统研究。1992 年，王保海等编著的《西藏昆虫区系及其演化》记录了西藏蝶类近 200 种；2016 年，在《青藏高原昆虫地理分布》中记述 391 种。2021 年，潘朝晖等编著的《西藏蝴蝶图鉴》收录西藏蝴蝶 163 属 344 种。

2000 年前后，覃荣等观察报道了拉萨地区的斑缘豆粉蝶 *Colias erate*、菜粉蝶 *Pieris rapae* 和东方菜粉蝶 *Pieris canidia* 的生物学特性，这是西藏蝴蝶生物学研究比较早的报道。

三、蝴蝶的形态特征与生物学特性

1. 蝴蝶的形态特征

蝴蝶体小至大型，鳞翅，多数种类翅展在 15～260mm，体翅覆有鳞毛，翅面斑纹可作为鉴别特征。

头圆球形或半球形，复眼发达。触角棒状，末端膨大。成虫口器虹吸式。3 个胸节紧密愈合；前胸小，中胸发达，脉序是重要的形态鉴别特征，多数种类前翅纵脉 12～14

条，后翅 8 或 9 条。蛱蝶科的前足退化。腹节 8 或 9 节，蝴蝶的外生殖器结构，尤其是雄性外生殖器结构是重要的形态鉴别特征。相对于雄性，雌性的外生殖器结构较为保守，常用于属级阶元以上的分类。

2. 蝴蝶的生物学特性

蝴蝶属于完全变态昆虫。蝴蝶卵为立式卵，表面多棱脊，精孔位于卵的顶部，精孔外围有纹饰，多单产，多为圆球形、半球形、炮弹形、甜瓜形、扁形、盘形等。初产时色浅，随着发育颜色逐渐加深。幼虫蠋型，此时是蝴蝶的主要营养生长期。绝大多数种类植食性，但在西藏极少造成危害；极少数灰蝶科蚜灰蝶属的种类捕食介壳虫和蚜虫。有蛹期，不同种类的化蛹环境和方式不同，常见的有悬蛹和缢蛹，不结茧。成虫昼出性，不同类群的飞行姿态和速度显著不同，有的种类有性二型和多型现象，斑蝶等有群集和迁飞习性，多数种类需要补充营养，主要吸食花蜜、果汁、树液或发酵物，也吸食清水、动物粪便及动物尸体体液。单雌产卵量一般为 50～200 粒。

四、蝴蝶的经济价值评估

从古至今，蝴蝶被文人墨客寄予美好的含义。人们喜爱蝴蝶，不仅是因为蝴蝶拥有漂亮的外观，还因为蝴蝶对于大自然的生态系统和人类文明社会具有很高的价值，主要体现在生态价值、观赏价值、营养和药用价值、仿生价值、经济价值、艺术价值等方面。

1. 生态价值

蝴蝶种类丰富、分布广泛，是自然生态系统中的重要因子，具有独特的分类地位和作用。由于蝴蝶是寡食性昆虫，对栖息地的专一性强，对环境变化十分敏感，其体型多中到大型，易于观察捕捉，是公认的生物多样性指示生物类群。自然界中 80%的显花植物的花粉需要昆虫传播。蝴蝶具有访花采蜜的行为，能够促进自然界中植物的基因交流、促进物质循环和能量流动。

2. 观赏价值

蝴蝶身形优美，翅面具有独特的斑纹，有的种类鳞片在光线下绚丽光彩。世界上多个国家和地区建立了蝴蝶园，为观赏蝴蝶提供便利，同时也保护了蝴蝶自然资源。例如，马来西亚和英国伦敦最早建立的蝴蝶园，繁育大量的多种珍稀蝴蝶，并且每年都吸引了大批量的游客慕名参观，带来了可观的经济收入。目前我国建立的各种类型的蝴蝶园已有 30 多个，如五指山蝴蝶牧场、厦门蝴蝶王国、大理蝴蝶泉等。

3. 营养和药用价值

昆虫体内含有大量的蛋白质、不饱和脂肪酸、维生素、人体必需氨基酸等营养物质。自古以来，多地有食用昆虫的传统，蝴蝶作为昆虫的重要类群，同样具有极高的营养价值。幼虫、蛹、成虫所含的蛋白质分别高达 59.10%、67.05%和 71.80%，明显高于植物和肉类的蛋白质含量。关于蝴蝶的营养价值，史军义、蒲正宇、姚俊、李志伟、刘宇韬、郑华等在 2015 年编著的《蝴蝶营养研究与开发》中，详细介绍了蝴蝶营养成分组成和产品开发利用。有些种类的蝴蝶具有医疗效果，如黄斑蕉弄蝶 *Erionota torus* 的干燥虫体具有清热解毒、消炎止痛的作用；金凤蝶 *Papilio machaon* 被用于治疗胃痛、小肠疝气。

4. 仿生价值

蝴蝶翅面鳞片能折射光线、调节温度，具有极高的疏水功能，因此被广泛应用于仿生学。根据蝴蝶鳞片随阳光照射方向的变化而变换角度的原理，将人造卫星的控温系统制成“鳞片”，保证了卫星内部的温度均衡。蝴蝶触角仿生天线因其优美的外形和良好的超宽带特性，获得通信领域人员的深入研究。蝴蝶鳞片的结构色显色、变色机理，鳞片耦合结构及其对可见光的反射、干涉等物理作用，对仿生物表面耦合结构隐身效应研究和视频仿生隐身材料的设计具有极大的帮助。此外，将蝶翅鳞片结构和排列方式用于仿生微纳米制造工艺的优化设计研究也正在开展（邱兆美，2008）。

5. 经济价值

巴西和秘鲁均有 100 多年的蝴蝶出口历史。单只蝴蝶售价几美元到数百美元，更有珍稀名贵、品相好的蝴蝶单只甚至卖出数万美元的价格。目前，全世界每年的蝴蝶及其衍生产品贸易额约为 10 亿美元。2002 年，我国大陆蝴蝶产业年产值不足 1 亿元人民币，到 2010 年，已突破 2 亿元人民币。而早在 20 世纪 90 年代，我国台湾的蝴蝶产业年产值就已达 90 亿台币。

6. 艺术价值

蝴蝶在自然界中具有独特的美感，是众多艺术家创作的灵感源泉。蝴蝶纹样是我国传统的装饰图案之一，因其本身的形式美、结构美与情感美而形成独特的艺术内涵。蝶翅画最早出现在我国唐朝时期，由滕王李元婴创作，到近现代发展成为一门专门的艺术品类，被称为“艺苑奇葩”。

蝴蝶还被作为重要的邮票题材。以蝴蝶为题材的纪念邮票十分丰富。1963 年，中国发行了 1 套 20 枚的蝴蝶邮票，其中包含国家一级保护动物——金斑喙凤蝶。1980 年，为纪念第 16 届国际昆虫学大会，日本发行了 1 枚日本虎凤蝶邮票；1988 年，为纪念第 18 届国际昆虫学大会，加拿大发行了 1 套 4 枚蝴蝶邮票。2000 年中国发行的《国家重点保护野生动物（I 级）》特种邮票再次出现金斑喙凤蝶。目前，至少有 160 个国家和地区发行了 1100 余种蝴蝶邮票。

开展蝴蝶研究，对保护和利用资源、减少为害、维持生态平衡、美化环境、艺术鉴赏等都具有重要意义。

五、西藏蝶类研究的科学问题

西藏蝴蝶研究落后，需从以下几个方面开展工作。

1. 加快基础研究，促进资源保护

青藏高原蝴蝶记录种还在不断增加，说明之前的本底调查工作还不充分，家底仍然不是很清楚，资源调查等基础工作仍需持续进行。这也是了解物种多样性现状，包括受威胁状况及特有种稀有程度等最有效的途径。只有充分了解蝴蝶生物多样性资源及其生存状况后，才能更好地实施有效保护和合理利用。蝴蝶保护生物学、主要蝴蝶栖息地及生态学、蝴蝶生理生化、蝴蝶的全虫态生物学等领域也有必要开展研究。全虫态研究是蝴蝶人工繁育的前提，绝大多数蝴蝶，特别是许多珍稀蝴蝶在该领域的研究还是空白。在掌握当地常见种类、珍稀种类生物学、生态学的基础上，进行人工室内保护性饲养，避开野外的不良环境条件，研究繁育技术，发挥资源优势，是促进西藏经济发展、带动农牧民收入增加的可行途径。

2. 开拓市场，发展蝴蝶产业

对蝴蝶进行深加工，提升附加价值。例如，蝴蝶工艺标本，既可供蝴蝶爱好者收藏、观赏，也可为教学、科研提供材料；蝶翅画，拓展蝶种、题材，增加艺术性和普及性。蝴蝶生态盒，通过制作蝴蝶生态盒，普及蝴蝶和生物多样性保护知识等。

3. 结合当地资源，开展特色旅游

蝴蝶生态公园对游客具有巨大的吸引力，对旅游经济的发展具有巨大的推动作用，如云南大理蝴蝶泉公园、西双版纳三岔河蝴蝶公园、美国维多利亚蝴蝶园、新加坡蝴蝶园、马来西亚蝴蝶园、海南亚龙湾蝴蝶谷生态公园等。西藏可以利用天然优势，在波密县的易贡、察隅县的下察隅、墨脱县的背崩开发蝴蝶谷，促进西藏旅游业的发展。

4. 加强基础设施建设

西藏蝴蝶资源丰富的地区，大多是森林植被保护较好的偏远山区。这些地区交通、通信等基础设施落后，乱捕滥采等现象时有发生，但因各种客观因素不能及时发现和制止。近年来，林业基础性建设资金投入增加，管理加强，此类现象有所减少。同时，良好的基础设施能很好地预防森林火灾，避免森林生态系统中蝴蝶个体、种群和群落遭受毁灭性打击。另外，良好的基础设施建设也有利于蝴蝶资源的合理利用和开发，促进当地社区经济发展。

第六节　其他资源昆虫

西藏资源昆虫极其丰富，需要进行科学评价的还有：天敌昆虫中的蜻蜓目、螳螂目、半翅目、脉翅目、鞘翅目、双翅目、膜翅目的相关类群；药用昆虫中的蜻蜓目、蜚蠊目、螳螂目、等翅目、直翅目、半翅目、鞘翅目、脉翅目、鳞翅目、双翅目、膜翅目的相关类群；食用昆虫中的蜉蝣目、广翅目、蜻蜓目、直翅目、半翅目、鞘翅目、鳞翅目、膜翅目、双翅目、蜚蠊目的相关类群；工业用昆虫中的蚕蛾、紫胶虫、白蜡虫等。

其他授粉昆虫、观赏昆虫、饲料昆虫、改造环境的昆虫、仿生昆虫都具有不可忽视的地位和作用，都应在未来的工作中进行探索研究。

第八章　青藏高原资源昆虫保护类群的垂直分布

青藏高原昆虫垂直分布带极具特点，不同分布带，天敌昆虫与寄主或捕食对象组成不同，虽然在特定条件如气温、降雨或猎物数量等发生变化时，天敌昆虫种群数量会出现短暂的上升或下降，但总体的种群数量处于动态平衡的状态。20 世纪 70 年代初，波密育仁曾经因为少雨干旱，绿黄枯叶蛾 *Trabala vishnou* 大量发生，但不久后即被松毛虫异足姬蜂 *Heteropelma amictum* 寄生，数量和为害都得以控制。

有些昆虫适应性强，呈多带性分布，既分布在低海拔山地，也能生活在高海拔地带。有些种类的垂直分布区域十分狭窄，或仅出现在低海拔、温热、潮湿的常绿阔叶林山地，或仅分布在高海拔、干冷的高山草甸地带。本章将根据不同海拔，分别统计天敌昆虫在各垂直带的种类和出现频率。

第一节　蜻蜓目保护类群的垂直分布

蜻蜓是重要的捕食性天敌昆虫，主要以蚊蝇等双翅目昆虫为食，分布海拔比较低，在海拔 1500m 的常绿阔叶林范围内数量最大，有些种类只分布在某一特定海拔地区，如优雅内春蜓 *Nepogomphus modestus*，分布于海拔 4440m 的羊卓雍措。在超过海拔 4500m 的高山地带，尚未见到蜻蜓的分布（表 8-1）。

表 8-1　西藏蜻蜓类的垂直分布

海拔/m	蟌类	大蜓科	春蜓科	蜓科	蜻科	总计
＞4500	—	—	—	—	—	—
4000～4500	—	—	—	3		3
3500～4000	1	—	—	1	3	5
3000～3500	1	1	—	—	1	3
2500～3000	3	2	—	1	5	11
2000～2500	1	—	—	—	1	2
1500～2000	—	—	—	—	6	6
1000～1500	6	1	—	1	10	18
＜1000	5	1	1	—	16	23

注：有些种类在不同区域都有分布；“—”指当地尚无分布记录

第二节　螳螂和蝽类等保护类群的垂直分布

螳螂和猎蝽均为捕食性天敌昆虫，多数种类分布于低海拔的阔叶林山地，特别是螳螂，多分布在 2000m 以下的山地中。海拔 2000m 的墨脱格当和海拔 3300m 的中喜马拉雅山脉南坡樟木的狭翅大刀螳 *Tenodera angustipennis* 是分布海拔最高的种类。猎蝽一般也分布在海拔 2000m 以下，如黄壮猎蝽 *Biasticus flavus*、红缘土猎蝽 *Coranus marginatus*、双斑红猎蝽 *Cydnocoris binotatus* 等。少数种类可分布于海拔 3500m 以上的山地，如黑缘真猎蝽 *Harpactor reuteri* 分布于海拔 3750m 的普兰，褐菱猎蝽 *Isyndus obscurus* 分布于海拔 3800m 的芒康盐井（表 8-2）。姬蝽科有 14 种，多分布在低海拔山地，如西藏特有的栗色希姬蝽 *Himacerus fuscopennis*、喜马拉雅姬蝽 *Nabis himalayensis*、墨脱姬蝽 *Nabis medogensis* 等。个别种类可分布在海拔 4000m 以上的高山地带，如类原姬蝽亚洲亚种 *Nabis feroides mimoferus* 分布于海拔 4200m 的曲松和海拔 4250m 的日土班公湖（表 8-2）。

表 8-2　螳螂科、猎蝽科和姬蝽科等昆虫的垂直分布

海拔/m	螳螂科	猎蝽科	姬蝽科	总计
＞4500	—	—	—	—
4000～4500	—	—	2	2
3500～4000	—	2	1	3
3000～3500	1	1	5	7
2500～3000	1	4	5	10
2000～2500	2	3	4	9
1500～2000	8	3	5	16
1000～1500	2	2	1	5
＜1000	7	10	—	17

注：有些种类在不同区域都有分布；“—”指当地尚无分布记录

第三节　脉翅目保护类群的垂直分布

脉翅目昆虫成虫和幼虫都是捕食性天敌，在西藏主要有草蛉科、蝶角蛉科、螳蛉科和蚁蛉科等类群，从种类和数量上都不是优势类群，但对害虫的防控作用不容忽视，草蛉科昆虫对于蚜虫等微小型害虫捕食能力尤其强，许多种类被作为天敌进行人工繁育。脉翅目多数种类分布在低海拔山地，如西藏特有的天敌昆虫墨脱叉草蛉 *Pseudomallada medogana*、彩面草蛉 *Chrysopa pictifacialis*、华藏草蛉 *Tibetochrysa sinica*、长柄多阶草蛉 *Tumeochrysa longiscape*、原完眼蝶角蛉 *Protidricerus exilis*、西藏优螳蛉 *Eumantispa tibetana*、华美树蚁蛉 *Dendroleon decorosa* 和纹腹云蚁蛉 *Yunleon fluctosus* 等。少数种类分布于超过 3000m 的高海拔地区，如藏普草蛉 *Chrysoperla xizangana*。其中绝大多数种类是西藏的特有种（表 8-3）。

表 8-3　西藏脉翅目昆虫的垂直分布

海拔/m	草蛉科	蝶角蛉科	螳蛉科	蚁蛉科	总计
＞3500	—	—	—	—	—
3000～3500	1	—	—	—	1
2500～3000	5	—	—	—	5
2000～2500	1	1	—	4	6
1500～2000	—	—	—	1	1
1000～1500	1	—	1	—	2
＜1000	—	—	—	—	—

注：有些种类在不同区域都有分布；“—”指当地尚无分布记录

第四节 鞘翅目保护类群的垂直分布

西藏鞘翅目的天敌昆虫主要包括三大类，即步甲科、虎甲科和瓢虫科，除瓢虫科中食植瓢虫亚科和瓢虫亚科的食菌瓢虫外，均为捕食性天敌。其中，瓢虫种类最多，步甲次之，虎甲最少。从分布范围分析，步甲分布最广，从低海拔阔叶林地到高海拔的高山地带都有分布，有些种类甚至分布于海拔5000m以上，如分布于珠穆朗玛峰绒布寺的高山锥须步甲 *Bembidion hingstoni* 和雪锥须步甲 *Bembidion nivicola* 等，分布于希夏邦马峰的异猛步甲 *Cymindis hingstoni* 等。海拔4000～5000m的种类主要有藏平步甲 *Diplous nortoni*、高山心步甲 *Nebria superna*、模距步甲 *Zabrus molloryi* 等。虎甲多分布在海拔3500m以下的山地，如金斑虎甲 *Cicindela aurulenta*、金缘虎甲 *Cicindela desgodinsi*、云纹虎甲 *Cicindela elisae* 等。瓢虫类在海拔3500m以下的山地种类最丰富（表8-4）。

表8-4 西藏捕食性鞘翅目的垂直分布

海拔/m	步甲科	虎甲科	瓢虫科	总计
>4500	16	—	—	16
4000～4500	25	—	—	25
3500～4000	15	1	5	21
3000～3500	4	4	18	26
2500～3000	3	1	16	20
2000～2500	6	3	9	18
1500～2000	3	3	4	10
1000～1500	1	1	8	10
<1000	21	7	18	46

注：有些种类在不同区域都有分布；“—”指当地尚无分布记录

第五节 双翅目保护类群的垂直分布

双翅目中的天敌昆虫既有捕食性也有寄生性，前者常见的有食虫虻科和食蚜蝇科，后者主要有寄蝇科。青藏高原食虫虻的研究尚不充分，现有研究认为该类群多分布于海拔3500m以下的山地，如泛三叉食虫虻 *Trichomachimus basalis*。食蚜蝇目前已知有80余种，多分布在海拔比较低的山地，如狭带贝蚜蝇 *Betasyrphus serarius*、棕腹长角蚜蝇 *Chrysotoxum baphyrum*、黑带蚜蝇 *Episyrphus balteatus*、黑股斑眼蚜蝇 *Eristalinus paria* 等。寄蝇是西藏重要的天敌昆虫，种类多、数量大、分布十分广泛，已知有192种，多有鳞翅目害虫的天敌种类，适应性强，很多种类呈多带分布。既有低海拔山地分布的墨脱栉寄蝇 *Pales medogensis*、炭黑栉寄蝇 *Pales carbonata* 等，也有红尾长须寄蝇 *Peleteria frater*、黄鳞长须寄蝇 *Peleteria flavobasicosta* 等高山地带分布的种类，有的分布海拔可超过5000m，如分布于5700m普兰巴嘎乡的黑角诺寄蝇 *Tachina nigrovillosa*，分布于日土（5100m）、多玛龙（5200m）的斧角珠峰寄蝇 *Everestiomyia antennalis* 等（表8-5）。

表 8-5　西藏双翅目天敌昆虫的垂直分布

海拔/m	食虫虻科	食蚜蝇科	寄蝇科	总计
＞4500	—	—	12	12
4000～4500	—	2	17	19
3500～4000	1	8	70	79
3000～3500	—	13	91	104
2500～3000	2	7	22	31
2000～2500	1	14	24	39
1500～2000	—	9	23	32
1000～1500	3	12	24	39
＜1000	—	6	10	16

注：有些种类在不同区域都有分布；“—”指当地尚无分布记录

第六节　膜翅目保护类群的垂直分布

膜翅目天敌昆虫包括胡蜂类和蚂蚁等捕食性天敌，姬蜂、小蜂、茧蜂等寄生性天敌，都是西藏地区重要的天敌资源。胡蜂分布海拔范围比较窄，多数种类分布在低山地带，如聂拉木长黄胡蜂 *Dolichovespula nyalamensis*、凹纹胡蜂 *Vespa velutina*、黑盾胡蜂 *Vespa bicolor* 等，少数种类分布于海拔 4000m 以上的高山地带，如藏太平长黄胡蜂 *Dolichovespula xanthicincta*、高原沟蜾蠃 *Ancistrocerus waltoni*、藏黄斑蜾蠃 *Katamenes indetonsus*。姬蜂多为西藏特有种，如黑角阿格姬蜂 *Agrypon nigantennum*、丽毛眼姬蜂 *Trichomma lepidum* 和南峰黑点瘤姬蜂 *Xanthopimpla nanfenginus* 等。80%以上的已知种类仅见于喜马拉雅山脉东段的墨脱、波密等地，为西藏特有种（表 8-6）。

表 8-6　西藏膜翅目天敌昆虫的垂直分布

海拔/m	胡蜂类	茧蜂类	小蜂类	姬蜂科	总计
＞4500	3	—	—	—	3
4000～4500	1	—	3	—	4
3500～4000	1	—	2	—	3
3000～3500	—	1	3	1	5
2500～3000	4	2	1	2	9
2000～2500	2	1	1	7	11
1500～2000	7	—	—	6	13
1000～1500	1	—	2	14	17
＜1000	9	—	—	12	21

注：有些种类在不同区域都有分布；“—”指当地尚无分布记录

第九章　青藏高原资源昆虫及保护种类的水平分布

西藏昆虫区系的系统研究工作起步较晚，1982 年之前，只有零星报道。1982 年以后，研究人员系统开展了农业昆虫区系和资源昆虫地理分布研究（王保海等，2011）。Fantst（1928 年）、陈世骧（1934 年）、冯兰洲（1935 年）、Hoffman（1935 年）等在划分我国昆虫区系时，把西藏高原归入不同的区划。1959 年，马世骏在《中国昆虫生态地理概述》中系统阐述了中国昆虫地理区系特征，提出古北区在中国境内由两个亚区，即中国-喜马拉雅山亚区和中亚细亚地区所组成；将西藏、青海合称为青藏高寒草原冻漠区，归入中国-喜马拉雅山亚区，但其中夹杂有中亚细亚区系和欧洲-西伯利亚区系成分；在东洋区内的康滇峡谷森林草地包括昌都以下横断山脉的山谷与峡谷。1936 年，陈世骧对叶甲类区系特征进行了研究。王保海等编著的《西藏昆虫区系及其演化》《青藏高原天敌昆虫》《西藏昆虫区系及其演化》，章士美等的《西藏农业昆虫地理区划》等对西藏的天敌昆虫地理分布进行了讨论。

昆虫区划，特别是天敌资源昆虫地理区划，是进行农业区划研究的基本资料，也是农业区划的重要组成。根据天敌资源昆虫区划，针对各区害虫发生特点，可以明确防治对象，合理制订防治规划和植物检疫措施。因此，本章在近几年西藏农业昆虫考察的基础上，参考研究资料，根据西藏主要天敌昆虫的地理分布作出分区讨论。

喜马拉雅山脉是天敌昆虫地理分布的天然分界线；雅鲁藏布江河谷是天敌昆虫的东西通道，使其得以向东西扩展；横断山区是天敌昆虫的南北通道，使其得以向南北扩展。这些通道的存在，使古北区与东洋区的天敌昆虫交错发生。多数高原腹地的天敌昆虫种类属于古北区成分，喜马拉雅山脉东段南侧的天敌昆虫则多属于东洋区成分，特有种占比大，表现出了区系分布的独特性。根据西藏自然条件、植被状况、农作物种类布局、资源开发利用、大陆的漂移和形成历史过程，按照主要天敌昆虫的种类、分布、发生数量，将青藏高原划分为 10 个保护小区。

第一节　墨脱-察隅小区保护的种类

本小区北部以中、东喜马拉雅山脉和岗日嘎布山脉主脊线南缘为界，东部以伯舒拉岭为界，南部直达西藏自治区或青藏高原的边缘，属于喜马拉雅山脉东段南缘海拔 2300m 以下的山地，行政区划上包括墨脱、察隅等地。年均温一般为 15～21℃，无霜期为 250～300 天。年降水量一般为 1000～2500mm，局部地区可达 5000mm，相对湿度为 65%～80%。森林资源丰富，植被为典型的热带常绿林和常绿雨林。代表植物有龙脑香、千果榄仁、苹婆、树蕨、马蛋果等。可种植小麦、水稻、玉米、大豆、绿豆、旱稻、高梁、红薯、花生、油菜、棉花、烟草、香蕉、咖啡、菠萝等，故有“西藏江南”之称。农作物一年两熟或三熟。本区垂直带内存在着热带、亚热带、温带直至高山冰雪气候，从谷底到山顶“处一地见四季”，立体生态典型。

本小区主要保护资源昆虫如下。

1. 缺翅目 Zoraptera

中华缺翅虫 *Zorotypus sinensis*，墨脱缺翅虫 *Zorotypus medoensis*，被列入国家二级保护动物名录，极其稀有，在青藏高原仅分布于本小区。

2. 螳螂目 Mantodea

斑翅始螳 *Eomantis guttatipennis*，察隅大齿螳 *Odontomantis chayuensis*，艳眼斑花螳螂 *Greobroter urbanus*，察隅污斑螳 *Statilia chayuensis*，田野污斑螳 *Statilia agresta*，棕污斑螳 *Statilia maculata*，霍氏巨腿花螳 *Astyliasula hoffmanni*，缺色小丝螳 *Leptomantella albella*，印度异跳螳 *Amantis indica*，勇斧螳 *Hierodula membranacea*，广斧螳 *Hierodula patellifera*，瘦大刀螳 *Tenodera attenuata*，狭翅大刀螳 *Tenodera angustipennis*，枯叶大刀螳 *Tenodera aridifolia*，中华大刀螳 *Tenodera sinensis*，薄翅螳 *Mantis religiosa*。

3. 蜻蜓目 Odonata

锥腹蜓 *Acisama panarpoides*，黑纹伟蜓 *Anax nigrofasciatus*，六斑曲缘蜻 *Palpopleura sexmaculata*，红蜻 *Crocothemis servilia*，黄蜻 *Pantala flavescens*，褐肩灰蜻 *Orthetrum internum*，异色灰蜻 *Orthetrum melania*，赤褐灰蜻 *Orthetrum neglectum*，吕宋灰蜻 *Orthetrum luzonicum*，黑尾灰蜻 *Orthetrum glaucum*，旭光赤蜻 *Sympetrum hypomelas*。

4. 半翅目 Hemiptera

结股角猎蝽 *Macracanthopsis nodipes*，红平背猎蝽 *Narsetes rufipennis*，黑匿盾猎蝽 *Panthous excellens*，赤腹猛猎蝽 *Sphedanolestes pubinotus*，红缘猛猎蝽 *Sphedanolestes gularis*，黄足猎蝽 *Sirthenea flavipes*，红平腹猎蝽 *Tapeinus fuscipennis*，短翅刺胸猎蝽 *Pygolampis brevipterus*，毛眼普猎蝽 *Oncocephalus pudicus*，轮刺猎蝽 *Scipinia horrida*，毛足菱猎蝽 *Isyndus sinicus*，红缘土猎蝽 *Coranus marginatus*，双斑红猎蝽 *Cydnocoris binotatus*，乌带红猎蝽 *Cydnocoris fasciatus*，栗色希姬蝽 *Himacerus fuscopennis*，丽希姬蝽 *Himacerus pulchrus*，阿萨姆希姬蝽 *Himacerus assamensis*，墨脱姬蝽 *Nabis medogensis*，窄姬蝽 *Nabis capsiformis*，淡色姬蝽 *Nabis palifer*。

5. 脉翅目 Neuroptera

华美树蚁蛉 *Dendroleon decorosa*，西藏离蚁蛉 *Distoleon tibetanus*，全北褐蛉 *Hemerobius humuli*，双刺褐蛉 *Hemerobius bispinus*，点线脉褐蛉 *Micromus multipunctatus*，墨脱叉草蛉 *Pseudomallada medogana*，紊脉罗草蛉 *Retipenna inordinata*，显脉饰草蛉 *Semachrysa phanera*，叶色草蛉 *Chrysopa phyllochroma*，大斑绢草蛉 *Ankylopteryx magnimaculata*，李氏绢草蛉 *Ankylopteryx lii*，西藏绢草蛉 *Ankylopteryx tibetana*，细点丰溪蛉 *Plethosmylus atomatus*，墨脱窗溪蛉 *Thyridosmylus medoganus*，西藏栉角蛉 *Dilar tibetanus*，原完眼蝶角蛉 *Protidricerus exilis*，墨脱脉线蛉 *Neuronema medogense*，韩氏华脉线蛉 *Neuronema hani*，西藏优螳蛉 *Eumantispa tibetana*。

6. 膜翅目 Hymenoptera

黑盾胡蜂 *Vespa bicolor*，大胡蜂 *Vespa magnifica*，墨胸胡蜂 *Vespa velutinanigrithorax*，细黄胡蜂 *Vespula flaviceps*，北方黄胡蜂 *Vespula rufai*，熊猫长黄胡蜂 *Dolichovespula panda*，带铃腹胡蜂 *Ropalidia fasciata*，印度侧异腹胡蜂 *Parapolybia indica*，变侧异腹胡蜂 *Parapolybia varia*，畦马蜂 *Polistes sulcatus*，柑马蜂 *Polistes mandarinus*，拱背异足姬蜂 *Heteropelma arcuatidorsum*，剑异足姬蜂 *Heteropelma inclinum*，脊额黑瘤姬蜂 *Coccygomimus carinifrons*，黄须黑瘤姬蜂 *Coccygomimus flavipes*，雷神瘤姬蜂 *Coccygomimus indra*，南峰黑点瘤姬蜂 *Xanthopimpla nanfenginus*，松毛虫黑点瘤姬蜂 *Xanthopimpla pedator*，瑞黑点瘤姬蜂 *Xanthopimpla reicherti*，马斯囊爪姬蜂 *Theronia maskeliyae*，黄瘤黑纹囊爪姬蜂 *Theronia zebra diluta*，德氏拟瘦姬蜂 *Netelia dhruvi*，无斑凿姬蜂 *Xorides immaculatus*，丽角曼姬蜂 *Mansa pulchricornis*，横带驼姬蜂 *Goryphus basilaris*，西藏瘦姬蜂 *Ophion sumptious*，黑斑细颚姬蜂 *Enicospilus melanocarpus*，横断肿跗姬蜂 *Anomalon hengduanensis*，丽毛眼姬蜂 *Trichomma lepidum*，小眼阿格姬蜂 *Agrypon facetum*，褐毛阿格姬蜂 *Agrypon fulvipilum*，纹阿格姬蜂 *Agrypon striatum*，红斑棘领姬蜂 *Therion rufomaculatum*，白背熊蜂 *Bombus festivus*，短头熊蜂 *Bombus breviceps*，萃熊蜂 *Bombus eximius*，黄熊蜂 *Bombus flavescens*，葬熊蜂 *Bombus funerarius*，颊熊蜂 *Bombus genalis*，红尾熊蜂 *Bombus haemorrhoidalis*，弱熊蜂 *Bombus infirmus*，饰带熊蜂 *Bombus lemniscatus*，明亮熊蜂 *Bombus lucorum*，泥熊蜂 *Bombus luteipes*，图氏熊蜂 *Bombus turneri*，贞洁熊蜂 *Bombus parthenius*，红束熊蜂 *Bombus rufofasciatus*，银珠熊蜂 *Bombus miniatus*，三条熊蜂 *Bombus trifasciatus*，颂杰熊蜂 *Bombus nobilis*，波希拟熊蜂 *Bombus bohemicus*。

7. 双翅目 Diptera

萨毛瓣寄蝇 *Nemoraea sapporensis*，茹蜗寄蝇 *Voria ruralis*，粗鬃拍寄蝇 *Peteina hyperdiscalis*，暗黑柔寄蝇 *Thelaira nigripes*，单眼鬃柔寄蝇 *Thelaira occelaris*，巨型柔寄蝇 *Thelaira macropus*，金粉柔寄蝇 *Thelaira chrysopruinosa*，火红寄蝇 *Tachina ardens*，墨脱寄蝇 *Tachina medogensis*，蜂寄蝇 *Tachina ursinoidea*，粗端鬃寄蝇 *Tachina apicalis*，钩肛短须寄蝇 *Linnaemya picta*，毛瓣阳寄蝇 *Panzeria trichocalyptera*，健壮刺蛾寄蝇 *Chaetexorista eutachinoides*，双鬃追寄蝇 *Exorista bisetosa*，日本追寄蝇 *Exorista japonica*，褐翅追寄蝇 *Exorista fuscipennis*，丝绒美根寄蝇 *Meigenia velutina*，鬃尾纤芒寄蝇 *Prodegeeria chaetopygialis*，白瓣麦寄蝇 *Medina collaris*，康刺腹寄蝇 *Compsilura concinnata*，长角髭寄蝇 *Vibrissina turrita*，黑须卷蛾寄蝇 *Blondelia nigripes*，丝卷蛾寄蝇 *Blondelia hyphantriae*，短爪奥斯寄蝇 *Oswaldia issikii*，隔离裸基寄蝇 *Senometopia excisa*，毛斑狭寄蝇 *Carcelia hirtspola*，苏门答腊狭颊寄蝇 *Carcelia sumatrana*，尖音狭颊寄蝇 *Carcelia bombylans*，棒须狭颊寄蝇 *Carcelia clavipalpis*，变异温寄蝇 *Winthemia neowinthemioides*，四点温寄蝇 *Winthemia quadripustulata*，裸腹温寄蝇 *Winthemia diversa*，

墨脱栉寄蝇 *Pales medogensis*，狭额栉寄蝇 *Pales angustifrons*，长角栉寄蝇 *Pales longicornis*，炭黑栉寄蝇 *Pales carbonata*，暮栉寄蝇 *Pales murina*，蚕饰腹寄蝇 *Blepharipa zebina*，毛鬃饰腹寄蝇 *Blepharipa chaetoparafacialis*，眼眶饰腹寄蝇 *Blepharipa orbitalis*，狭颜赘寄蝇 *Drino facialis*，平庸赘寄蝇 *Drino inconspicua*，拉特睫寄蝇 *Blepharella lateralis*，黑鳞舟寄蝇 *Scaphimyia nigrobasicasta*，夜蛾土蓝寄蝇 *Turanogonia chinensis*。

8. 鞘翅目 Coleoptera

齿股粪金龟 *Geotrupes armicrus*，双丘粪金龟 *Geotrupes biconiferus*，荆粪金龟甲 *Geotrupes genestieri*，凯畸黑蜣 *Aceraius cantori*，大畸黑蜣 *Aceraius grandis*，海畸黑蜣 *Aceraius helferi*，额角圆黑蜣 *Ceracupes fronticornis*，锈黄瘦黑蜣 *Leptaulax bicolor*，齿瘦黑蜣 *Leptaulax dentatus*，墨脱线黑蜣 *Macrolinus medogensis*，橡胶犀金龟 *Dynastes gideon*，粗尤犀金龟 *Eupatorus hardwickii*，印度长臂金龟 *Cheirotonus macleayi*，沟纹眼锹甲 *Aegus laevicollis*，变眼锹甲 *Aegus labilis*，平行眼锹甲 *Aegus parallelus*，安达刀锹甲 *Dorcus antaeus*，德陶锹甲 *Dorcus derelictus*，雷陶锹甲 *Dorcus reichei*，悌陶锹甲 *Dorcus tityus*，尼陶锹甲 *Dorcus nepalensis*，尖颏矮锹甲 *Figulus caviceps*，绒陶锹甲 *Dorcus velutinus*，柬锹甲 *Lucanus cambodiensis*，戴锹甲 *Lucanus davidis*，狄锹甲 *Lucanus didieri*，烂锹甲 *Lucanus lesnei*，蔓莫锹甲 *Macrodorcas mochizukii*，巴新锹甲 *Neolucanus baladeva*，亮红新锹甲 *Neolucanus castanopterus*，西光胫锹甲 *Odontolabis siva*，库光胫锹甲 *Odontolabis cuvera*，两点前锹甲 *Prosopocoilus astacoides*，王三栉牛 *Autocrates* sp.，光背树栖虎甲 *Collyris bonelli*，光端缺翅虎甲 *Tricondyla macrodera*，弗氏球胸虎甲 *Therates fruhstorferi motoensis*，金斑虎甲 *Cicindela aurulenta*，白斑虎甲 *Cicindela albopunctata*，球胸七齿虎甲 *Heptodonta modicollis*，丽七齿虎甲 *Heptodonta pulchella*，大突肩瓢虫 *Synonycha grandis*，大红瓢虫 *Rodolia rufopilosa*，细须唇瓢虫 *Phaenochilus metasternalis*，黄褐刻眼瓢虫 *Ortalia pectoralis*，束小瓢虫 *Scymnus sodalis*，日本小瓢虫 *Scymnus japonicus*，黑背小瓢虫 *Scymnus kawamurai*，黑缘巧瓢虫 *Oenopia kirbyi*，细网巧瓢虫 *Oenopia sexareata*，龙斑巧瓢虫 *Oenopia dracoguttata*，四斑巧瓢虫 *Oenopia quadripunctata*，萍斑大瓢虫 *Megalocaria reichii pearsoni*，碧盘耳瓢虫 *Coelophora bissellata*，黄室盘瓢虫 *Propylea luteopustulata*。

9. 鳞翅目 Lepidoptera

华尾大蚕蛾 *Actias heterogyna*，绿尾大蚕蛾 *Actias selene*，丁目大蚕蛾 *Aglia tau*，冬青大蚕蛾 *Attacus edwardsi*，月目大蚕蛾 *Caligula zuleika*，目豹大蚕蛾 *Loepa damartis*，黄豹大蚕蛾 *Loepa katinka*，豹大蚕蛾 *Loepa oberthuri*，鸱目大蚕蛾 *Salassa lola*，青球箩纹蛾 *Brahmaea hearseyi*，金斑喙凤蝶 *Teinopalpus aureus*，金裳凤蝶 *Troides aeacus*，宽带青凤蝶 *Graphium cloanthus*，青凤蝶 *Graphium sarpedon*，金凤蝶 *Papilio machaon*，玉斑凤蝶 *Papilio helenus*，巴黎翠凤蝶 *Papilio paris*，波绿翠凤蝶 *Papilio polyctor*，蓝凤蝶 *Papilio protenor*，红基美凤蝶 *Papilio alcmenor*，三尾凤蝶 *Bhutanitis thaidina*，依帕绢蝶 *Parnassius epaphus*，云南双栉蝠蛾 *Bipectilus yunnanensis*，斜脉钩蝠蛾 *Thitarodes oblifurcus*，察隅钩蝠蛾 *Thitarodes zhayuensis*。

第二节　中喜马拉雅小区保护的种类

本小区位于中喜马拉雅山脉南部，北部以中、东喜马拉雅山脉主脊线为界，属于低山峡谷地带，零散分布，小区内区域不连接，行政区划上包括山南地区错那市的勒布、门隅，洛扎县的拉康，日喀则市的亚东，聂拉木县的樟木，吉隆县的吉隆区等地区的全部或部分区域。这些地区相对封闭，但有缺口，北高南低，可谓“十里不同天”，河流侵蚀作用极为强烈、地势险峻、山高谷深。气候温暖潮湿，海拔2300m的樟木年均降水量为2800mm左右，年均温为10℃以上。森林茂密，有常绿阔叶林，以栲、柯等常绿植被为主。主要果树有苹果、野核桃、野猕猴桃。农作物主要有小麦、玉米、谷子、青稞，一年两熟，资源昆虫存在亚热带类型。昆虫沿深谷而上，被高山严寒阻挡和限制；高山昆虫又不能适应向下扩展带来的炎热和潮湿，从而具有明显的垂直分布规律，甚至有些昆虫表现出暑寒分布交替的现象。

本小区主要保护资源昆虫如下。

1. 螳螂目 Mantodea

薄翅螳 *Mantis religiosa*。

2. 半翅目 Hemiptera

樟木山姬蝽 *Oronabis zhangmuensis*，纹斑姬蝽 *Nabis hsiaoi*，淡色姬蝽 *Nabis palifer*，喜马拉雅姬蝽 *Nabis himalayensis*。

3. 脉翅目 Neuroptera

角脉锦蚁蛉 *Gatzara angulineufus*，李斑离蚁蛉 *Distoleon binatus*，多格宽缘蚁蛉 *Euryleon cancellosus*，尖顶齐褐蛉 *Wesmaelius nervosus*，全北褐蛉 *Hemerobius humuli*，双刺褐蛉 *Hemerobius bispinus*，藏异脉褐蛉 *Micromus yunnanus*，淡异脉褐蛉 *Micromus pallidius*，瑕脉褐蛉 *Micromus calidus*，赵氏脉褐蛉 *Micromus zhaoi*，白线草蛉 *Chrysopa albolineata*，藏普草蛉 *Chrysoperla xizangana*，畸缘三阶草蛉 *Chrysopidia remanei*，中国喜马草蛉 *Himalochrysa chinica*，长柄多阶草蛉 *Tumeochrysa longiscape*，胡氏多阶草蛉 *Tumeochrysa hui*，华多阶草蛉 *Tumeochrysa sinica*，西藏多阶草蛉 *Tumeochrysa tibetana*，锡尼意草蛉 *Ltalochrysa stitzi*，错那溪蛉 *Osmylus collallus*，小溪蛉 *Osmylus miniscululus*，亚东近溪蛉 *Parosmylus yadonganus*，斜纹异溪蛉 *Heterosmylus limulus*，小窗溪蛉 *Thyridosmylus perspicillaris*，银完眼蝶角蛉 *Ldricerus decrepitus*，属模脉线蛉 *Neuronema decisum*，黄氏脉线蛉 *Neuronema huangi*，细颈华脉线蛉 *Neuronema angusticollum*，中华脉线蛉 *Neuronema sinensis*。

4. 双翅目 Diptera

茹蜗寄蝇 *Voria ruralis*，小裸盾寄蝇 *Periscepsia misella*，斑腹叶甲寄蝇 *Macquartia tessellum*，明寄蝇 *Tachina sobria*，蜂寄蝇 *Tachina ursinoidea*，栗黑寄蝇 *Tachina punctocincta*，短头寄蝇 *Tachina breviceps*，洛灯寄蝇 *Tachina rohdendorfiana*，黄跗寄蝇

Tachina fera，黄鳞寄蝇 *Tachina flavosquama*，菩短须寄蝇 *Linnaemya pudica*，饰额短须寄蝇 *Linnaemya comta*，峨眉短须寄蝇 *Linnaemya omega*，索勒短须寄蝇 *Linnaemya soror*，拟舞短须寄蝇 *Linnaemya vulpinoides*，肥须寄蝇 *Nowickia atripalpis*，棒须亮寄蝇 *Gymnochaeta porphyrophora*，拼叶江寄蝇 *Janthinomyia felderi*，曲肛透翅寄蝇 *Hyalurgus curvicercus*，黑翅阳寄蝇 *Panzeria nigripennis*，采花阳寄蝇 *Panzeria anthophila*，微长须寄蝇 *Peleteria versuta*，透翅追寄蝇 *Exorista hyalipennis*，红尾追寄蝇 *Exorista xanthaspis*，金额追寄蝇 *Exorista aureifrons*，褐翅追寄蝇 *Exorista fuscipennis*，毛瓣鬃堤寄蝇 *Chetogena hirsuta*，钝芒利格寄蝇 *Ligeriella aristata*，杂色美根寄蝇 *Meigenia grandigena*，康刺腹寄蝇 *Compsilura concinnata*，北方长唇寄蝇 *Siphona boreata*，长毛狭颊寄蝇 *Carcelia longichaeta*，四点温寄蝇 *Winthemia quadripustulata*，毛鬃饰腹寄蝇 *Blepharipa chaetoparafacialis*，宽颊饰腹寄蝇 *Blepharipa latigena*，炭黑饰腹寄蝇 *Blepharipa carbonata*，平庸赘寄蝇 *Drino inconspicua*，拉特睫寄蝇 *Blepharella lateralis*，帕蜍怯寄蝇 *Phryxe patruelis*，普通怯寄蝇 *Phryxe vulgaris*，四条小蚜蝇 *Paragus quadrifasciatus*，刻点小蚜蝇 *Paragus tibialis*，梯斑墨蚜蝇 *Melanostoma scalare*，裂黑带蚜蝇 *Episyrphus cretensis*，黑带蚜蝇 *Episyrphus balteatus*，斜斑鼓额蚜蝇 *Scaeva pyrastri*，狭带贝蚜蝇 *Betasyrphus serarius*，黄带狭腹蚜蝇 *Meliscaeva cinctella*，印度细腹蚜蝇 *Sphaerophoria indiana*，绿色细腹蚜蝇 *Sphaerophoria viridaenea*，筒形细腹蚜蝇 *Sphaerophoria cylindrical*，黄喙鼻颜蚜蝇 *Rhingia laticincta*，长翅寡节蚜蝇 *Triglyphus primus*，黑股条眼蚜蝇 *Eristalodes paria*。

5. 膜翅目 Hymenoptera

凹纹胡蜂 *Vespa velutina*，大胡蜂 *Vespa magnifica*，锈腹黄胡蜂 *Vespula structor*，葬熊蜂 *Bombus funerarius*，灰熊蜂 *Bombus grahami*，饰带熊蜂 *Bombus lemniscatus*，小雅熊蜂 *Bombus lepidus*，明亮熊蜂 *Bombus lucorum*，雪熊蜂 *Bombus niveatus*，贞洁熊蜂 *Bombus parthenius*，伪猛熊蜂 *Bombus personatus*，火红熊蜂 *Bombus pyrosoma*，雀熊蜂 *Bombus richardsiellus*，红束熊蜂 *Bombus rufofasciatus*，银珠熊蜂 *Bombus miniatus*，三条熊蜂 *Bombus trifasciatus*。

6. 鞘翅目 Coleoptera

毕武粪金龟 *Enoplotrupes bieti*，凯畸黑蜣 *Aceraius cantori*，拉陶锹甲 *Dorcus ratiocinativus*，安达刀锹甲 *Dorcus antaeus*，错那刀锹 *Dorcus cuonaensis*，雷陶锹甲 *Dorcus reichei*，悌陶锹甲 *Dorcus tityus*，尼陶锹甲 *Dorcus nepalensis*，阿锹甲 *Lucanus atratus*，康拓锹甲 *Lucanus cantori*，戴锹甲 *Lucanus davidis*，狄锹甲 *Lucanus didieri*，原锹甲 *Lucanus gracilis*，悦锹甲 *Lucanus parryi*，珑锹甲 *Lucanus lunifer*，金属锹甲 *Lucanus mearesii*，魏锹甲 *Lucanus westermanni*，迷琉璃锹甲 *Platycerus delicatulus*，宽带前锹甲 *Prosopocoilus biplagiatus*，韦前锹甲 *Prosopocoilus wimberleyi*。

7. 鳞翅目 Lepidoptera

黄目大蚕蛾 *Caligula anna*，珠目大蚕蛾 *Caligula lindia bonita*，月目大蚕蛾 *Caligula zuleika*，藤豹大蚕蛾 *Loepa anthera*，黄豹大蚕蛾 *Loepa katinka*，豹大蚕蛾 *Loepa oberthuri*，樗蚕 *Samia cynthia*，鸱目大蚕蛾 *Salassa lola*，猫目大蚕蛾 *Salassa thespis*，青球箩纹蛾 *Brahmaea hearseyi*，枯球箩纹蛾 *Brahmaea wallichii*，纨裤麝凤蝶 *Byasa latreillei*，突缘麝凤蝶 *Byasa plutonius*，金凤蝶 *Papilio machaon*，波绿翠凤蝶 *Papilio polyctor*，依帕绢蝶 *Parnassius epaphus*，联珠绢蝶 *Parnassius hardwickii*，西藏二岔蝠蛾 *Forkalus xizangensis*，尼泊尔类蝠蛾 *Hepialiscus nepalensis*，黄类蝠蛾 *Hepialiscus flavus*，西藏蝠蛾 *Phassus xizangensis*，樟木钩蝠蛾 *Thitarodes zhangmoensis*，亚东钩蝠蛾 *Thitarodes yadongensis*。

第三节 横断山南部小区保护的种类

本小区东侧以青藏高原边缘为界，西侧北段以伯舒拉岭为界，北侧与藏东北青南小区同界，南侧以青藏高原南缘为界。主要包括云南的贡山、福贡县全部地区，德钦和香格里拉市的绝大部分地区，宁蒗、丽江、维西、兰坪、泸水等五市县的部分地区，西藏的昌都、察雅、八宿、左贡、芒康等区域及四川西部的一部分。本小区海拔 3300m 左右，相对高差可达 2000m 以上。怒江、澜沧江、金沙江由北向南流经本小区，河床坡降大、水流急、切割深，谷底平均宽幅往往仅为 100m 左右，有些区域宽幅只有几十米。农田零星分布，垂直生境差异极为显著。气温干暖，昌都年降水量为 429mm，芒康为 519mm，平均气温为 3.5～7.6℃。主要植被为有刺灌丛及亚热带成分。农作物主要有小麦、青稞、玉米、蚕豆、荞麦、油菜、马铃薯等。栽培果树有核桃、苹果、桃、梨等。在这样的自然景观下，资源昆虫种类多样，多为特有种。在低海拔河谷地带，以热带、亚热带的种类为主，温带昆虫种类在高海拔地带占优势。

本小区主要保护资源昆虫如下。

1. 半翅目 Hemiptera

类原姬蝽亚洲亚种 *Nabis feroides mimoferus*。

2. 脉翅目 Neuroptera

陆溪蚁蛉 *Epicanthaclisis continentalis*，叶色草蛉 *Chrysopa phyllochroma*，西藏近溪蛉 *Parosmylus tibetanus*，林芝华脉线蛉 *Neuronema nyingcltianum*。

3. 鞘翅目 Coleoptera

金缘虎甲 *Cicindela desgodinsi*，大斑瓢虫 *Coccinella magnopunctata*，梵文菌瓢虫 *Halyzia sanscrita*，多异瓢虫 *Hippodamia variegata*，奇斑瓢虫 *Harmonia eucharis*，黄室盘瓢虫 *Propylea luteopustulata*。

4. 膜翅目 Hymenoptera

普通黄胡蜂 *Vespula vulgaris*，暗色黄胡蜂 *Vespula obscura*，多毛黄胡蜂 *Vespula hirsuta*，西藏虞索金小蜂 *Skeloceras xizangensis*，黑腹派金小蜂 *Pezilepsis maurigaster*，察雅齐索金小蜂 *Octofuniculus chagyabensis*，芒康片脊金小蜂 *Carinoprepectus scabiosus*，

巴宿尖腹金小蜂 *Thektogaster baxoiensis*，吉塘优跳小蜂 *Eugahania gyitangensis*。

5. 双翅目 Diptera

双叉骇寄蝇 *Hypotachina bifurca*，黑须短芒寄蝇 *Athrycia trepida flavipalpis*，裸背拉寄蝇 *Periscepsia spathulata*，小裸盾寄蝇 *Periscepsia misella*，粗鬃拍寄蝇 *Peteina hyperdiscalis*，撒拉柔寄蝇 *Thelaira solivaga*，蜂寄蝇 *Tachina ursinoidea*，缺端鬃寄蝇 *Tachina sinerea*，蛇肛寄蝇 *Tachina anguisipennis*，青藏寄蝇 *Tachina qingzangensis*，侧条寄蝇 *Tachina laterolinea*，黑腹短须寄蝇 *Linnaemya atriventris*，索勒短须寄蝇 *Linnaemya soror*，查禾短须寄蝇 *Linnaemya zachvatkini*，长肛短须寄蝇 *Linnaemya perinealis*，短跗诺寄蝇 *Tachina hingstoniae*，肥须诺寄蝇 *Tachina atripalpis*，巨爪寄蝇 *Tachina macropuchia*，亮腹寄蝇 *Tachina corsicana*，叉叶江寄蝇 *Janthinomyia elegans*，拼叶江寄蝇 *Janthinomyia felderi*，狭额金绿寄蝇 *Chrysosomopsis stricta*，针毛长须寄蝇 *Peleteria manomera*，平肛长须寄蝇 *Peleteria placuna*，微长须寄蝇 *Peleteria versuta*，光亮长须寄蝇 *Peleteria nitella*，黑顶长须寄蝇 *Peleteria melania*，暗色长须寄蝇 *Peleteria maura*，双齿长须寄蝇 *Peleteria bidentata*，黄鳞长须寄蝇 *Peleteria flavobasicosta*，红胫角刺寄蝇 *Acemya rufitibia*，选择盆地寄蝇 *Bessa parallela*，迅疾选择盆地寄蝇 *Bessa selecta fugax*，乡间追寄蝇 *Exorista rustica*，拟乡间追寄蝇 *Exorista pseudorustica*，长尾追寄蝇 *Exorista amoena*，古毒蛾追寄蝇 *Exorista larvarum*，钝芒利格寄蝇 *Ligeriella aristata*，裸额毛颜寄蝇 *Trichoparia blanda*，黑须卷蛾寄蝇 *Blondelia nigripes*，袍长唇寄蝇 *Siphona pauciseta*，闪斑长唇寄蝇 *Siphona confusa*，金粉截尾寄蝇 *Nemorilla chrysopollinis*，四点温寄蝇 *Winthemia quadripustulata*，双鬃侧盾寄蝇 *Paratryphera bisetosa*，蚕饰腹寄蝇 *Blepharipa zebina*，印度细腹蚜蝇 *Sphaerophoria indiana*。

6. 膜翅目 Hymenoptera

显熊蜂 *Bombus chayaensis*，凸污熊蜂 *Bombus convexus*，颊熊蜂 *Bombus genalis*，灰熊蜂 *Bombus grahami*，弱熊蜂 *Bombus infirmus*，饰带熊蜂 *Bombus lemniscatus*，小雅熊蜂 *Bombus lepidus*，明亮熊蜂 *Bombus lucorum*，颂杰熊蜂 *Bombus nobilis*，岷山密林熊蜂 *Bombus minshanensis*，拉达克熊蜂 *Bombus ladakhensis*，羽熊蜂 *Bombus peralpinus*，伪猛熊蜂 *Bombus personatus*，火红熊蜂 *Bombus pyrosoma*，红束熊蜂 *Bombus rufofasciatus*，静熊蜂 *Bombus securus*，越熊蜂 *Bombus supremus*，克什米尔熊蜂 *Bombus tetrachromus*，稳纹熊蜂 *Bombus waltoni*。

7. 鞘翅目 Coleoptera

齿股粪金龟 *Geotrupes armicrus*，东方粪金龟 *Geotrupes auratus*，荆粪金龟甲 *Geotrupes genestieri*，半皱齿股粪金龟 *Odontotrypes semirugosus*，毕武粪金龟子 *Enoplotrupes bieti*，异色武粪金龟 *Enoplotrupes variicolor*，宽武粪金龟 *Enoplotrupes latus*，朝鲜高粪金龟 *Kolbeus coreanus*，锈黄瘦黑蜣 *Leptaulax bicolor*，中华铠锹甲 *Ceruchus sinensis*，安达刀锹甲 *Dorcus antaeus*，雷陶锹甲 *Dorcus reichei*，悌陶锹甲 *Dorcus tityus*，戴锹甲 *Lucanus davidis*，狄锹甲 *Lucanus didieri*，拟锹甲 *Lucanus furcifer*，烂锹甲 *Lucanus lesnei*，多毛锹甲 *Lucanus villosus*，蔓莫锹甲 *Macrodorcas mochizukii*，巴新锹甲 *Neolucanus baladeva*，亮红新锹甲 *Neolucanus castanopterus*，西光胫锹甲 *Odontolabis siva*，库光胫锹甲 *Odontolabis cuvera*，迷琉璃锹甲 *Platycerus delicatulus*，大卫鬼锹甲 *Prismognathus davidis*，两点前锹甲 *Prosopocoilus astacoides*，宽带前锹甲 *Prosopocoilus biplagiatus*。

8. 脉翅目 Neuroptera

滇蜀蝶蛉 *Balmes birmanus*，原完眼蝶角蛉 *Protidricerus exilis*。

9. 鳞翅目 Lepidoptera

绿尾大蚕蛾 *Actias selene*，柞蚕 *Antheraea pernyi*，冬青大蚕蛾 *Attacus edwardsi*，黄目大蚕蛾 *Caligula anna*，珠目大蚕蛾 *Caligula lindia bonita*，月目大蚕蛾 *Caligula zuleika*，点目大蚕蛾 *Cricula andrei*，小字大蚕蛾 *Cricula trifenestrata*，胡桃大蚕蛾 *Dictyoploca cachara*，藤豹大蚕蛾 *Loepa anthera*，黄豹大蚕蛾 *Loepa katinka*，樗蚕 *Samia cynthia*，鸱目大蚕蛾 *Salassa lola*，青球箩纹蛾 *Brahmaea hearseyi*，枯球箩纹蛾 *Brahmaea wallichii*，纨裤麝凤蝶 *Byasa latreillei*，突缘麝凤蝶 *Byasa plutonius*，多姿麝凤蝶 *Byasa polyeuctes*，麝凤蝶 *Byasa alcinous*，金凤蝶 *Papilio machaon*，玉斑凤蝶 *Papilio helenus*，蓝凤蝶 *Papilio protenor*，波绿翠凤蝶 *Papilio polyctor*，红基美凤蝶 *Papilio alcmenor*，升天剑凤蝶 *Pazala euroa*，华夏剑凤蝶 *Pazala mandarinus*，乌克兰剑凤蝶 *Pazala tamerlanus*，依帕绢蝶 *Parnassius epaphus*，君主绢蝶 *Parnassius imperator*，夏梦绢蝶 *Parnassius jacquemontii*，四川绢蝶 *Parnassius szechenyii*，玛曲蝠蛾 *Hepialus maquensis*，梅里钩蝠蛾 *Thitarodes meiliensis*，白线钩蝠蛾 *Thitarodes nubifer*，草地蝠蛾 *Hepialus pratensis*，人支钩蝠蛾 *Thitarodes renzhiensis*，四川蝠蛾 *Hepialus sichuanus*，德格蝠蛾 *Hepialus alticola*，丽江蝠蛾 *Hepialus lijiangensis*，石纹蝠蛾 *Hepialus carna*，锈色蝠蛾 *Hepialus ferrugineus*，玉龙蝠蛾 *Hepialus yulongensis*，云南蝠蛾 *Hepialus yunnanensis*，双带钩蝠蛾 *Thitarodes bibelteus*，白马钩蝠蛾 *Thitarodes baimaensis*，虫草钩蝠蛾 *Thitarodes armoricanus*，美丽钩蝠蛾 *Thitarodes callinivalis*，德氏钩蝠蛾 *Thitarodes davidi*，德钦钩蝠蛾 *Thitarodes deqinensis*，赭褐钩蝠蛾 *Thitarodes gallicus*，贡嘎钩蝠蛾 *Thitarodes gonggaensis*，金沙钩蝠蛾 *Thitarodes jinshaensis*，康定钩蝠蛾 *Thitarodes kangdingensis*，宽兜钩蝠蛾 *Thitarodes latitegumenus*，理塘钩蝠蛾 *Thitarodes litangensis*，叶日钩蝠蛾 *Thitarodes yeriensis*，中支钩蝠蛾 *Thitarodes zhongzhiensis*，巨疖蝠蛾 *Phassus giganodus*，东隅钩蝠蛾 *Thitarodes dongyuensis*，曲线钩蝠蛾 *Thitarodes fusconebulosa*，甲郎钩蝠蛾 *Thitarodes jialangensis*，芒康钩蝠蛾 *Thitarodes markamensis*，斜脉钩蝠蛾 *Thitarodes oblifurcus*，异色钩蝠蛾 *Thitarodes varians*。

第四节　林芝市小区保护的种类

本小区位于喜马拉雅山脉东部和念青唐古拉山东段之间，包括波密、林芝市区、米林、加查、朗县、工布江达。本小区是西藏自然条件较好的农区，除工布江达部分区域为半农半牧外，其余均以农为主。该区海拔2000～3000m处森林茂密、气候温暖湿润。

年降水量为528～1000mm，年均温一般为6.1～12℃，主要植被为针阔叶混交林、暗针叶林和亚高山针叶林，以栎、丽江云杉、高山松和阔叶树为主，散生有竹。主要农作物有小麦、青稞、玉米、蚕豆、荞麦，早青稞收获后可复种绿肥。该小区果树资源丰富，是很多果树的适宜栽培区，其中苹果、核桃栽培面积广，品质优。在易贡、波密一带属于亚热带昆虫区系；加查一带区系属性不明显。

本小区主要保护资源昆虫如下。

1. 蜻蜓目 Odonata

高斑蜻 *Libellula basilinea*，旭光赤蜻 *Sympetrum hypomelas*。

2. 脉翅目 Neuroptera

双刺褐蛉 *Hemerobius bispinus*，李氏褐蛉 *Hemerobius lii*，白线草蛉 *Chrysopa albolineata*，藏普草蛉 *Chrysoperla xizangana*，林芝多阶草蛉 *Tumeochrysa nyingchiana*，尺栉角蛉 *Dilar asperses*，林芝华脉线蛉 *Neuronema nyingcltianum*。

3. 鞘翅目 Coleoptera

云纹虎甲 *Cicindela elisae*，星斑虎甲 *Cicindela kaleea*，月纹虎甲 *Cicindela lunulata*，小七星瓢虫 *Coccinella lama*，纵条瓢虫 *Coccinella longifasciata*，二星瓢虫 *Adalia bipunctata*，十四星裸瓢虫 *Calvia quatuordecimguttata*，多异瓢虫 *Hippodamia variegata*，龙斑巧瓢虫 *Oenopia dracoguttata*，二双斑唇瓢虫 *Chilocorus bijugus*，梵文菌瓢虫 *Halyzia sanscrita*，红肩瓢虫 *Harmonia dimidiata*，奇斑瓢虫 *Harmonia eucharis*，六斑异斑瓢虫 *Aiolocaria hexaspilota*。印度长臂金龟 *Cheirotonus macleayi*，安达刀锹甲 *Dorcus antaeus*，雷陶锹甲 *Dorcus reichei*，戴锹甲 *Lucanus davidis*，狄锹甲 *Lucanus didieri*，原锹甲 *Lucanus gracilis*，悦锹甲 *Lucanus parryi*，烂锹甲 *Lucanus lesnei*，蔓莫锹甲 *Macrodorcas mochizukii*，亮红新锹甲 *Neolucanus castanopterus*，宽带前锹甲 *Prosopocoilus biplagiatus*，韦前锹甲 *Prosopocoilus wimberleyi*，史密斯深山锹甲 *Lucanus smithii*，额角圆黑蜣 *Ceracupes fronticornis*，齿股粪金龟 *Geotrupes armicrus*，荆粪金龟甲 *Geotrupes genestieri*，毕武粪金龟 *Enoplotrupes bieti*。

4. 双翅目 Diptera

西藏寄蝇 *Tachina xizangensis*，饰额短须寄蝇 *Linnaemya comta*，峨眉短须寄蝇 *Linnaemya omega*，巨爪寄蝇 *Tachina macropuchia*，古毒蛾追寄蝇 *Exorista larvarum*，闪斑长唇寄蝇 *Siphona confusa*，普通怯寄蝇 *Phryxe vulgaris*，林荫扁寄蝇 *Platymya fimbriata*，四条小蚜蝇 *Paragus quadrifasciatus*，刻点小蚜蝇 *Paragus tibialis*，梯斑墨蚜蝇 *Melanostoma scalare*，大灰后蚜蝇 *Metasyrphus corollae*，斜斑鼓额蚜蝇 *Scaeva pyrastri*，灰带管蚜蝇 *Eristalis cerealis*，长尾管蚜蝇 *Eristalis tenax*，喜马拉雅管蚜蝇 *Eristalis himalayensis*，札幌条胸蚜蝇 *Helophilus sapporensis*。

5. 膜翅目 Hymenoptera

藏太平长黄胡蜂 *Dolichovespula xanthicincta*，波希拟熊蜂 *Bombus bohemicus*，稀熊蜂

Bombus infrequens，白背熊蜂 *Bombus festivus*，葬熊蜂 *Bombus funerarius*，灰熊蜂 *Bombus grahami*，弱熊蜂 *Bombus infirmus*，饰带熊蜂 *Bombus lemniscatus*，小雅熊蜂 *Bombus lepidus*，明亮熊蜂 *Bombus lucorum*，颂杰熊蜂 *Bombus nobilis*，贞洁熊蜂 *Bombus parthenius*，火红熊蜂 *Bombus pyrosoma*，静熊蜂 *Bombus securus*，银珠熊蜂 *Bombus miniatus*，苏氏熊蜂 *Bombus sushkini*，西藏拟熊蜂 *Bombus tibetanus*，贝加尔拟熊蜂 *Psithyrus transbaicalicus*。

6. 鳞翅目 Lepidoptera

绿尾大蚕蛾 *Actias selene*，柞蚕 *Antheraea pernyi*，冬青大蚕蛾 *Attacus edwardsi*，黄目大蚕蛾 *Caligula anna*，珠目大蚕蛾 *Caligula lindia bonita*，月目大蚕蛾 *Caligula zuleika*，合目大蚕蛾 *Caligula boisduvalii fallax*，点目大蚕蛾 *Cricula andrei*，小字大蚕蛾 *Cricula trifenestrata*，藤豹大蚕蛾 *Loepa anthera*，豹大蚕蛾 *Loepa oberthuri*，樗蚕 *Samia cynthia*，猫目大蚕蛾 *Salassa thespis*，枯球箩纹蛾 *Brahmaea wallichii*，金裳凤蝶 *Troides aeacus*，金凤蝶 *Papilio machaon*，克里翠凤蝶 *Papilio krishna*，窄斑翠凤蝶 *Papilio arcturus*，翠蓝斑凤蝶 *Papilio paradoxa*，玉斑凤蝶 *Papilio helenus*，华夏剑凤蝶 *Pazala mandarinus*，升天剑凤蝶 *Pazala euroa*，西藏钩凤蝶 *Meandrusa lachinus*，丫纹俳蛱蝶 *Parasarpa dudu*，讴脉蛱蝶 *Hestina ouvradi*，针尾蛱蝶 *Polyura dolon*，大二尾蛱蝶 *Polyura eudamippus*，二尾蛱蝶 *Polyura narcaea*，斐豹蛱蝶 *Argynnis hyperbius*，绿豹蛱蝶 *Argynnis paphia*，银豹蛱蝶 *Childrena childreni*，琉璃蛱蝶 *Kaniska canace*，曲带闪蛱蝶 *Apatura laverne*，圆翅钩粉蝶 *Gonepteryx amintha*，豆粉蝶 *Colias hyale*，钩粉蝶 *Gonepteryx rhamni*，大卫粉蝶 *Pieris davidis*，黑角方粉蝶 *Dercas lycorias*，艳妇斑粉蝶 *Delias belladonna*，彩灰蝶 *Heliophorus epicles*，亮灰蝶 *Lampides boeticus*，琉璃灰蝶 *Celastrina argiola*，朴喙蝶 *Libythea celtis*，无尾蚬蝶 *Dodona durga*，蜘蛱蝶 *Araschnia levana*，花弄蝶 *Pyrgus maculatus*，豹弄蝶 *Thymelicus leoninus*，绿弄蝶 *Choaspes benjaminii*，大绢斑蝶 *Parantica sita*，矍眼蝶 *Ypthima baldus*，蒲氏钩蝠蛾 *Thitarodes pui*，永胜钩蝠蛾 *Thitarodes yongshengensis*。

第五节　藏南小区保护的种类

本小区位于雅鲁藏布江及拉萨河流域，包括拉萨市的曲水、堆龙德庆、城关、达孜、墨竹工卡、林周，山南地区的桑日、曲松、乃东、琼结、扎囊、贡嘎、浪卡子、措美、洛扎，日喀则地区的仁布、南木林、日喀则、白朗、江孜、萨迦、拉孜、谢通门等。海拔为3500～4200m，气候温和，年均温为4.7～8.2℃，年均降水量为295～505mm，地势起伏，既有河谷、山脉，也有开阔的农田和草原，为西藏的主要农区，也是人口最为集中的地区。农田主要分布在沿江和主要支流的河谷地带，农作物有小麦、青稞、玉米、蚕豆、荞麦、油菜、蚕豆、马铃薯等，蔬菜品种多样。植被类型为灌丛、草原和高山草原，主要有白草、西藏狼牙刺、蒿草等。本区是西藏开发最早的农区，农业生产发展迅速。

本小区主要保护资源昆虫如下。

1. 脉翅目 Neuroptera

双钩齐褐蛉 *Wesmaelius bihamita*，西藏近溪蛉 *Parosmylus tibetanus*。

2. 鞘翅目 Coleoptera

小七星瓢虫 *Coccinella lama*，大斑瓢虫 *Coccinella magnopunctata*，横斑瓢虫 *Coccinella transversoguttata*，多异瓢虫 *Hippodamia variegata*，二星瓢虫 *Adalia bipunctata*。

3. 双翅目 Diptera

曲脉短芒寄蝇 *Athrycia curvinervis*，粗鬃拍寄蝇 *Peteina hyperdiscalis*，明寄蝇 *Tachina sobria*，蜂寄蝇 *Tachina ursinoidea*，黑腹短须寄蝇 *Linnaemya atriventris*，筒须诺寄蝇 *Tachina rondanii*，肥须诺寄蝇 *Tachina atripalpis*，黑斑寄蝇 *Tachina trigonara*，弥寄蝇 *Tachina micado*，黄鳞寄蝇 *Tachina flavosquama*，条纹追寄蝇 *Exorista fasciata*，杂色美根寄蝇 *Meigenia grandigena*，刻点小蚜蝇 *Paragus tibialis*，大灰后蚜蝇 *Metasyrphus corollae*，月斑后蚜蝇 *Metasyrphus luniger*，斜斑鼓额蚜蝇 *Scaeva pyrastri*，大斑鼓额蚜蝇 *Scaeva albomaculata*，黄氏鼓额蚜蝇 *Scaeva hwangi*，印度细腹蚜蝇 *Sphaerophoria indiana*，筒形细腹蚜蝇 *Sphaerophoria cylindrical*，札幌条胸蚜蝇 *Helophilus sapporensis*。

4. 膜翅目 Hymenoptera

凤蝶金小蜂 *Pteromalus puparum*，猛熊蜂 *Bombus difficilimus*，西伯熊蜂 *Bombus flaviventris*，亚西伯熊蜂 *Bombus asiaticus*，银珠熊蜂 *Bombus miniatus*，饰带熊蜂 *Bombus lemniscatus*，伪猛熊蜂 *Bombus personatus*，火红熊蜂 *Bombus pyrosoma*，红束熊蜂 *Bombus rufofasciatus*，越熊蜂 *Bombus supremus*，莺熊蜂 *Bombus tanguticus*，克什米尔熊蜂 *Bombus tetrachromus*，稳纹熊蜂 *Bombus waltoni*。

5. 鳞翅目 Lepidoptera

金凤蝶 *Papilio machaon*，姹瞳绢蝶 *Parnassius charltonius*，依帕绢蝶 *Parnassius epaphus*，黄类蝠蛾 *Hepialiscus flavus*，当雄钩蝠蛾 *Thitarodes damxungensis*，定结钩蝠蛾 *Thitarodes dinggyeensis*，纳木钩蝠蛾 *Thitarodes namensis*，南木林钩蝠蛾 *Thitarodes namlinensis*。

第六节 阿里西部小区保护的种类

本小区位于西藏最西端，包括阿里地区孔雀河、象泉河、狮泉河三河流域和班公湖，即阿里地区全部和新疆西南部的塔什库尔干县全部地区，乌恰、阿克陶、莎车、叶城、皮山、墨玉、于田、民丰、且末和若羌等 10 个县。海拔在 4000m 以上，植被与农作物种类简单，有少量青稞、豌豆、油菜、蔓菁等。由于气候和环境较恶劣，资源昆虫种类和数量少，但特有成分占比大。

本小区主要保护资源昆虫如下。

1. 鞘翅目 Coleoptera

喜广肩步甲 *Calosoma himalayanum*，异猛步甲 *Cymindis hingstoni*，双斑猛步甲 *Cymindis binotata*，鼻蛀犀金龟 *Oryctes nasicornis*，宽额禾犀金龟 *Pentodon latifrons*。

2. 双翅目 Diptera

钝黑斑眼蚜蝇 *Eristalinus sepulchralis*，宽带后蚜蝇 *Metasyrphus latifasciatus*，短爪阳寄蝇 *Panzeria breviunguis*，斧角珠峰寄蝇 *Everestiomyia antennalis*，黑腹膝芒寄蝇 *Gonia picea*，白霜膝芒寄蝇 *Gonia vacua*，宽额戈寄蝇 *Graphogaster buccata*，墨黑豪寄蝇 *Hystriomyia paradoxa*，欧短须寄蝇 *Linnaemya olsufjevi*，西北高原寄蝇 *Montuosa caura*，黑腹诺寄蝇 *Tachina heifu*，小裸盾寄蝇 *Periscepsia misella*，粗鬃拍寄蝇 *Peteina hyperdiscalis*。

3. 膜翅目 Hymenoptera

短头熊蜂 *Bombus breviceps*，猛熊蜂 *Bombus difficilimus*，红尾熊蜂 *Bombus haemorrhoidalis*，昆仑熊蜂 *Bombus keriensis*，拉达克熊蜂 *Bombus ladakhensis*，饰带熊蜂 *Bombus lemniscatus*，克什米尔熊蜂 *Bombus tetrachromus*，黑尾熊蜂 *Bombus melanurus*，红西伯熊蜂 *Bombus morawitzi*，雪熊蜂 *Bombus niveatus*，欧熊蜂 *Bombus oberti*，伪猛熊蜂 *Bombus personatus*，火红熊蜂 *Bombus pyrosoma*，三条熊蜂 *Bombus trifasciatus*，土耳其斯坦熊蜂 *Bombus turkestanicus*。

4. 鳞翅目 Lepidoptera

金凤蝶 *Papilio machaon*，爱珂绢蝶 *Parnassius acco*，中亚丽绢蝶 *Parnassius actius*，依帕绢蝶 *Parnassius epaphus*，联珠绢蝶 *Parnassius hardwickii*，李氏绢蝶 *Parnassius leei*，西猴绢蝶 *Parnassius simo*。

第七节　青东南藏东北小区保护的种类

本小区北以巴颜喀拉山为界，南抵西藏昌都海拔 3600m 以上的区域，东达青藏高原边缘。行政区域上包括青海玉树、果洛两个自治州的杂多、囊谦、称多、玛多、达日、久治和班玛等县，玉林和西藏东北昌都的边巴、洛隆、丁青、类乌齐 4 个县及四川西北部分区域，海拔 3600～4500m，三江流经本区，河床坡降大，水流急，切割中等。类乌齐、洛隆有峡谷和较开阔的农田与草原。丁青、边巴较上两县开阔。年平均气温为 3～5℃，年降水量为 500～680mm。有原始森林分布，还有以高山小叶杜鹃组成的灌丛和矮生嵩草高山草甸。雨量能满足作物的生长需要，但受积温限制，只能种植青稞、春小麦、油菜，其中青稞种植面积占 70%以上。

本小区主要保护资源昆虫如下。

1. 鞘翅目 Coleoptera

双斑猛步甲 *Cymindis binotata*，多异瓢虫 *Hippodamia variegata*，二星瓢虫 *Adalia bipunctata*，七星瓢虫 *Coccinella septempunctata*，纵条瓢虫 *Coccinella longifasciata*，横斑瓢虫 *Coccinella transversoguttata*。

2. 双翅目 Diptera

半月斑后蚜蝇 *Metasyrphus latimacula*，亮缘刺寄蝇 *Eriothrix nitida*，古毒蛾追寄蝇 *Exorista larvarum*，黑腹诺寄蝇 *Tachina heifu*，长肛短须寄蝇 *Linnaemya perinealis*，索勒短须寄蝇 *Linnaemya soror*，黑角诺寄蝇 *Tachina nigrovillosa*，尖尾长须寄蝇 *Peleteria acutiforceps*，亮黑长须寄蝇 *Peleteria lianghei*，针毛长须寄蝇 *Peleteria manomera*，暗色长须寄蝇 *Peleteria maura*，类乌齐长须寄蝇 *Peleteria riwogeensis*，微长须寄蝇 *Peleteria versuta*，克三长须寄蝇 *Peleteria xenoprepes*，粗鬃拍寄蝇 *Peteina hyperdiscalis*，冠毛长唇寄蝇 *Siphona cristata*，亮腹寄蝇 *Tachina corsicana*，白头突额蜂麻蝇 *Metopia argyrocephala*，蝗尸亚麻蝇 *Parasarcophaga jacobsoni*，肯特细麻蝇 *Pierretia kentegjana*。

3. 膜翅目 Hymenoptera

欧熊蜂 *Bombus oberti*，伪猛熊蜂 *Bombus personatus*，昆仑熊蜂 *Bombus keriensis*，克什米尔熊蜂 *Bombus tetrachromus*，白背熊蜂 *Bombus festivus*，波希拟熊蜂 *Bombus bohemicus*，显熊蜂 *Bombus chayaensis*，凸污熊蜂 *Bombus convexus*，猛熊蜂 *Bombus difficilimus*，小雅熊蜂 *Bombus lepidus*，明亮熊蜂 *Bombus lucorum*，拉达克熊蜂 *Bombus ladakhensis*，饰带熊蜂 *Bombus lemniscatus*，火红熊蜂 *Bombus pyrosoma*，红束熊蜂 *Bombus rufofasciatus*，静熊蜂 *Bombus securus*，越熊蜂 *Bombus supremus*，稳纹熊蜂 *Bombus waltoni*，滇熊蜂 *Bombus yunnanicola*。

4. 鳞翅目 Lepidoptera

金凤蝶 *Papilio machaon*，依帕绢蝶 *Parnassius epaphus*，红珠绢蝶 *Parnassius bremeri*，君主绢蝶 *Parnassius imperator*，夏梦绢蝶 *Parnassius jacquemontii*，小红珠绢蝶 *Parnassius nomion*，珍珠绢蝶 *Parnassius orleans*，西猴绢蝶 *Parnassius simo*，白绢蝶 *Parnassius stubbendorfii*，四川绢蝶 *Parnassius szechenyii*，天山绢蝶 *Parnassius tianschanicus*，刚察蝠蛾 *Hepialus gangcaensis*，条纹蝠蛾 *Hepialus ganna*，杂多蝠蛾 *Hepialus zadoiensis*，虫草钩蝠蛾 *Thitarodes armoricanus*，德氏钩蝠蛾 *Thitarodes davidi*，康定钩蝠蛾 *Thitarodes kangdingensis*，斜脉钩蝠蛾 *Thitarodes oblifurcus*，雷斯蝙蛾 *Sthenopis regius*，比如钩蝠蛾 *Thitarodes biruensis*，巴青钩蝠蛾 *Thitarodes baqingensis*，暗色钩蝠蛾 *Thitarodes nebulosus*。

第八节 青东北小区保护的种类

本小区南界为阿尼玛卿山，北达祁连山，西邻柴达木盆地，东部与甘肃接壤。

南部区域为青海南山以南、阿尼玛卿山以北的黄河上游山地，包括海南州的共和、贵南、同德、兴海等县，黄南州的同仁、泽库等县，河南县和果洛州的玛沁县（包括玛沁县阿尼玛卿山以南地区）。黄河自西倾山和阿尼玛卿山的峡谷中穿过，两岸地形包括河谷、台地和山地，海拔一般为3000～4000m，年均气温为2～6℃，年平均最高气温为12～18℃，年降水量为250～300mm。南部植被类型有森林、高山灌丛、高山草甸等。

灌木有金露梅、杜鹃、山生柳等。高山草甸以嵩草、蓼属及禾本科为主。森林植被以阳坡半阳坡圆柏林和云杉为主，也有半荒漠的川青锦鸡儿、盐爪爪和白刺等。本区生产以农牧业为主。

北部区域是祁连山山地，北面与甘肃接壤，包括海北州的祁连、门源、刚察、海晏等县，海西州的天峻、乌兰等县，海南州的共和等县，地处祁连山的中段和东段，高山峡谷交错。海拔 3200～4600mm，自西向东南倾斜，山间谷地多，河流密布，达 80 条之多，南缘为青海湖盆地。年均气温为 0.4～0.6℃，年降水量为 394～540mm。植被垂直分布特征明显，海拔 3500～4000m 的高山草甸以苔草、嵩草为主；灌木以金露梅、山生柳为主；海拔较低的阴坡有云杉和金露梅、叉子圆柏等组成的灌丛。主要种植青稞、油菜、马铃薯等耐寒作物。

东部区域是黄土丘陵农业区，东邻甘肃，西抵日月山，北靠塔坂山，南与同仁、贵南县毗邻。位于黄土高原的最西端，海拔 1600～3000m，包括西宁的大通县，青海东部地区的民和、湟源、乐都、平安、湟中、循化、化隆等，黄南州的尖扎，海南州的贵德等。地势西北高、东南低，黄河贯穿全区，山川相间，年平均气温为 3～9℃，年降水量为 200～600mm。为青海主要农业区，作物以小麦、青稞、蚕豆、豌豆、马铃薯和油菜为主。西宁以东及贵德等地可种植核桃、梨、苹果、杏、桃、花椒、茄子、辣椒等。林木由桦树、山杨、云杉、油松等组成。

本小区主要保护资源昆虫如下。

1. 蜻蜓目 Odonata

高斑蜻 *Libellula basilinea*，小斑蜻 *Libellula quadrimaculata*，黄蜻 *Pantala flavescens*，褐带赤蜻 *Sympetrum pedemontanum*。

2. 半翅目 Hemiptera

栗色希姬蝽 *Himacerus fuscopennis*，纹斑姬蝽 *Nabis hsiaoi*，樟木山姬蝽 *Oronabis zhangmuensis*，波姬蝽 *Nabis potanini*，双环瑞猎蝽 *Rhynocoris dauricus*，微小花蝽 *Orius minutus*。

3. 鞘翅目 Coleoptera

丽细胫步甲 *Agonum gracilipes*，痕细胫步甲 *Agonum impressum*，赤胸长步甲 *Dolichus halensis*，马广肩步甲 *Calosoma maderae*，黄边青步甲 *Chlaenius circumdatus*，毛黄斑青步甲 *Chlaenius naeviger*，毛青步甲 *Chlaenius pallipes*，云纹虎甲 *Cicindela elisae*，铜绿虎甲红翅亚种 *Cicindela hybrida nitida*，外贝虎甲 *Cicindela transbaicalica*，库页虎甲 *Cicindela sachalinensis*，二星瓢虫 *Adalia bipunctata*，多异瓢虫 *Hippodamia variegata*，六斑异斑瓢虫 *Aiolocaria hexaspilota*，红点唇瓢虫 *Chilocorus kuwanae*，黑缘红瓢虫 *Chilocorus rubidus*，纵条瓢虫 *Coccinella longifasciata*，七星瓢虫 *Coccinella septempunctata*，横斑瓢虫 *Coccinella transversoguttata*，横带瓢虫 *Coccinella trifasciata*，黄斑盘瓢虫 *Lemnia saucia*，异色瓢虫 *Harmonia axyridis*，十三星瓢虫 *Hippodamia tredecimpunctata*，龟纹巧瓢虫 *Oenopia billieti*，龟纹瓢虫 *Propylea japonica*，菱斑和瓢虫

Synharmonia conglobata，滇黄壮瓢虫 *Xanthadalia hiekei*，十二斑褐菌瓢虫 *Vibidia duodecimguttata*。

4. 双翅目 Diptera

宽腹长角蚜蝇 *Chrysotoxum cautum*，黄股长角蚜蝇 *Chrysotoxum festivum*，黑带蚜蝇 *Episyrphus balteatus*，黑色斑眼蚜蝇 *Eristalinus aeneus*，钝黑斑眼蚜蝇 *Eristalinus sepulchralis*，灰带管蚜蝇 *Eristalis cerealis*，长尾管蚜蝇 *Eristalis tenax*，短腹管蚜蝇 *Eristalis arbustorum*，鼠尾管蚜蝇 *Eristalis campestris*，短刺刺腿蚜蝇 *Ischiodon scutellaris*，淡跗亮腹蚜蝇 *Liogaster splendida*，梯斑墨蚜蝇 *Melanostoma scalare*，大灰后蚜蝇 *Metasyrphus corollae*，凹带后蚜蝇 *Metasyrphus nitens*，拟刻点蚜蝇 *Paragus haemorrhous*，狭腹宽跗蚜蝇 *Platycheirus angustatus*，菱斑宽跗蚜蝇 *Platycheirus peltatus*，斜斑宽跗蚜蝇 *Platycheirus scutatus*，斑缩颜蚜蝇 *Pipiza signata*，多色斜额蚜蝇 *Pipizella varipes*，平腹派蚜蝇 *Pyrophaena platygastra*，斜斑鼓额蚜蝇 *Scaeva pyrastri*，暗跗细腹蚜蝇 *Sphaerophoria philanthus*，短翅细腹蚜蝇 *Sphaerophoria scripta*，狭带贝蚜蝇 *Betasyrphus serarius*，黄颜蚜蝇 *Syrphus ribesii*，黑足蚜蝇 *Syrphus vitripennis*，黄盾蜂蚜蝇 *Volucella tabanoides*，毛短尾寄蝇 *Aplomya confinis*，松小卷蛾寄蝇 *Blondelia inclusa*，巨眼鬃金绿寄蝇 *Chrysosomopsis ocelloseta*，古毒蛾追寄蝇 *Exorista larvarum*，乡间追寄蝇 *Exorista rustica*，黑腹膝芒寄蝇 *Gonia picea*，棒须亮寄蝇 *Gymnochaeta porphyrophora*，斑腿透翅寄蝇 *Hyalurgus sima*，亮黑短须寄蝇 *Linnaemya claripalla*，饰额短须寄蝇 *Linnaemya comta*，长肛短须寄蝇 *Linnaemya perinealis*，钩肛短须寄蝇 *Linnaemya picta*，舞短须寄蝇 *Linnaemya vulpina*，玉米螟厉寄蝇 *Lydella grisescens*，杂色美根寄蝇 *Meigenia grandigena*，西北高原寄蝇 *Montuosa caura*，肥须诺寄蝇 *Tachina atripalpis*，蓝黑栉寄蝇 *Pales pavida*，克三长须寄蝇 *Peleteria xenoprepes*，粗鬃拍寄蝇 *Peteina hyperdiscalis*，双斑撒寄蝇 *Salmacia bimaculata*，短头寄蝇 *Tachina breviceps*，闪斑长唇寄蝇 *Siphona confusa*，冠毛长唇寄蝇 *Siphona cristata*，梳飞跃寄蝇 *Spallanzania hebes*，多刺孔寄蝇 *Spoggosia echinura*，弥寄蝇 *Tachina micado*，怒寄蝇 *Tachina nupta*。

5. 膜翅目 Hymenoptera

德国黄胡蜂 *Vespula germanica*，青海铃腹胡蜂 *Ropalidia* sp.，二带同蜾蠃 *Symmorphus bifasciatus*，黄地老虎姬蜂 *Amblyteles vadatorium*，花胸脊额姬蜂 *Gotra octocincta*，凤蝶姬蜂 *Ichneumon generosus*，黑尾姬蜂 *Ischnojoppa luteator*，夜蛾瘦姬蜂 *Ophion luteus*，红足瘤姬蜂 *Pimpla instigator*，螟蛉绒茧蜂 *Cotesia ruficrus*，秦岭刻鞭茧蜂 *Coeloides qinlingensis*，菜蚜茧蜂 *Diaeretiella rapae*，吉丁茧蜂 *Odontobracon* sp.，凤蝶金小蜂 *Pteromalus puparum*，西北小蠹长尾金小蜂 *Roptrocerus ipius*，小蠹长尾广肩小蜂 *Eurytoma longicauda*，黄斑草毒蛾黑卵蜂 *Telenomus gynaephorae*，上海青蜂 *Chrysis shanghaiensis*，日本赫帝青蜂 *Hedychrum japonicum*，赤黄斑黑蛛蜂 *Anoplius* sp.，黑毛泥蜂 *Sphex haemorrhoidalis*，黄条节腹泥蜂 *Cerceris quinquecincta*，横斑刺胸泥蜂 *Oxybelus strandi*，银口方头泥蜂 *Crabro vagus*，方头泥蜂 *Crossocerus dimidiatus sapporensis*。

6. 鞘翅目 Coleoptera

阔胸金龟子 *Pentodon quadridens patruelis*，宽额禾犀金龟 *Pentodon latifrons*，沟纹眼锹甲 *Aegus laevicollis*。

7. 鳞翅目 Lepidoptera

金凤蝶 *Papilio machaon*，红珠绢蝶 *Parnassius bremeri*，依帕绢蝶 *Parnassius epaphus*，小红珠绢蝶 *Parnassius nomion*，刚察蝠蛾 *Hepialus gangcaensis*，虫草钩蝠蛾 *Thitarodes armoricanus*。

第九节　柴达木小区保护的种类

本小区位于青海省西北部，其西界为阿尔金山，北部和东北部以祁连山为界，南面以巴颜喀拉山为界，东侧以青海南山为界，海拔 2600～3200m，可可西里和柴达木盆地包含于本小区中。行政区域包括海西州的乌兰县、大柴旦、茫崖镇、都兰县、格尔木市等。

从盆地四周向中心地貌依次为山地、丘陵、砾石戈壁、土戈壁、草甸盐土平原、沼泽盐土平原、盐湖，略呈同心圆环带分布。常年有水的河流有 40 条，平原处于戈壁与湖泊之间，干旱少雨，多荒漠盐滩。南部的香日德、察汗乌苏一带植被较丰富，格尔木、德令哈等地水量较充足，宜于开垦种植。

本小区呈强烈的大陆性气候特点，日照时间长、辐射强，年平均气温为 0.8～5.0℃、年降水量自东南向西北递减，如希里沟为 237mm，诺木洪为 40mm，而冷湖仅为 14mm 左右。荒漠植被主要为柽柳、梭梭、泡泡刺、麻黄、沙拐枣、盐瓜瓜和沙蒿等。天然植被贫乏，盖度仅为 1.46%，在香日德等地有少量的青海云杉，在都兰、乌兰和德令哈等地有少量的圆柏和云杉分布。农田主要分布在希里沟、察汗乌苏、香日德、德令哈及格尔木等地。主要农作物为春小麦、青稞、油茶、豌豆等。

本小区主要保护资源昆虫如下。

1. 鞘翅目 Coleoptera

双斑猛步甲 *Cymindis binotata*，光劫郭公甲 *Thanasimus substriatus*，二星瓢虫 *Adalia bipunctata*，多异瓢虫 *Hippodamia variegata*，七星瓢虫 *Coccinella septempunctata*，横斑瓢虫 *Coccinella transversoguttata*。

2. 双翅目 Diptera

红豪寄蝇 *Hystriomyia rubra*，宽带后蚜蝇 *Metasyrphus latifasciatus*，宽额攸迷寄蝇 *Eumeella latifrons*，西北高原寄蝇 *Montuosa caura*，墨黑豪寄蝇 *Hystriomyia paradoxa*，可可西里柔寄蝇 *Thelaira hohxilica*。

3. 鳞翅目 Lepidoptera

金凤蝶 *Papilio machaon*，夏梦绢蝶 *Parnassius jacquemontii*，西猴绢蝶 *Parnassius simo*，依帕绢蝶 *Parnassius epaphus*，李氏绢蝶 *Parnassius leei*，中亚丽绢蝶 *Parnassius actius*，芭侏粉蝶 *Baltia butleri*，旱豆粉蝶 *Colias cocanolica*，橙黄豆粉蝶 *Colias fieldii*，全球赤蛱蝶 *Cynthia cardui*，拉达克麻蛱蝶 *Aglais ladakensis*，奥眶灰蝶 *Lycaena orbona*，爱灰蝶 *Aricia agestis*。

4. 膜翅目 Hymenoptera

熙丽金小蜂 *Lamprotatus simillimus*，短柄丽金小蜂 *Lamprotatus breviscapus*，三叶丽金小蜂 *Lamprotatus trilobus*，宽腿金腹金小蜂 *Thektogaster latifemur*，昆仑熊蜂 *Bombus keriensis*，克什米尔熊蜂 *Bombus tetrachromus*，亚西伯熊蜂 *Bombus asiaticus*，红西伯熊蜂 *Bombus morawitzi*，欧熊蜂 *Bombus oberti*，伪猛熊蜂 *Bombus personatus*，华丽熊蜂 *Bombus superbus*。

第十节 羌塘小区保护的种类

本小区南起冈底斯山—念青唐古拉山，北至昆仑山脉，东界沿安多—当雄县内外分水岭一线，西达喀喇昆仑山东缘，包括羌塘高原全部。行政区划上属于阿里地区和那曲的一部分。地势南北高，中间低。北部昆仑山脉平均海拔 6000m 以上。西藏境内的山体是昆仑山脉的南支，大致呈东西走向、弧形弯曲。北翼紧邻新疆的塔里木盆地，高差达 4000m 以上。中部是喀喇昆仑山的东延部分，高峰多在海拔 6000m 以上。年平均气温为–3～0℃，1 月平均气温为–10～12℃，寒冻期漫长，年降水量为 60mm 左右，90%的降水集中于 6～9 月，属于寒冷干旱气候。湖泊星罗棋布，但多为咸水湖。河流均属于内陆河，以季节性河流为主，有些河流的水流在下游消退或侵入地下。高山冰川不发育，淡水资源贫乏。

主要植被类型为高山荒漠草原，广泛分布于海拔 5600m 以下，主要建群种是紫花针茅。黑河公路沿线湖盆以南伴生有固沙草和三角草等，湖盆以北消失。再向北青藏苔草明显增加，与紫花针茅共同组成植物群落，覆盖率一般为 30%～50%，此处是当地主要牧场。北部边缘属于高山荒漠草原，植被以青藏苔草和垫状驼绒藜为主。除南部少数地方利用局部小气候种植生长期短的青稞外，其他地区都是纯牧区。

在西段，山脉成群的地势清晰可见。大约自东经 83° 以东，除羌塘高原南缘的冈底斯山和北缘的昆仑山脉—可可西里外，山地大多断续分布，走向不明显。西部海拔 6000m 以上的山峰多且集中。东经 85° 以东多孤峰。在喀喇昆仑山，冰川发育的高峰有土则岗日（海拔 6444m）。最大冰川发育在郭扎错北部西藏与新疆边界上昆仑山脉的无名高峰（6460m），此外，普若岗日（平均海拔 6600m）、藏色岗日（6460m）、木嘎各波（海拔 6350m）等地都发育有大规模冰川。羌塘高原上的几条大河流，如甜水河、江爱藏布、扎加藏布等均是源自现代冰川的非季节性河流。其中，扎加藏布是本小区内的最大河流，全长 400km，源自各拉丹东南部冰川，年均流量为 $26.7m^3/s$。

本小区主要保护资源昆虫如下。

1. 鞘翅目 Coleoptera

双斑猛步甲 *Cymindis binotata*。

2. 鳞翅目 Lepidoptera

金凤蝶*Papilio machaon*，夏梦绢蝶*Parnassius jacquemontii*，李氏绢蝶*Parnassius leei*，西猴绢蝶 *Parnassius simo*，中亚丽绢蝶 *Parnassius actius*，爱珂绢蝶 *Parnassius acco*，依帕绢蝶 *Parnassius epaphus*，联珠绢蝶 *Parnassius hardwickii*，白绢蝶 *Parnassius stubbendorfii*，芭侏粉蝶 *Baltia butleri*，早豆粉蝶 *Colias cocanolica*，橙黄豆粉蝶 *Colias fieldii*，拉达克麻蛱蝶 *Aglais ladakensis*，奥眶灰蝶 *Lycaena orbona*，爱灰蝶 *Aricia agestis*，西藏二岔蝠蛾 *Forkalus xizangensis*。

3. 双翅目 Diptera

宽带后蚜蝇 *Metasyrphus latifasciatus*，黑尾黑麻蝇 *Helicophagella melanufa*，毛足污麻蝇 *Wohlfahrtia bella*，黑腹膝芒寄蝇 *Gonia picea*，亮腹寄蝇 *Tachina corsicana*，短爪长须寄蝇 *Peleteria curtiunguis*，欧短须寄蝇 *Linnaemya olsufjevi*，西北高原寄蝇 *Montuosa caura*，墨黑豪寄蝇 *Hystriomyia paradoxa*。

4. 膜翅目 Hymenoptera

亚西伯熊蜂 *Bombus asiaticus*，波希拟熊蜂 *Bombus bohemicus*，惑熊蜂 *Bombus incertus*，昆仑熊蜂 *Bombus keriensis*，明亮熊蜂 *Bombus lucorum*，黑尾熊蜂 *Bombus melanurus*，红西伯熊蜂 *Bombus morawitzi*，欧熊蜂 *Bombus oberti*，散熊蜂 *Bombus anachoreta*，土耳其斯坦熊蜂 *Bombus turkestanicus*。

青藏高原各昆虫种类分布范围存在地点不具体、描述不详细的问题，有必要深入研究。

第十章　青藏高原资源昆虫建议保护名录

本书中的青藏高原资源昆虫保护名录是在当前已知种类的基础上，结合作者多年在藏调查研究经验和文献资料，综合分析编制的建议名录，希望为促进青藏高原资源昆虫科学保护与合理利用起到抛砖引玉的作用。随着研究的深入，该保护名录必定还需调整和修改。

第一节　青藏高原的国家级保护昆虫

一、国家一级重点保护昆虫

在 2021 年 2 月公布的《国家重点保护野生动物名录》中，中华蛩蠊 *Galloisiana sinensis*、陈氏西蛩蠊 *Grylloblattella cheni*、金斑喙凤蝶 *Teinopalpus aureus* 被列为一级保护昆虫。青藏高原已知有金斑喙凤蝶。

二、国家二级重点保护昆虫

在 2021 年 2 月公布的《国家重点保护野生动物名录》中，被列为二级保护的昆虫有 72 种。青藏高原已知有 10 种（表 10-1）。

表 10-1 《国家重点保护野生动物名录》二级保护昆虫

中文名	学名	在青藏高原的分布
双尾目	Diplura	
铗虮科	Japygidae	
★伟铗虮	*Atlasjapyx atlas*	西藏芒康
蛸目	Phasmatodea	
叶蛸科	Phyllidae	
丽叶蛸	*Phyllium pulchrifolium*	
中华叶蛸	*Phyllium sinensis*	
泛叶蛸	*Phyllium celebicum*	
翔叶蛸	*Phyllium westwoodi*	
东方叶蛸	*Phyllium siccifolium*	
独龙叶蛸	*Phyllium drunganum*	
同叶蛸	*Phyllium parum*	
滇叶蛸	*Phyllium yunnanense*	
★藏叶蛸	*Phyllium tibetense*	西藏墨脱
珍叶蛸	*Phyllium rarum*	

续表

中文名	学名	在青藏高原的分布
蜻蜓目	Odonata	
春蜓科	Gomphidae	
扭尾曦春蜓	*Heliogomphus retroflexus*	
棘角蛇纹春蜓	*Ophiogomphus spinicornis*	
缺翅目	Zoraptera	
缺翅虫科	Zorotypidae	
★中华缺翅虫	*Zorotypus sinensis*	西藏察隅洞冲、本堆
★墨脱缺翅虫	*Zorotypus medoensis*	西藏墨脱汗密、林芝市达波
脉翅目	Neuroptera	
旌蛉科	Nemopteridae	
中华旌蛉	*Nemopistha sinica*	
鞘翅目	Coleoptera	
步甲科	Carabidae	
拉步甲	*Carabus lafossei*	
细胸大步甲	*Carabus osawai*	
巫山大步甲	*Carabus ishizukai*	
库班大步甲	*Carabus kubani*	
桂北大步甲	*Carabus guibeicus*	
贞大步甲	*Carabus penelope*	
蓝鞘大步甲	*Carabus cyaneogigas*	
滇川大步甲	*Carabus yunanensis*	
硕步甲	*Carabus davidi*	
两栖甲科	Amphizoidae	
中华两栖甲	*Amphizoa sinica*	
长阎甲科	Synteliidae	
中华长阎甲	*Syntelia sinica*	
大卫长阎甲	*Syntelia davidis*	
玛氏长阎甲	*Syntelia mazuri*	
臂金龟科	Euchiridae	
戴氏棕臂金龟	*Propomacrus davidi*	
玛氏棕臂金龟	*Propomacrus muramotoae*	
越南臂金龟	*Cheirotonus battareli*	
福氏彩臂金龟	*Cheirotonus fujiokai*	
格彩臂金龟	*Cheirotonus gestroi*	
台湾长臂金龟	*Cheirotonus formosanus*	
阳彩臂金龟	*Cheirotonus jansoni*	
★印度长臂金龟	*Cheirotonus macleayi*	西藏察隅、墨脱、易贡
昭沼氏长臂金龟	*Cheirotonus terunumai*	
金龟科	Scarabaeidae	
艾氏泽蜣螂	*Scarabaeus erichsoni*	
拜氏蜣螂	*Scarabaeus babori*	

续表

中文名	学名	在青藏高原的分布
悍马巨蜣螂	*Heliocopris bucephalus*	
上帝巨蜣螂	*Heliocopris dominus*	
迈达斯巨蜣螂	*Heliocopris midas*	
犀金龟科	Dynastidae	
戴叉犀金龟	*Trypoxylus davidis*	
★粗尤犀金龟	*Eupatorus hardwickii*	西藏察隅、墨脱
细角尤犀金龟	*Eupatorus gracilicornis*	
胫晓扁犀金龟	*Eophileurus tetraspermexitus*	
锹甲科	Lucanidae	
★安达刀锹甲	*Dorcus antaeus*	西藏察隅、亚东、易贡、吉隆
巨叉深山锹甲	*Lucanus hermani*	
鳞翅目	Lepidoptera	
凤蝶科	Papilionidae	
喙凤蝶	*Teinopalpus imperialism*	
裳凤蝶	*Troides helena*	
★金裳凤蝶	*Troides aeacus*	西藏墨脱、易贡
荧光裳凤蝶	*Troides magellanus*	
鸟翼裳凤蝶	*Troides amphrysus*	
珂裳凤蝶	*Troides criton*	
楔纹裳凤蝶	*Troides cuneifera*	
小斑裳凤蝶	*Troides haliphron*	
多尾凤蝶	*Bhutanitis lidderdalii*	
不丹尾凤蝶	*Bhutanitis ludlowi*	
双尾凤蝶	*Bhutanitis mansfieldi*	
玄裳尾凤蝶	*Bhutanitis nigrilima*	
★三尾凤蝶	*Bhutanitis thaidina*	西藏墨脱
玉龙尾凤蝶	*Bhutanitis yulongensis*	
丽斑尾凤蝶	*Bhutanitis pulchristata*	
锤尾凤蝶	*Losaria coon*	
中华虎凤蝶	*Luehdorfia chinensis*	
蛱蝶科	Nymphalidae	
最美紫蛱蝶	*Sasakia pulcherrima*	
黑紫蛱蝶	*Sasakia funebris*	
绢蝶科	Parnassidae	
阿波罗绢蝶	*Parnassius apollo*	
★君主绢蝶	*Parnassius imperator*	西藏八宿
灰蝶科	Lycaenidae	
大斑霾灰蝶	*Maculinea arionides*	
秀山白灰蝶	*Phengaris xiushani*	

注：★表示西藏有分布

第二节 青藏高原昆虫建议保护名录

建议将珍贵、濒危、特有和具有重要经济价值的昆虫列入青藏高原昆虫保护名录，保护级别分为区域一级和二级。《国家重点保护野生动物名录》中列出的昆虫种类、青藏高原特有种类、珍稀种类，约为已知种类的 1%，建议列入青藏高原一级保护昆虫名录，严禁非法采集、买卖，并立法保护。具有重大经济效益、生态效益的天敌昆虫、药用昆虫、食用昆虫、观赏昆虫、传粉昆虫等，是青藏高原生态建设、农牧林业生产、人民卫生健康事业中具有重要作用的昆虫，约为已知种类的 20%，建议列入青藏高原二级保护昆虫名录，作为有益的经济昆虫、观赏昆虫、农牧林业有害生物绿色防控的重要资源，在生产、生活中需要加强保护，暂不需立法保护。

在青藏高原重点保护昆虫建议名录中，一级保护有 107 种，其中 1 种为国家一级重点保护昆虫，10 种为国家二级重点保护昆虫；二级保护有 1967 种。

一、青藏高原一级保护昆虫建议名录

青藏高原一级保护昆虫建议名录共 107 种，包括 1 种国家一级保护种类和 10 种国家二级保护种类（表 10-2）。

表 10-2 青藏高原一级保护昆虫建议名录

中文名	学名	在青藏高原的分布	保护原因
金斑喙凤蝶	*Teinopalpus aureus*	西藏墨脱	国家一级
中华缺翅虫	*Zorotypus sinensis*	西藏察隅洞冲、本堆（2100m）	国家二级
墨脱缺翅虫	*Zorotypus medoensis*	西藏墨脱汗密、林芝达波（2000m）	国家二级
印度长臂金龟	*Cheirotonus macleayi*	西藏察隅必村（2040m）、易贡（2000m）	国家二级
粗尤犀金龟	*Eupatorus hardwickii*	西藏察隅（2270m）、墨脱马尼翁；印度	国家二级
伟铗虬	*Atlasjapyx atlas*	西藏芒康（3200m）	国家二级
三尾凤蝶	*Bhutanitis thaidina*	西藏，云南，四川	国家二级
藏叶䗛	*Phyllium tibetense*	西藏墨脱（900m）	国家二级
安达刀锹甲	*Dorcus antaeus*	西藏察隅（2100m）、亚东（2700m）、易贡，云南；印度等	国家二级
金裳凤蝶	*Troides aeacus*	西藏易贡（2000m）、墨脱	国家二级
君主绢蝶	*Parnassius imperator*	西藏八宿（3880m），青海，四川	国家二级
沟纹眼锹甲	*Aegus laevicollis*	西藏察隅慈巴沟（1600m）；印度	稀有观赏
变眼锹甲	*Aegus labilis*	西藏察隅慈巴沟（1600m）、本堆；印度等	稀有观赏
拉陶锹甲	*Dorcus ratiocinativus*	西藏林芝（3000m）、亚东（2800m）；印度等	稀有观赏
德陶锹甲	*Dorcus derelictus*	西藏察隅本堆（2070m）；不丹，印度等	稀有观赏
雷陶锹甲	*Dorcus reichei*	西藏察隅沙玛（1600m）、墨脱背崩；印度等	稀有观赏
尼陶锹甲	*Dorcus nepalensis*	西藏樟木、错那（2500m）、墨脱；印度等	稀有观赏
尖颏矮锹甲	*Figulus caviceps*	西藏墨脱（850m）	稀有观赏
柬锹甲	*Lucanus cambodiensis*	西藏察隅（2300m）	稀有观赏
康拓锹甲	*Lucanus cantori*	西藏樟木（2250m）	稀有观赏

续表

中文名	学名	在青藏高原的分布	保护原因
戴锹甲	*Lucanus davidis*	西藏林芝（3000m）、察隅（2300m），云南等	稀有观赏
狄锹甲	*Lucanus didieri*	西藏林芝（3000m）、察隅（2300m），云南等	稀有观赏
原锹甲	*Lucanus gracilis*	西藏樟木（2250m）、林芝（3050m）；印度	稀有观赏
烂锹甲	*Lucanus lesnei*	西藏察隅、林芝，云南，四川；缅甸等	稀有观赏
珑锹甲	*Lucanus lunifer*	西藏樟木（2250m）、错那（2500m）；印度等	稀有观赏
金属锹甲	*Lucanus mearesii*	西藏吉隆（2700m）	稀有观赏
魏锹甲	*Lucanus westermanni*	西藏樟木（2250m）；印度等	稀有观赏
亮红新锹甲	*Neolucanus castanopterus*	西藏墨脱（2750m），云南；印度等	稀有观赏
韦前锹甲	*Prosopocoilus wimberleyi*	西藏林芝（3000m）；印度	稀有观赏
橡胶犀金龟	*Dynastes gideon*	西藏察隅米谷、墨脱，云南；印度等	稀有观赏
高山锥须步甲	*Bembidion hingstoni*	西藏珠峰绒布寺（5200m）、岗巴、定结	珍稀天敌
错那盆步甲	*Lebia cuonaensis*	西藏错那勒布	珍稀天敌
西藏山蛉	*Rapisma xizangense*	西藏察隅吉公（2400m）	珍稀天敌
察隅山蛉	*Rapisma zayuanum*	西藏察隅吉公（2300m）	珍稀天敌
西藏优螳蛉	*Eumantispa tibetana*	西藏易贡（2100m）	稀有昆虫
西藏新蝎蛉	*Neopanorpa tibetensis*	西藏通麦（2000m）	稀有昆虫
西藏盲蛇蛉	*Inocellia tibetana*	西藏察隅	稀有昆虫
虫草钩蝠蛾	*Thitarodes armoricanus*	西藏昌都、那曲，青海，云南等	药用昆虫
东隅钩蝠蛾	*Thitarodes dongyuensis*	西藏芒康（4400～4700m）	药用昆虫
甲郎钩蝠蛾	*Thitarodes jialangensis*	西藏左贡（4000～4600m）	药用昆虫
芒康钩蝠蛾	*Thitarodes markamensis*	西藏芒康（4500～4750m）	药用昆虫
暗色钩蝠蛾	*Thitarodes nebulosus*	西藏安多、当雄（4500m）	药用昆虫
斜脉钩蝠蛾	*Thitarodes oblifurcus*	西藏察雅、米林、察隅，青海	药用昆虫
异色钩蝠蛾	*Thitarodes varians*	西藏昌都，四川	药用昆虫
樟木钩蝠蛾	*Thitarodes zhangmoensis*	西藏樟木（2200～3500m）	药用昆虫
察隅钩蝠蛾	*Thitarodes zhayuensis*	西藏察隅（4200～4400m）	药用昆虫
察里钩蝠蛾	*Thitarodes zaliensis*	西藏芒康（4600～4900m）	药用昆虫
日喀则钩蝠蛾	*Thitarodes xigazeensis*	西藏日喀则	药用昆虫
南木林钩蝠蛾	*Thitarodes namlinensis*	西藏南木林	药用昆虫
亚东钩蝠蛾	*Thitarodes yadongensis*	西藏亚东	药用昆虫
比如钩蝠蛾	*Thitarodes biruensis*	西藏比如	药用昆虫
定结钩蝠蛾	*Thitarodes dinggyeensis*	西藏定结	药用昆虫
纳木钩蝠蛾	*Thitarodes namensis*	西藏当雄	药用昆虫
巴青钩蝠蛾	*Thitarodes baqingensis*	西藏巴青	药用昆虫
当雄钩蝠蛾	*Thitarodes damxungensis*	西藏当雄	药用昆虫
蒲氏钩蝠蛾	*Thitarodes pui*	西藏林芝	药用昆虫
斯隆钩蝠蛾	*Thitarodes silungensis*	西藏当雄	药用昆虫
巴嘎钩蝠蛾	*Thitarodes bagaensis*	西藏当雄	药用昆虫
绿尾大蚕蛾	*Actias selene*	西藏下察隅，青海，四川等	珍稀观赏
冬青大蚕蛾	*Attacus edwardsi*	西藏墨脱（900m）、亚东，云南	珍稀观赏
纨裤麝凤蝶	*Byasa latreillei*	西藏樟木（2500m）	珍稀观赏

续表

中文名	学名	在青藏高原的分布	保护原因
突缘麝凤蝶	*Byasa plutonius*	西藏樟木（2500m）	珍稀观赏
金凤蝶	*Papilio machaon*	西藏札达（4300m），普兰（4800m）、羊八井、昌都、林周、羌塘，青海大通	珍稀观赏
波绿翠凤蝶	*Papilio polyctor*	西藏墨脱（900m）、吉隆（2030m）	珍稀观赏
红基美凤蝶	*Papilio alcmenor*	西藏墨脱（930m）	珍稀观赏
西藏旖凤蝶	*Iphiclides podalirinus*	西藏察隅	珍稀观赏
拉达克麻蛱蝶	*Aglais ladakensis*	西藏	极其珍稀
爱珂绢蝶	*Parnassius acco*	西藏日土（5200m）	极其珍稀
中亚丽绢蝶	*Parnassius actius*	西藏阿尔金山（5100m）、叶城（4850m）	极其珍稀
姹瞳绢蝶	*Parnassius charltonius*	西藏札达（4300m）	极其珍稀
依帕绢蝶	*Parnassius epaphus*	西藏德姆拉山（4600m）、日土（5300m）、革吉	极其珍稀
联珠绢蝶	*Parnassius hardwickii*	西藏吉隆（3300m）、普兰（4800m）	极其珍稀
夏梦绢蝶	*Parnassius jacquemontii*	可可西里（5100m）等	极其珍稀
李氏绢蝶	*Parnassius leei*	西藏阿尔金山、楚拉山	极其珍稀
西藏翠蛱蝶	*Euthalia thibetana*	西藏	极其珍稀
西藏豆粉蝶	*Colias tibetana*	西藏聂拉木	极其珍稀
蓝带枯叶蛱蝶	*Kallima alompra*	西藏墨脱（800m）	极其珍稀
宽环蛱蝶	*Neptis mahendra*	西藏	极其珍稀
黑斑荫眼蝶	*Neope pulahoides*	西藏	极其珍稀
西藏绢斑蝶	*Parantica pedonga*	西藏	极其珍稀
墨脱突角瓢虫	*Asemiadalia medoensis*	西藏墨脱	极其珍稀
白背熊蜂	*Bombus festivus*	西藏察隅、察雅（2040m）、樟木（3400m）	重要传粉昆虫
颂杰熊蜂	*Bombus nobilis*	西藏察雅（4400m）、察隅（4200m），青海	重要传粉昆虫
凸污熊蜂	*Bombus convexus*	西藏芒康（4100m）、昌都（3900m）、江达	重要传粉昆虫
猛熊蜂	*Bombus difficilimus*	西藏八井、萨迦、仲巴、普兰、札达	重要传粉昆虫
稀熊蜂	*Bombus infrequens*	西藏米林、察隅（4200m）	重要传粉昆虫
西伯熊蜂	*Bombus flaviventris*	西藏亚东、萨迦、仲巴、普兰（4700m）	重要传粉昆虫
亚西伯熊蜂	*Bombus asiaticus*	西藏日土（4500m）	重要传粉昆虫
鹃眠熊蜂	*Bombus hypnorum*	西藏绒辖（3300m）	重要传粉昆虫
拉达克熊蜂	*Bombus ladakhensis*	西藏札达（4600m）	重要传粉昆虫
图氏熊蜂	*Bombus turneri*	西藏墨脱（900m）	重要传粉昆虫
雪熊蜂	*Bombus niveatus*	西藏普兰（3700m）	重要传粉昆虫
欧熊蜂	*Bombus oberti*	西藏格拉丹东（5100m）	重要传粉昆虫
岷山密林熊蜂	*Bombus minshanensis*	西藏类乌齐（3750m）、昌都（3900m）、江达等	重要传粉昆虫
饰带熊蜂	*Bombus lemniscatus*	西藏墨脱、墨竹工卡（3980m）、隆子等	重要传粉昆虫
伪猛熊蜂	*Bombus personatus*	西藏当雄、日喀则、八宿、日土、札达等	重要传粉昆虫
静熊蜂	*Bombus securus*	西藏米林（3000m）、芒康（3250m）等	重要传粉昆虫
银珠熊蜂	*Bombus miniatus*	西藏墨脱、波密、吉隆、米林、察隅、绒辖河谷（3300m）等	重要传粉昆虫
窄胸熊蜂	*Bombus stenothorax*	西藏亚东（2800m）等	重要传粉昆虫
华丽熊蜂	*Bombus superbus*	西藏察隅、八宿、当雄（4200m）等	重要传粉昆虫
莺熊蜂	*Bombus tanguticus*	西藏绒布（5600m）、岗巴、定日等	重要传粉昆虫

续表

中文名	学名	在青藏高原的分布	保护原因
昆仑熊蜂	*Bombus keriensis*	西藏林芝、拉萨、仲巴、日土、江孜等	重要传粉昆虫
克什米尔熊蜂	*Bombus tetrachromus*	西藏芒康、昌都、左贡、札达、仲巴等	重要传粉昆虫
稳纹熊蜂	*Bombus waltoni*	西藏类乌齐、昌都、八宿、当雄，青海等	重要传粉昆虫
谢氏熊蜂	*Bombus semenovi*	西藏聂拉木（5020m）	重要传粉昆虫
中华蜜蜂	*Apis cerana*	西藏墨脱、波密、察隅、聂拉木等	经济传粉昆虫
排蜂	*Megapis laboriosa*	西藏墨脱、察隅、波密、错那勒布等	经济传粉昆虫

二、青藏高原二级保护昆虫建议名录

青藏高原二级保护昆虫建议名录共 1967 种。

1. 蜻蜓目 Odonata

本目因其天敌昆虫地位列入保护建议名录，包括蜓科 Aeshnidae、春蜓科 Gomphidae、大蜓科 Cordulegastridae、蜻科 Libellulidae、色蟌科 Calopterygidae、腹鳃蟌科 Epallagidae、鼻蟌科 Chlorocyphidae、综蟌科 Synlestidae、丝蟌科 Lestidae、山蟌科 Megapodagriidae、蟌科 Coenagrionidae、扇蟌科 Platycnemididae，建议保护种类 43 种。

蜓科 Aeshnidae 2 种

黑纹伟蜓 *Anax nigrofasciatus*

碧伟蜓 *Anax parthenope*

春蜓科 Gomphidae 2 种

双条异春蜓 *Anisogomphus bivittatus*

马奇异春蜓 *Anisogomphus maacki*

大蜓科 Cordulegastridae 2 种

宽额奇大蜓 *Allogaster latifrons*

双斑圆臀大蜓 *Anotogaster kuchenbeiseri*

蜻科 Libellulidae 22 种

锥腹蜻 *Acisoma panorpoides*

红蜻 *Crocothemis servilia*

纹蓝小蜻 *Diplacodes trivialis*

高斑蜻 *Libellula basilinea*

小斑蜻 *Libellula quadrimaculata*

白尾灰蜻 *Orthetrum albistylum*

黑尾灰蜻 *Orthetrum glaucum*

褐肩灰蜻 *Orthetrum internum*

吕宋灰蜻 *Orthetrum luzonicum*

异色灰蜻 *Orthetrum melania*

赤褐灰蜻 *Orthetrum neglectum*

六斑曲缘蜻 *Palpopleura sexmaculata*

黄蜻 *Pantala flavescens*

半黄赤蜻 *Sympetrum croceolum*

细毛赤蜻 *Sympetrum danae*

夏赤蜻 *Sympetrum darwinianum*

旭光赤蜻 *Sympetrum hypomelas*

黄腿赤蜻 *Sympetrum imitans*

褐带赤蜻 *Sympetrum pedemontanum*

双横赤蜻 *Sympetrum ruptum*

晓褐蜻 *Trithemis aurosa*

庆褐蜻 *Trithemis festiva*

色蟌科 Calopterygidae 2 种

双带丽色蟌 *Echo margarita*

烟翅绿色蟌 *Mnais mneme*

鼻蟌科 Chlorocyphidae 1 种

楔阿鼻蟌 *Aristocypha cuneata*

腹鳃蟌科 Epallagidae 1 种

紫闪色蟌 *Caliphaea consimilis*

综蟌科 Synlestidae 2 种

褐尾绿综蟌 *Megalestes distans*

细腹绿棕蟌 *Megalestes micans*

丝蟌科 Lestidae 2 种

多罗丝蟌 *Lestes dorothea*

三叶黄丝蟌 *Sympycna paedisca annulata*

山蟌科 Megapodagriidae 1 种

藏山蟌 *Mesopodagrion tibetanum*

蟌科 Coenagrionidae 4 种

蓝尾狭翅蟌 *Aciagrion olympicum*

长尾黄蟌 *Ceriagrion fallax*

心斑绿蟌 *Enallagma cyathigerum*

褐斑异痣蟌 *Ischnura senegalensis*

扇蟌科 Platycnemididae 2 种

朱腹丽扇蟌 *Calicnemia eximia*

狭叶红蟌 *Pyrrhosoma tinctipenne*

2. 蜚蠊目 Blattaria

本目地鳖蠊科 Polyphagidae 因其药用昆虫地位列入保护建议名录，建议保护种类 6 种。

横断真地鳖 *Eupolyphaga hengduana*
淡边真地鳖 *Eupolyphaga limbata*
西藏真地鳖 *Eupolyphaga thibetana*
藏南真鳖蠊 *Eupolyphaga xizangensis*
云南真南鳖蠊 *Eupolyphaga yunnanensis*
冀地鳖 *Polyphaga plancyi*

3. 螳螂目 Mantedea

本目因其天敌昆虫地位列入保护建议名录，建议保护种类 19 种。
印度异跳螳 *Amantis indica*
霍氏巨腿花螳 *Astyliasula hoffmanni*
艳眼斑螳 *Creobroter urbana*
布氏长肛螳 *Deiphobe brunneri*
斑翅始螳 *Eomantis guttatipennis*
勇斧螳 *Hierodula membranacea*
广斧螳 *Hierodula patellifera*
白小丝螳 *Leptomantis albella*
薄翅螳 *Mantis religiosa*
察隅大齿螳 *Odontomantis chayuensis*
中华大齿螳 *Odontomantis sinensis*
西藏大齿螳 *Odontomantis xizangensis*
田野污斑螳 *Statilia agresta*
察隅污斑螳 *Statilia chayuensis*
棕污斑螳 *Statilia maculata*
狭翅大刀螳 *Tenodera angustipennis*
枯叶大刀螳 *Tenodera aridifolia*
瘦大刀螳 *Tenodera attenuata*
中华大刀螳 *Tenodera sinensis*

4. 半翅目 Hemiptera

本目胸喙亚目中的种类因其具有药用价值、可作经济原料来源等列入保护建议名录，异翅亚目的猎蝽科 Reduviidae 和姬蝽科 Nabidae 因其天敌昆虫地位列入保护建议名录，兜蝽科 Dinidoridae 因其药用价值列入保护建议名录，建议保护种类胸喙亚目 3 种、异翅亚目 50 种。

胶蚧科 Lacciferidae 3 种

中国胶蚧 *Laccifer chinensis*
紫胶蚧 *Laccifer lacca*
茶硬胶蚧 *Tachardina theae*

猎蝽科 Reduviidae 27 种

黄壮猎蝽 *Biasticus flavus*

黄缘土猎蝽 *Coranus emodicus*

红缘土猎蝽 *Coranus marginatus*

西藏土猎蝽 *Coranus tibetensis*

双斑红猎蝽 *Cydnocoris binotatus*

乌带红猎蝽 *Cydnocoris fasciatus*

黑哎猎蝽 *Ectomocoris atrox*

六刺素猎蝽 *Epidaus sexspinus*

褐菱猎蝽 *Isyndus obscurus*

毛足菱猎蝽 *Isyndus sinicus*

结股角猎蝽 *Macracanthopsis nodipes*

红平背猎蝽 *Narsetes rufipennis*

毛眼普猎蝽 *Oncocephalus pudicus*

黑匿盾猎蝽 *Panthous excellens*

短翅刺胸猎蝽 *Pygolampis brevipterus*

双色猎蝽 *Reduvius bicolor*

红缘猎蝽 *Reduvius lateralis*

山彩瑞猎蝽 *Rhynocoris costalis*

双环瑞猎蝽 *Rhynocoris dauricus*

黑缘瑞猎蝽 *Rhynocoris reuteri*

轮刺猎蝽 *Scipinia horrida*

黄足猎蝽 *Sirthenea flavipes*

红缘猛猎蝽 *Sphedanolestes gularis*

赤腹猛猎蝽 *Sphedanolestes pubinotus*

斑缘猛猎蝽 *Sphedanolestes subtilis*

红平腹猎蝽 *Tapeinus fuscipennis*

红小猎蝽 *Vesbius purpureus*

姬蝽科 Nabidae 22 种

昆明阿姬蝽 *Aptus kunmingus*

美希姬蝽 *Aptus pulchellus*

环斑高姬蝽 *Gorpis annulatus*

泛希姬蝽 *Himacerus apterus*

阿萨姆希姬蝽 *Himacerus assamensis*

栗色希姬蝽 *Himacerus fuscopennis*

丽希姬蝽 *Himacerus pulchrus*

邻希姬蝽 *Himacerus vicinus*

窄姬蝽 *Nabis capsiformis*

小金姬蝽 *Nabis consobrinus*

类原姬蝽 *Nabis feroides*

喜马拉雅姬蝽 *Nabis himalayensis*

纹斑姬蝽 *Nabis hsiaoi*

塞姬蝽 *Nabis intermendicusr*

墨脱姬蝽 *Nabis medogensis*

淡色姬蝽 *Nabis palifer*

波姬蝽 *Nabis potanini*

拟原姬蝽 *Nabis pseudoferus*

华姬蝽 *Nabis sinoferus*

暗色姬蝽 *Nabis stenoferus*

樟木山姬蝽 *Oronabis zhangmuensis*

普罗姬蝽 *Reuteronabis semiferus*

兜蝽科 Dinidoridae 1 种

九香虫 *Coridius chinensis*

5. 脉翅目 Neuroptera

本目因成虫和幼虫都是捕食性天敌而列入保护建议名录，建议保护种类 113 种。

栉角蛉科 Dilaridae 3 种

山地栉角蛉 *Dilar montanus*

西藏栉角蛉 *Dilar tibetanus*

藏离溪蛉 *Lysmus zanganus*

螳蛉科 Mantispidae 2 种

褐颈优螳蛉 *Eumantispa fuscicolla*

姬螳蛉 *Mantispa japonica*

褐蛉科 Hemerobiidae 47 种

黄镰褐蛉 *Allemerobius flaveolus*

狭翅褐蛉 *Hemerobius angustipennis*

黑三角褐蛉 *Hemerobius atriangulus*

双刺褐蛉 *Hemerobius bispinus*

大雪山褐蛉 *Hemerobius daxueshanus*

横断褐蛉 *Hemerobius hengduanus*

全北褐蛉 *Hemerobius humuli*

李氏褐蛉 *Hemerobius lii*

长翅褐蛉 *Hemerobius longialatus*

双芒康褐蛉 *Hemerobius mangkamanus*

南峰褐蛉 *Hemerobius namjabarwauns*

波褐蛉 *Hemerobius poppii*

灰翅褐蛉 *Hemerobius spodipennis*

亚三角褐蛉 *Hemerobius subtriangulus*

三带褐蛉 *Hemerobius ternarius*
古北褐蛉 *Hesperoboreus humuli*
西藏广褐蛉 *Megalomus tibetanus*
云南广褐蛉 *Megalomus yunnanus*
瑕脉褐蛉 *Micromus calidus*
稚脉褐蛉 *Micromus minusculus*
点线脉褐蛉 *Micromus multipunctatus*
密点脉褐蛉 *Micromus myriostictus*
淡异脉褐蛉 *Micromus pallidius*
小脉褐蛉 *Micromus pumilus*
藏异脉褐蛉 *Micromus yunnanus*
赵氏脉褐蛉 *Micromus zhaoi*
细颈华脉线蛉 *Neuronema angusticollum*
周氏薄叶脉线蛉 *Neuronema choui*
属模脉线蛉 *Neuronema decisum*
韩氏华脉线蛉 *Neuronema hani*
黄氏脉线蛉 *Neuronema huangi*
薄叶脉线蛉 *Neuronema laminatum*
丽江脉线蛉 *Neuronema liana*
墨脱脉线蛉 *Neuronema medogense*
林芝华脉线蛉 *Neuronema nyingcltianum*
中华脉线蛉 *Neuronema sinensis*
波密华脉线蛉 *Sineuronema bomeana*
肖华脉线蛉 *Sineuronema simile*
亚东华脉线蛉 *Sineuronema yadonganum*
雅江华脉线蛉 *Sineuronema yajianganum*
樟木华脉线蛉 *Sineuronema zhamanum*
双钩齐褐蛉 *Wesmaelius bihamita*
尖顶齐褐蛉 *Wesmaelius nervosus*
北齐褐蛉 *Wesmaelius pekinensis*
中华齐褐蛉 *Wesmaelius quettanus*
广钩齐褐蛉 *Wesmaelius subnebulosus*
异脉齐褐蛉 *Wesmaelius trivenulata*

草蛉科 Chrysopidae 43 种

李氏绢草蛉 *Ankylopteryx lii*
大斑绢草蛉 *Ankylopteryx magnimaculata*
西藏绢草蛉 *Ankylopteryx tibetana*
白线草蛉 *Chrysopa albolineata*
丽草蛉 *Chrysopa formosa*

胡氏草蛉 *Chrysopa hummeli*
多斑草蛉 *Chrysopa intima*
甘肃草蛉 *Chrysopa kansuensis*
叶色草蛉 *Chrysopa phyllochroma*
彩面草蛉 *Chrysopa pictifacialis*
黄褐草蛉 *Chrysopa yatsumatsui*
藏大草蛉 *Chrysopa zangda*
普通草蛉 *Chrysoperla carnea*
叉通草蛉 *Chrysoperla furcifera*
中华通草蛉 *Chrysoperla sinica*
藏普草蛉 *Chrysoperla xizangana*
角纹三阶草蛉 *Chrysopidia elegans*
畸缘三阶草蛉 *Chrysopidia remanei*
蜀线草蛉 *Cunctochrysa shuenica*
玉龙线草蛉 *Cunctochrysa yulongshana*
中国喜马草蛉 *Himalochrysa chinica*
泸定意草蛉 *Italochrysa ludingana*
锡金意草蛉 *Italochrysa stitzi*
亚非玛草蛉 *Mallada boninensis*
褐脉纳草蛉 *Navasius fuscineurus*
青城纳草蛉 *Navasius qingchengshanus*
条尼草蛉 *Nineta vittata*
墨脱叉草蛉 *Pseudomallada medogana*
王氏叉草蛉 *Pseudomallada wangi*
紊脉罗草蛉 *Retipenna inordinata*
四川罗草蛉 *Retipenna sichuanica*
显脉饰草蛉 *Semachrysa phanera*
横断华草蛉 *Sinochrysa hengduana*
蒙古俗草蛉 *Suarius mongolicus*
三纹俗草蛉 *Suarius trillinaetus*
华藏草蛉 *Tibetochrysa sinica*
马尔康替草蛉 *Tjederina barkamana*
德钦替草蛉 *Tjederina deqenana*
胡氏多阶草蛉 *Tumeochrysa hui*
长柄多阶草蛉 *Tumeochrysa longiscape*
林芝多阶草蛉 *Tumeochrysa nyingchiana*
华多阶草蛉 *Tumeochrysa sinica*
西藏多阶草蛉 *Tumeochrysa tibetana*

蚁蛉科 Myrmeleontidae 13 种

华美树蚁蛉 *Dendroleon decorosa*

条斑树蚁蛉 *Dendroleon lineatus*
孪斑离蚁蛉 *Distoleon binatus*
紊脉离蚁蛉 *Distoleon symphineurus*
西藏离蚁蛉 *Distoleon tibetanus*
巴塘蚁蛉 *Epicanthaclisis batangana*
陆溪蚁蛉 *Epicanthaclisis continentalis*
朝鲜东蚁蛉 *Euroleon sinicus*
多格宽缘蚁蛉 *Euryleon cancellosus*
角脉锦蚁蛉 *Gatzara angulineufus*
钩臀穴蚁蛉 *Myrmeleon bore*
狭翅蚁蛉 *Myrmeleon zanganus*
纹腹云蚁蛉 *Yunleon fluctosus*

蝶角蛉科 Ascalaphidae 5 种

银完眼蝶角蛉 *Idricerus decrepitus*
素完眼蝶角蛉 *Idricerus sogdianus*
黄花丽蝶角蛉 *Libelloides sibiricus*
原完眼蝶角蛉 *Protidricerus exilis*
日本原眼蝶角蛉 *Protidricerus japonicus*

6. 鞘翅目 Coleoptera

本目因虎甲科 Cicindelidae、步甲科 Carabidae、部分瓢虫科 Coccinellidae 种类是天敌昆虫，粪金龟科 Geotrupidae、皮金龟科 Trogidae、蜉金龟科 Aphodiidae 是环境清洁昆虫，臂金龟科 Euchiridae、犀金龟科 Dynastidae、锹甲科 Lucanidae、三栉牛科 Trictenotomidae 具有观赏价值和经济价值，芫菁科 Meloidae 具有药用价值，列入保护建议名录，建议保护种类 329 种。

虎甲科 Cicindelidae 24 种

白斑虎甲 *Cicindela albopunctata*
金斑虎甲 *Cicindela aurulenta*
绒斑虎甲 *Cicindela delavayi*
金缘虎甲 *Cicindela desgodinsi*
云纹虎甲 *Cicindela elisae*
方胸虎甲 *Cicindela granulata*
铜绿虎甲红翅亚种 *Cicindela hybrida nitida*
外贝多型虎甲 *Cicindela hybrida transbaicalica*
星斑虎甲 *Cicindela kaleea*
月纹虎甲 *Cicindela lunulata*
拟沙漠虎甲 *Cicindela pseudodeserticola*
库页虎甲 *Cicindela sachalinensis*
黑褶树栖虎甲 *Collyris aptera*

光背树栖虎甲 *Collyris bonelli*
紫金树栖虎甲 *Collyris fruhstorfei*
线形树栖虎甲 *Collyris linearis*
黑胫树栖虎甲 *Collyris saphyrina*
丽七齿虎甲 *Heptodonta pulchella*
细胸长颈虎甲 *Neocollyris attenuata*
红黑长颈虎甲 *Neocollyris bipartita*
球胸虎甲 *Pronyssa nodicollis*
弗氏球胸虎甲 *Therates fruhstorferi*
驼缺翅虎甲 *Tricondyla gestroi*
光端缺翅虎甲 *Tricondyla macrodera*

步甲科 Carabidae 89 种

丽细胫步甲 *Agonum gracilipes*
痕细胫步甲 *Agonum impressum*
四点细胫步甲 *Agonum quadripunctatum*
锡金细胫步甲 *Agonum sikkimensis*
娇山丽步甲 *Aristochroa gratiosa*
圆角山丽步甲 *Aristochroa rotundata*
雅山丽步甲 *Aristochroa venusta*
褐腿锥须步甲 *Bembidion fuscicrus*
雪锥须步甲 *Bembidion nivicola*
亮锥须步甲 *Bembidion radians*
暗短鞘步甲 *Brachinus scotomedes*
细球胸步甲 *Broscosoma gracile*
绿球胸步甲 *Broscosoma ribbei*
点柄胸步甲 *Broscus punctatus*
黑头筐步甲 *Calathus melanocephalus*
雅丽步甲 *Callida lepida*
中华星步甲 *Calosoma chinense*
达广肩步甲 *Calosoma davidi*
喜广肩步甲 *Calosoma himalayanum*
中华广肩步甲 *Calosoma maderae*
粗刻步甲 *Carabus crassesculptus*
峰步甲 *Carabus everesti*
粒步甲 *Carabus granulatus*
茵步甲 *Carabus indigestus*
驼步甲 *Carabus lama*
罗波步甲 *Carabus roborowskii*
大理步甲 *Carabus taliensis*

瓦步甲 *Carabus wagae*
云南步甲 *Carabus yunnanicola*
紫凹唇步甲 *Cataenius violaceus*
双斑青步甲 *Chlaenius bioculatus*
黄边青步甲 *Chlaenius circumdatus*
脊青步甲 *Chlaenius costiger*
毛黄斑青步甲 *Chlaenius naeviger*
胫青步甲 *Chlaenius ochreatus*
毛青步甲 *Chlaenius pallipes*
黄缘青步甲 *Chlaenius spoliatus*
逗斑青步甲 *Chlaenius virgulifer*
净宽胸步甲 *Coptodera eluta*
光宽胸步甲 *Coptodera piligera*
双斑猛步甲 *Cymindis binotata*
异猛步甲 *Cymindis hingstoni*
薛猛步甲 *Cymindis semenowi*
膝敌步甲 *Desera geniculata*
蓝栉爪步甲 *Desera nepalensis*
叉细胫步甲 *Dicranonocus femoralis*
藏平步甲 *Diplous nortoni*
背裂跗步甲 *Dischissus notulatus*
赤胸长步甲 *Dolichus halensis*
蠋步甲 *Dolichus halensis*
谷婪步甲 *Harpalus calceatus*
毛婪步甲 *Harpalus griseus*
肖毛婪步甲 *Harpalus jureceki*
淡鞘婪步甲 *Harpalus pallidipennis*
中华婪步甲 *Harpalus sinicus*
藏婪步甲 *Harpalus tibeticus*
三齿婪步甲 *Harpalus tridens*
大毛婪步甲 *Harpalus vicarius*
显六角步甲 *Hexagonia insignis*
二点毛胸步甲 *Lachnothorax biguttata*
四川盆步甲 *Lebia szetschuana*
双圈光鞘步甲 *Lebidia bioculata*
云盆速步甲 *Lebidromius hauseri*
绍大唇步甲 *Macrochilus trimaculatus*
布氏细胫步甲 *Metacolpodes buchanani*
爪哇迷步甲 *Miscelus javanus*

四斑长唇步甲 *Mochtherus tetraspilotus*
边心步甲 *Nebria lateralis*
黄缘心步甲 *Nebria livida*
高山心步甲 *Nebria superna*
奥氏妮步甲 *Nirmala odelli*
印度长颈步甲 *Ophionea indica*
达直角步甲 *Orthogonius davidi*
印步甲 *Parapisthius indicus*
台围步甲 *Pericalus formosanus*
锯缘步甲 *Peripristus ater*
婴屁步甲 *Pheropsophus infantulus*
爪哇屁步甲 *Pheropsophus javanus*
点平步甲 *Planetes puncticeps*
贝通缘步甲 *Pterostichus batesianus*
多通缘步甲 *Pterostichus polychromus*
瓦通缘步甲 *Pterostichus validior*
云南通缘步甲 *Pterostichus yunnanensis*
缝喜步甲 *Risophilus suturalis*
巨蝼黑步甲 *Scarites sulcatus*
紫青毛步甲 *Trichisia violacea*
绿胸短角步甲 *Trigonognatha bhamoensis*
壮大通缘步甲 *Trigonognatha robusta*
模距步甲 *Zabrus molloryi*

粪金龟科 Geotrupidae 10 种

毕武粪金龟 *Enoplotrupes bieti*
宽武粪金龟 *Enoplotrupes latus*
异色武粪金龟 *Enoplotrupes variicolor*
齿股粪金龟 *Geotrupes armicrus*
东方粪金龟 *Geotrupes auratus*
双丘粪金龟 *Geotrupes biconiferus*
荆粪金龟甲 *Geotrupes genestieri*
朝鲜高粪金龟 *Kolbeus coreanus*
半皱齿股粪金龟 *Odontotrypes semirugosus*
紫蓝粪金龟 *Phelotrupes laevistriatus*

皮金龟科 Trogidae 3 种

高山皮金龟 *Trox alpigenus*
粗皮金龟 *Trox scaber*
隐爪藏皮金龟 *Xizangia cryptonychus*

蜉金龟科 Aphodiidae 17 种

二斑蜉金龟 *Aphodius bifomis*
雅蜉金龟 *Aphodius elegans*
游荡蜉金龟 *Aphodius erraticus*
带蜉金龟甲 *Aphodius fasciger*
粪堆蜉金龟 *Aphodius fimetarius*
哈氏蜉金龟 *Aphodius haroldianus*
双顶蜉金龟 *Aphodius holdereri*
依格蜉金龟 *Aphodius ignobilis*
阴蜉金龟 *Aphodius instigator*
曲斑蜉金龟 *Aphodius irregularis*
卡尔洞蜉金龟 *Aphodius kardonensis*
黑背蜉金龟 *Aphodius melanodiscus*
帕蜉金龟 *Aphodius pamirensis*
普勒蜉金龟 *Aphodius przewalskyi*
直蜉金龟 *Aphodius rectus*
四川蜉金龟 *Aphodius sichuanensis*
凶狠蜉金龟 *Aphodius truculentus*

犀金龟科 Dynastidae 4 种

双叉犀金龟 *Allomyrina dichotoma*
鼻蛀犀金龟甲 *Oryctes nasicornis*
宽额禾犀金龟 *Pentodon latifrons*
阔胸金龟子 *Pentodon quadridens patruelis*

锹甲科 Lucanidae 18 种

平行眼锹甲 *Aegus parallelus*
中华铠锹甲 *Ceruchus sinensis*
错那刀锹 *Dorcus cuonaensis*
悌陶锹甲 *Dorcus tityus*
绒陶锹甲 *Dorcus velutinus*
阿锹甲 *Lucanus atratus*
拟锹甲 *Lucanus furcifer*
悦锹甲 *Lucanus parryi*
史密斯深山锹甲 *Lucanus smithii*
多毛锹甲 *Lucanus villosus*
蔓莫锹甲 *Macrodorcas mochizukii*
巴新锹甲 *Neolucanus baladeva*
库光胫锹甲 *Odontolabis cuvera*
西光胫锹甲 *Odontolabis siva*
迷琉璃锹甲 *Platycerus delicatulus*

大卫鬼锹甲 *Prismognathus davidis*

两点前锹甲 *Prosopocoilus astacoides*

宽带前锹甲 *Prosopocoilus biplagiatus*

三栉牛科 Trictenotomidae 1 种

王三栉牛 *Autocrates* sp.

瓢虫科 Coccinellidae 122 种

锯毛腹瓢虫 *Aaages prior*

二星瓢虫 *Adalia bipunctata*

六斑异斑瓢虫 *Aiolocaria hexaspilota*

十二斑奇瓢虫 *Alloneda dodecaspilota*

古乡突角瓢虫 *Asemiadalia guxiangensis*

淡唇突角瓢虫 *Asemiadalia heydeni*

理县突角瓢虫 *Asemiadalia lixianensis*

黑斑突角瓢虫 *Asemiadalia potanini*

变斑突角瓢虫 *Asemiadalia rickmersi*

矛斑突角瓢虫 *Asemiadalia spiculimaculata*

细纹裸瓢虫 *Bothrocalvia albolineata*

宽纹裸瓢虫 *Bothrocalvia lewisi*

日本丽瓢虫 *Callicaria superba*

草黄裸瓢虫 *Calvia albida*

六斑裸瓢虫 *Calvia breiti*

三纹裸瓢虫 *Calvia championorum*

华裸瓢虫 *Calvia chinensis*

枝斑裸瓢虫 *Calvia hauseri*

蛇后裸瓢虫 *Calvia monosha*

四斑裸瓢虫 *Calvia muiri*

十四星裸瓢虫 *Calvia quatuordecimguttata*

十五星裸瓢虫 *Calvia quindecimguttata*

变异裸瓢虫 *Calvia shiva*

链纹裸瓢虫 *Calvia sicardi*

乌氏异瓢虫 *Ceratomegilla ulkei*

维氏异瓢虫 *Ceratomegilla weisei*

二双斑唇瓢虫 *Chilocorus bijugus*

红点唇瓢虫 *Chilocorus kuwanae*

红褐唇瓢虫 *Chilocorus politus*

黑缘红瓢虫 *Chilocorus rubidus*

小七星瓢虫 *Coccinella lama*

纵条瓢虫 *Coccinella longifasciata*

黄绣瓢虫 *Coccinella luteopicta*

大斑瓢虫 *Coccinella magnopunctata*
七星瓢虫 *Coccinella septempunctata*
西藏瓢虫 *Coccinella tibetina*
狭臀瓢虫 *Coccinella transversalis*
横斑瓢虫 *Coccinella transversoguttata*
横带瓢虫 *Coccinella trifasciata*
中华双七长隆瓢虫 *Coccinula sinensis*
双带盘瓢虫 *Coelophora biplagiata*
碧盘耳瓢虫 *Coelophora bissellata*
双五腔瓢虫 *Coelophora decimmaculata*
二点隐势瓢虫 *Cryptogonus bimaculatus*
喜马拉雅隐势瓢虫 *Cryptogonus himalayensis*
丽江隐势瓢虫 *Cryptogonus lijiangiensis*
尼泊尔隐势瓢虫 *Cryptogonus nepalensis*
射鹄隐势瓢虫 *Cryptogonus trioblitus*
喜马拉雅光瓢虫 *Exochomus himalayensis*
山寨黄菌瓢虫 *Halyzia dejavu*
梵文菌瓢虫 *Halyzia sanscrita*
草黄菌瓢虫 *Halyzia straminea*
异色瓢虫 *Harmonia axyridis*
红肩瓢虫 *Harmonia dimidiata*
奇斑瓢虫 *Harmonia eucharis*
纤丽瓢虫 *Harmonia sedecimnotata*
隐斑瓢虫 *Harmonia yedoensis*
十三星瓢虫 *Hippodamia tredecimpunctata*
多异瓢虫 *Hippodamia variegata*
狭叶素菌瓢虫 *Illeis confusa*
柯氏素菌瓢虫 *Illeis koebelei*
泸水盘瓢虫 *Lemnia lushuiensis*
黄斑盘瓢虫 *Lemnia saucia*
白条菌瓢虫 *Macroilleis hauseri*
黑条长瓢虫 *Macronaemia hauseri*
奇异长瓢虫 *Macronaemia paradoxa*
萍斑大瓢虫 *Megalocaria reichii pearsoni*
六斑月瓢虫 *Menochilus sexmaculata*
四斑兼食瓢虫 *Micraspis allardi*
稻红瓢虫 *Micraspis discolor*
加热萨兼食瓢虫 *Micraspis jiaresaensis*
黑条兼食瓢虫 *Micraspis univittata*

十二星中齿瓢虫 *Myzia bissexnotata*
黑中齿瓢虫 *Myzia gebleri*
西藏弯叶毛瓢虫 *Nephus obsoletus*
保山巧瓢虫 *Oenopia baoshanensis*
龟纹巧瓢虫 *Oenopia billieti*
十二斑巧瓢虫 *Oenopia bissexnotata*
粗网巧瓢虫 *Oenopia chinensis*
菱斑巧瓢虫 *Oenopia conglobata*
德钦巧瓢虫 *Oenopia deqenensis*
龙斑巧瓢虫 *Oenopia dracoguttata*
淡红巧瓢虫 *Oenopia emmerichi*
黄褐巧瓢虫 *Oenopia flavidbrunna*
吉隆巧瓢虫 *Oenopia gilongi*
贡嘎巧瓢虫 *Oenopia gonggarensis*
黑缘巧瓢虫 *Oenopia kirbyi*
兰坪巧瓢虫 *Oenopia lanpingensis*
墨脱巧瓢虫 *Oenopia medogensis*
黑胸巧瓢虫 *Oenopia picithoroxa*
波密巧瓢虫 *Oenopia pomiensis*
四斑巧瓢虫 *Oenopia quadripunctata*
黄缘巧瓢虫 *Oenopia sauzeti*
细网巧瓢虫 *Oenopia sexareata*
六斑巧瓢虫 *Oenopia sexmaculata*
点斑巧瓢虫 *Oenopia signatella*
亚东巧瓢虫 *Oenopia yadongensis*
黄褐刻眼瓢虫 *Ortalia pectoralis*
北方异瓢虫 *Parippodamia arctica*
细须唇瓢虫 *Phaenochilus metasternalis*
小圆纹裸瓢虫 *Phrynocaria circinatella*
小黑星盘瓢虫 *Phrynocaria piciella*
红星盘瓢虫 *Phrynocaria unicolor*
斧斑广盾瓢虫 *Platynaspis angulimaculata*
西南龟瓢虫 *Propylea dissecta*
龟纹瓢虫 *Propylea japonica*
黄室盘瓢虫 *Propylea luteopustulata*
大红瓢虫 *Rodolia rufopilosa*
雅致小瓢虫 *Scymnus facetus*
日本小瓢虫 *Scymnus japonicus*
黑背小瓢虫 *Scymnus kawamurai*

米林小瓢虫 *Scymnus mianling*
多齿小瓢虫 *Scymnus myridentatus*
束小瓢虫 *Scymnus sodalist*
十斑弯角瓢虫 *Semiadalia decimguttata*
红颈瓢虫 *Synona consanguinea*
大突肩瓢虫 *Synonycha grandis*
十二斑褐菌瓢虫 *Vibidia duodecimguttata*
哥氏褐菌瓢虫 *Vibidia korschefskyi*
中甸褐菌瓢虫 *Vibidia zhongdianensis*
滇黄壮瓢虫 *Xanthadalia hiekei*
乡城黄壮瓢虫 *Xanthadalia xiangchengensis*

芫菁科 Meloidae 41 种

微锯齿爪芫菁 *Denierella minlerata*
疑豆芫菁 *Epicauta dubia*
锯角豆芫菁 *Epicauta gorhami*
毛角豆芫菁 *Epicauta hirticornis*
凹跗豆芫菁 *Epicauta interrupta*
大头豆芫菁 *Epicauta megalocephala*
暗头豆芫菁 *Epicauta obscurocephala*
红头豆芫菁 *Epicauta ruficeps*
维西豆芫菁 *Epicauta weixiensis*
双滴沟芫菁 *Hycleus bistillatus*
眼斑沟芫菁 *Hycleus cichorii*
毛背沟芫菁 *Hycleus dorsetiferus*
曼氏沟芫菁 *Hycleus mannheimsi*
中突沟芫菁 *Hycleus medioinsignatus*
大斑沟芫菁 *Hycleus phaleratus*
绿芫菁 *Lytta caraganae*
沟胸绿芫菁 *Lytta fissicollis*
西藏绿芫菁 *Lytta roborowskyi*
红斑绿芫菁 *Lytta rubrinotata*
绿边绿芫菁 *Lytta suturella*
黄胸绿芫菁 *Lytta taliana*
额窝短翅芫菁 *Meloe asperatus*
阔胸短翅芫菁 *Meloe brevicollis*
密点短翅芫菁 *Meloe coarctatus*
圆颈短翅芫菁 *Meloe corvinus*
墨脱短翅芫菁 *Meloe medogensis*
隆背短翅芫菁 *Meloe modestus*

蝶角短翅芫菁 *Meloe patellicornis*
曲角短翅芫菁 *Meloe proscarabaeus*
心胸短翅芫菁 *Meloe subcordicollis*
双滴斑芫菁 *Mylabris bistillata*
苹斑芫菁 *Mylabris calida*
长角斑芫菁 *Mylabris hingstoni*
多毛斑芫菁 *Mylabris hirta*
拟高原斑芫菁 *Mylabris longiventris*
瘦斑芫菁 *Mylabris macilenta*
大斑芫菁 *Mylabris phalerata*
高原斑芫菁 *Mylabris przewalskyi*
丽斑芫菁 *Mylabris speciosa*
针爪高山芫菁 *Oreomeloe spinulus*
波密带栉芫菁 *Zonitis bomiensis*

7. 长翅目 Mecoptera

本目因其稀有性列入保护建议名录，建议保护 3 种。
契氏新蝎蛉 *Neopanorpa chillcoti*
胡氏新蝎蛉 *Neopanorpa hushengchangi*
李氏新蝎蛉 *Neopanorpa lifashengi*

8. 双翅目 Diptera

本目因穴虻科 Vermilionidae、食虫虻科 Asilidae、蜂虻科 Bombyliidae、舞虻科 Empididae、食蚜蝇科 Syrphidae、寄蝇科 Tachinidae 等天敌昆虫列入保护建议名录，建议保护种类 595 种。

穴虻科 Vermilionidae 1 种

西藏潜穴虻 *Vermiophis tibetensis*

食虫虻科 Asilidae 47 种

长棘板食虫虻 *Aconthopleura longimamus*
红低颜食虫虻 *Astochia erythrus*
小宽跗食虫虻 *Astochia inermis*
肿宽跗食虫虻 *Astochia virgatipes*
克鲁纤长角食虫虻 *Ceraturgus cruciatus*
齿斑低颜食虫虻 *Cerdistus denticulatus*
中华单羽食虫虻 *Cophinopoda chinensis*
怪斜芒食虫虻 *Cyrtopogon daimyo*
中切突食虫虻 *Eutolmus mediocris*
似切突食虫虻 *Eutolmus parricidus*
黄毛切突食虫虻 *Eutolmus rufibarbis*

阿姆毛腹食虫虻 *Laphria amurensis*
金黄毛腹食虫虻 *Laphria aurea*
甘肃毛食虫虻 *Laphria caspica*
惧毛腹食虫虻 *Laphria dimidiata*
埃毛食虫虻 *Laphria ephippium*
狐毛食虫虻 *Laphria vulpina*
巧圆突食虫虻 *Machimus concinnus*
小盾圆突食虫虻 *Machimus minusculus*
内圆突食虫虻 *Machimus nevadensis*
前圆突食虫虻 *Machimus scutellaris*
西藏丽食虫虻 *Maira xizang*
蓝弯顶毛食虫虻 *Neoitamus cyanurus*
伴弯顶毛食虫虻 *Neoitamus socius*
灿弯顶毛食虫虻 *Neoitamus splendidus*
似羽芒食虫虻 *Ommatius similis*
叙利亚巴拉食虫虻 *Paraphamarrania syriaca*
白齿铗食虫虻 *Philonicus albiceps*
印叉径食虫虻 *Promachus indigenus*
帕叉径食虫虻 *Promachus pallipennis*
江苏瘦芒食虫虻 *Stenopogon coracinus*
红瘦芒食虫虻 *Stenopogon damias*
卡氏瘦芒食虫虻 *Stenopogon kaltenbachi*
黑腹窄颌食虫虻 *Stenopogon nigriventris*
奥氏窄颌食虫虻 *Stenopogon oldroydi*
华丽微食虫虻 *Stichopogon elegantulus*
狭三叉食虫虻 *Trichomachimus angustus*
泛三叉食虫虻 *Trichomachimus basalis*
联三叉食虫虻 *Trichomachimus conjugus*
齿三叉食虫虻 *Trichomachimus dontus*
须三叉食虫虻 *Trichomachimus grandus*
突叶三叉食虫虻 *Trichomachimus lobus*
黑角三叉食虫虻 *Trichomachimus nigriocornis*
黑三叉食虫虻 *Trichomachimus nigrus*
斜三叉食虫虻 *Trichomachimus obliquus*
红三叉食虫虻 *Trichomachimus rufus*
壳籽角食虫虻 *Xenomyza carapacina*

蜂虻科 Bombyliidae 4 种

亮雏蜂虻 *Anastoechus nitidulus*
黑卵蜂虻 *Anthrax putealis*

大蜂虻 *Bombylius major*

透翅蜂虻 *Villa limbatus*

舞虻科 Empididae 11 种

柄腹鬃螳舞虻 *Chelipoda petiolata*

中华鬃螳舞虻 *Chelipoda sinensis*

指突驼舞虻 *Hybos digitiformis*

叉突驼舞虻 *Hybos furcatus*

李氏驼舞虻 *Hybos lii*

爪突驼舞虻 *Hybos oncus*

淡色驼舞虻 *Hybos pallidus*

裸虻驼舞虻 *Hybos psilus*

西藏驼舞虻 *Hybos tibetanus*

西藏柄驼舞虻 *Syneches tibetanus*

黄胸柄驼舞虻 *Syneches xanthochromus*

食蚜蝇科 Syrphidae 159 种

切黑狭口蚜蝇 *Asarkina ericetorum*

黄腹狭口蚜蝇 *Asarkina porcina*

短额巴蚜蝇 *Baccha elongata*

纤细巴蚜绳 *Baccha maculata*

狭带贝蚜蝇 *Betasyrphus serarius*

古黑蚜蝇 *Cheilosia antiqua*

杂毛黑蚜蝇 *Cheilosia illustrata*

烟翅黑蚜蝇 *Cheilosia nebulosa*

棕腹长角蚜蝇 *Chrysotoxum baphyrum*

黑角长角蚜蝇 *Chrysotoxum caeleste*

宽腹长角蚜蝇 *Chrysotoxum cautum*

中华长角蚜蝇 *Chrysotoxum chinense*

黄股长角蚜蝇 *Chrysotoxum festivum*

弗拉长角蚜蝇 *Chrysotoxum fratellum*

短毛长角蚜蝇 *Chrysotoxum lanulosum*

离边长角蚜蝇 *Chrysotoxum mongol*

黑颜长角蚜蝇 *Chrysotoxum nigrifacies*

达边长角蚜蝇 *Chrysotoxum tartar*

柑橘裸眼蚜蝇 *Citrogramma citrinum*

白纹毛蚜蝇 *Dasysyrphus albostriatus*

具带毛蚜蝇 *Dasysyrphus brunettii*

曲毛蚜蝇 *Dasysyrphus licinus*

新月毛蚜蝇 *Dasysyrphus lunulatus*

角纹毛蚜蝇 *Dasysyrphus postclaviger*

暗突毛蚜蝇 *Dasysyrphus venustus*
西藏毛蚜蝇 *Dasysyrphus xizangensis*
浅环边蚜蝇 *Didea alneti*
巨斑边蚜蝇 *Didea fasciata*
暗棒边蚜蝇 *Didea intermedia*
狭带直脉蚜蝇 *Dideoides kempi*
卵腹直脉蚜蝇 *Dideoides ovatus*
台湾里蚜蝇 *Endoiasimyia formosana*
环附垂边蚜蝇 *Epistrophe annulitarsis*
灰带垂边蚜蝇 *Epistrophe griseofasciata*
条颜垂边蚜蝇 *Epistrophe nigroepistomata*
三带垂边蚜蝇 *Epistrophe trifasciata*
黑带蚜蝇 *Episyrphus balteatus*
裂黑带蚜蝇 *Episyrphus cretensis*
暗边密毛蚜蝇 *Eriozona nigroscutellata*
黑色斑眼蚜蝇 *Eristalinus aeneus*
棕腿斑眼蚜蝇 *Eristalinus arvoum*
黑股斑眼蚜蝇 *Eristalinus paria*
黄跗斑眼蚜蝇 *Eristalinus quinquestriatus*
钝黑斑眼蚜蝇 *Eristalinus sepulchralis*
亮黑斑眼蚜蝇 *Eristalinus tarsalis*
绿黑斑眼蚜蝇 *Eristalinus viridis*
白管蚜蝇 *Eristalis albibasis*
短腹管蚜蝇 *Eristalis arbustorum*
鼠尾管蚜蝇 *Eristalis campestris*
灰带管蚜蝇 *Eristalis cerealis*
喜马拉雅管蚜蝇 *Eristalis himalayensis*
长尾管蚜蝇 *Eristalis tenax*
西藏管蚜蝇 *Eristalis tibeticus*
黑股条眼蚜蝇 *Eristalodes paria*
长尾蚜蝇 *Eristalomyia tenax*
冲绳平颜蚜蝇 *Eumerus okinawaensis*
大灰优蚜蝇 *Eupeodes corollae*
黄斑优蚜蝇 *Eupeodes flaviceps*
黄带优蚜蝇 *Eupeodes flavofasciatus*
黄带优蚜蝇 *Eupeodes flavofasciatus*
新月斑优蚜蝇 *Eupeodes luniger*
铜鬃胸蚜蝇 *Ferdinandea cuprea*
黑足缺伪蚜蝇 *Graptomyza nigripes*

连斑条胸蚜蝇 *Helophilus continuus*
黑角条胸蚜蝇 *Helophilus pendulus*
札幌条胸蚜蝇 *Helophilus sapporensis*
短刺刺腿蚜蝇 *Ischiodon scutellaris*
黑盾壮蚜蝇 *Ischyrosyrphus laternarius*
紫色盾边蚜蝇 *Kertesziomyia violascens*
多毛食蚜蝇 *Kirimyia eristaloidea*
棕腿点眼蚜蝇 *Lathyrophthalmus arvorum*
亮黑斑目蚜蝇 *Lathyrophthalmus tarsalis*
黑色白腰蚜蝇 *Leucozona lucorum*
淡跗亮腹蚜蝇 *Liogaster splendida*
东方毛管蚜蝇 *Mallota orientalis*
中华硕蚜蝇 *Megasyrphus chinensis*
窄额美蓝蚜蝇 *Melangyna cincta*
大斑美蓝蚜蝇 *Melangyna grandimaculata*
黄颊美蓝蚜蝇 *Melangyna labiatarum*
暗颊美蓝蚜蝇 *Melangyna lasiophthalm*a
方斑墨蚜蝇 *Melanostoma mellinum*
东方墨蚜蝇 *Melanostoma orientale*
梯斑墨蚜蝇 *Melanostoma scalare*
黄带狭腹蚜蝇 *Meliscaeva cinctella*
宽带狭腹蚜蝇 *Meliscaeva latifasciata*
高山狭腹蚜蝇 *Meliscaeva monticola*
宽腹后蚜蝇 *Metasyrphus confrater*
大灰后蚜蝇 *Metasyrphus corollae*
宽带后蚜蝇 *Metasyrphus latifasciatus*
半月斑后蚜蝇 *Metasyrphus latimacula*
凹带后蚜蝇 *Metasyrphus nitens*
波后蚜蝇 *Metasyrphus sinuatus*
条后蚜蝇 *Metasyrphus taeniatus*
褐色柄角蚜蝇 *Monoceromyia brunnecorporalis*
黄肩柄角蚜蝇 *Monoceromyia wiedemanni*
晕翅闪光蚜蝇 *Orthonevra karumaiensis*
白鬃闪光蚜蝇 *Orthonevra nobilis*
淡棒闪光蚜蝇 *Orthonevra plumbago*
黄缘斜环蚜蝇 *Palumbia nova*
红毛羽毛蚜蝇 *Paractophila oberthueri*
拟刻点小蚜蝇 *Paragus haemorrhous*
四条小蚜蝇 *Paragus quadrifasciatus*

刻点小蚜蝇 *Paragus tibialis*
黑角拟蚜蝇 *Parasyrphus kirgizorum*
黑跗拟蚜蝇 *Parasyrphus tarsatus*
裸芒宽盾蚜蝇 *Phytomia errans*
羽芒宽盾蚜蝇 *Phytomia zonata*
斑缩颜蚜蝇 *Pipiza signata*
多色斜额蚜蝇 *Pipizella varipes*
金绿坚蚜蝇 *Pipizella virens*
黑腹宽跗蚜蝇 *Platycheirus albimanus*
卷毛宽跗蚜蝇 *Platycheirus ambiguus*
狭腹宽跗蚜蝇 *Platycheirus angustatus*
菱斑宽跗蚜蝇 *Platycheirus peltatus*
斜斑宽跗蚜蝇 *Platycheirus scutatus*
平腹派蚜蝇 *Pyrophaena platygastra*
四斑鼻颜蚜蝇 *Rhingia binotata*
短喙鼻颜蚜蝇 *Rhingia brachyrrhyncha*
台湾鼻颜蚜蝇 *Rhingia formosana*
砖红喙颜蚜蝇 *Rhingia lateralis*
黄喙鼻颜蚜蝇 *Rhingia laticincta*
大斑鼓额蚜蝇 *Scaeva albomaculata*
黄氏鼓额蚜蝇 *Scaeva hwangi*
条颜鼓额蚜蝇 *Scaeva latimaculata*
斜斑鼓额蚜蝇 *Scaeva pyrastri*
月斑鼓额蚜蝇 *Scaeva selenitica*
阿萨姆细腹蚜蝇 *Sphaerophoria assamensis*
长安细腹蚜蝇 *Sphaerophoria changanensis*
筒形细腹蚜蝇 *Sphaerophoria cylindrical*
印度细腹蚜蝇 *Sphaerophoria indiana*
宽带细腹蚜蝇 *Sphaerophoria macrogaster*
长翅细腹蚜蝇 *Sphaerophoria menthastri*
暗跗细腹蚜蝇 *Sphaerophoria philanthus*
宽尾细腹蚜蝇 *Sphaerophoria rueppelli*
短翅细腹蚜蝇 *Sphaerophoria scripta*
连带细腹蚜蝇 *Sphaerophoria taeniata*
西藏细腹蚜蝇 *Sphaerophoria tibetensis*
蔡氏细腹蚜蝇 *Sphaerophoria tsaii*
绿色细腹蚜蝇 *Sphaerophoria viridaenea*
三色棒腹蚜蝇 *Sphegina tricoloripes*
黄环粗股蚜蝇 *Syritta pipienss*

大斑蚜蝇 *Syrphus braueri*
褐突蚜蝇 *Syrphus fulvifascies*
胡氏蚜蝇 *Syrphus hui*
日本蚜蝇 *Syrphus japonicus*
黄颜蚜蝇 *Syrphus ribesii*
野蚜蝇 *Syrphus torvus*
黑足蚜蝇 *Syrphus vitripennis*
长翅寡节蚜蝇 *Triglyphus primus*
管蚜蝇 *Tubifera virgatus*
柔毛蜂蚜蝇 *Volucella plumatoides*
黄盾蜂蚜蝇 *Volucella tabanoides*
褐线黄斑蚜蝇 *Xanthogramma coreanum*
短角宽扁蚜蝇 *Xanthogramma talamaui*
黄斑木蚜蝇 *Xylota florum*
云南木蚜蝇 *Xylota fo*
黄颜木蚜蝇 *Xylota ignava*
西伯利亚木蚜蝇 *Xylota sibirica*
黄颜齿转蚜蝇 *Zelima ignava*

寄蝇科 Tachinidae 373 种

红胫角刺寄蝇 *Acemya rufitibia*
柔毛颜寄蝇 *Admontia blanda*
塞氏毛颜寄蝇 *Admontia cepelaki*
细足毛颜寄蝇 *Admontia gracilipes*
巨角毛颜寄蝇 *Admontia grandicornis*
毛短尾寄蝇 *Aplomya confinis*
裸短尾寄蝇 *Aplomya metallica*
曲脉短芒寄蝇 *Athrycia curvinervis*
伊姆短芒寄蝇 *Athrycia impressa*
黑须短芒寄蝇 *Athrycia trepida*
大形奥蜉寄蝇 *Austrophorocera grandis*
毛瓣奥蜉寄蝇 *Austrophorocera hirsuta*
金光小寄蝇 *Bactromyia aurulenta*
拂盆地寄蝇 *Bessa fugax*
选择盆地寄蝇 *Bessa parallela*
黄足突额寄蝇 *Biomeigenia flava*
宽额比西寄蝇 *Bithia latigena*
拉特睫寄蝇 *Blepharella lateralis*
炭黑饰腹寄蝇 *Blepharipa carbonata*
毛鬃饰腹寄蝇 *Blepharipa chaetoparafacialis*

宽颊饰腹寄蝇 *Blepharipa latigena*
眼眶饰腹寄蝇 *Blepharipa orbitalis*
蚕饰腹寄蝇 *Blepharipa zebina*
丝卷蛾寄蝇 *Blondelia hyphantriae*
松小卷蛾寄蝇 *Blondelia inclusa*
黑须卷蛾寄蝇 *Blondelia nigripes*
马莱噪寄蝇 *Campylochaeta malaisei*
黑鳞狭颊寄蝇 *Carcelia atricosta*
拟态狭颊寄蝇 *Carcelia blepharipoides*
尖音狭颊寄蝇 *Carcelia bombylans*
棒须狭颊寄蝇 *Carcelia clavipalpis*
优势狭颊寄蝇 *Carcelia dominantalis*
杜比狭颊寄蝇 *Carcelia dubia*
黄腹狭颊寄蝇 *Carcelia flava*
钩叶狭颊寄蝇 *Carcelia hamata*
多毛狭颊寄蝇 *Carcelia hirsuta*
毛斑狭颊寄蝇 *Carcelia hirtspila*
善飞狭颊寄蝇 *Carcelia kockiana*
宽堤狭颊寄蝇 *Carcelia latifacialia*
宽叶狭颊寄蝇 *Carcelia latistylata*
宽额狭颊寄蝇 *Carcelia laxifrons*
长毛狭颊寄蝇 *Carcelia longichaeta*
芦寇狭颊寄蝇 *Carcelia lucorum*
苍白狭颊寄蝇 *Carcelia pallensa*
灰腹狭颊寄蝇 *Carcelia rasa*
赛克狭颊寄蝇 *Carcelia sexta*
苏门答腊狭颊寄蝇 *Carcelia sumatrana*
短爪狭颊寄蝇 *Carcelia sumatrensis*
鬃胫狭颊寄蝇 *Carcelia tibialis*
绒尾狭颊寄蝇 *Carcelia villicauda*
红毛脉寄蝇 *Ceromya flaviseta*
黄毛脉寄蝇 *Ceromya silacea*
黑须刺蛾寄蝇 *Chaetexorista ateripalpis*
健壮刺蛾寄蝇 *Chaetexorista eutachinoides*
爪哇刺蛾寄蝇 *Chaetexorista javana*
草毒蛾鬃堤寄蝇 *Chetogena gynaephorae*
毛瓣鬃堤寄蝇 *Chetogena hirsuta*
宽角鬃颜寄蝇 *Chetovoria antennata*
欧亚金绿寄蝇 *Chrysocosmius auratus*

蓝绿金光寄蝇 *Chrysomikia grahami*
巨眼鬃金绿寄蝇 *Chrysosomopsis ocelloseta*
狭额金绿寄蝇 *Chrysosomopsis stricta*
黑袍卷须寄蝇 *Clemelis pullata*
康刺腹寄蝇 *Compsilura concinnata*
普通拟刺腹寄蝇 *Compsiluroides communis*
黑胫克罗寄蝇 *Crosskeya nigrotibialis*
红尾缺须寄蝇 *Cuphocera frater*
褐长足寄蝇 *Dexia rustica*
笨长足寄蝇 *Dexia vacua*
粘虫长芒寄蝇 *Dolichocolon klapperichi*
裸腰赘寄蝇 *Drino adiscalis*
金粉赘寄蝇 *Drino auripollinis*
密毛赘寄蝇 *Drino densichaeta*
狭颜赘寄蝇 *Drino facialis*
平庸赘寄蝇 *Drino inconspicua*
长尾赘寄蝇 *Drino longiforceps*
莲花赘寄蝇 *Drino lota*
北海道赘诺寄蝇 *Drinomyia hokkaidensis*
宽翅异突额寄蝇 *Ectophasia crassipennis*
长尾埃尔寄蝇 *Elfriedella amoena*
华丽鹞寄蝇 *Eophyllophila elegans*
亮缘刺寄蝇 *Eriothrix nitida*
狭颊赤寄蝇 *Erythrocera genalis*
宽额攸迷寄蝇 *Eumeella latifrons*
斧角珠峰寄蝇 *Everestiomyia antennalis*
长尾追寄蝇 *Exorista amoena*
短角追寄蝇 *Exorista antennalis*
金额追寄蝇 *Exorista aureifrons*
双鬃追寄蝇 *Exorista bisetosa*
伞裙追寄蝇 *Exorista civilis*
条纹追寄蝇 *Exorista fasciata*
褐翅追寄蝇 *Exorista fuscipennis*
宽肛追寄蝇 *Exorista grandiforeps*
透翅追寄蝇 *Exorista hyalipennis*
日本追寄蝇 *Exorista japonica*
古毒蛾追寄蝇 *Exorista larvarum*
瓦鳞追寄蝇 *Exorista lepis*
迷追寄蝇 *Exorista mimula*

草地追寄蝇 *Exorista pratensis*
拟乡间追寄蝇 *Exorista pseudorustica*
毛虫追寄蝇 *Exorista rossica*
乡间追寄蝇 *Exorista rustica*
家蚕追寄蝇 *Exorista sorbillans*
红尾追寄蝇 *Exorista xanthaspis*
云南追寄蝇 *Exorista yunnanica*
鹰钩黄角寄蝇 *Flavicorniculum hamiforceps*
扁肛黄角寄蝇 *Flavicorniculum planiforceps*
闪斑宽额寄蝇 *Frontina adusta*
安古蕾寄蝇 *Germaria angustata*
邻古蕾寄蝇 *Germaria vicina*
紫腹古蕾寄蝇 *Germaria violaceiventris*
深黑膝芒寄蝇 *Gonia atra*
双斑膝芒寄蝇 *Gonia bimaculata*
中华膝芒寄蝇 *Gonia chinensis*
黄毛膝芒寄蝇 *Gonia klapperichi*
黑腹膝芒寄蝇 *Gonia picea*
白霜膝芒寄蝇 *Gonia vacua*
拟宽额贡寄蝇 *Goniophthalmus frontoides*
宽额戈寄蝇 *Graphogaster buccata*
棒须亮寄蝇 *Gymnochaeta porphyrophora*
卡西金怯寄蝇 *Gymnophryxe carthaginiensis*
平庸金怯寄蝇 *Gymnophryxe inconspicua*
哑铃球腹寄蝇 *Gymnosoma clavatum*
普通球腹寄蝇 *Gymnosoma rotundatum*
横带透翅寄蝇 *Hyalurgus cinctus*
曲肛透翅寄蝇 *Hyalurgus curvicercus*
黄腿透翅寄蝇 *Hyalurgus flavipes*
宽额透翅寄蝇 *Hyalurgus latifrons*
斑腿透翅寄蝇 *Hyalurgus sima*
双叉骇寄蝇 *Hypotachina bifurca*
墨鬃豪寄蝇 *Hystriomyia nigrosetosa*
淡豪寄蝇 *Hystriomyia pallida*
墨黑豪寄蝇 *Hystriomyia paradoxa*
红豪寄蝇 *Hystriomyia rubra*
多胫毛异丛毛寄蝇 *Isosturmia picta*
阿尔泰裸背寄蝇 *Istocheta altaica*
短爪裸背寄蝇 *Istocheta brevinychia*

细鬃裸背寄蝇 *Istocheta graciliseta*
巨裸背寄蝇 *Istocheta grossa*
长尾裸背寄蝇 *Istocheta longicauda*
泸定裸背寄蝇 *Istocheta ludingensis*
聂拉木裸背寄蝇 *Istocheta nyalamensis*
红足裸背寄蝇 *Istocheta rufipes*
萨布裸背寄蝇 *Istocheta subrufipes*
三尾裸背寄蝇 *Istocheta tricaudata*
乌苏里裸背寄蝇 *Istocheta ussuriensis*
济民裸背寄蝇 *Istocheta zimini*
叉叶江寄蝇 *Janthinomyia elegans*
拼叶江寄蝇 *Janthinomyia felderi*
短须粗芒寄蝇 *Leiphora innoxia*
钝芒利格寄蝇 *Ligeriella aristata*
黑腹短须寄蝇 *Linnaemya atriventris*
亮黑短须寄蝇 *Linnaemya claripalla*
饰额短须寄蝇 *Linnaemya comta*
菲短须寄蝇 *Linnaemya felis*
侧斑短须寄蝇 *Linnaemya lateralis*
舌肛短须寄蝇 *Linnaemya linguicerca*
墨脱短须寄蝇 *Linnaemya medogensis*
微毛短须寄蝇 *Linnaemya microchaeta*
毛胫短须寄蝇 *Linnaemya microchaetopsis*
欧短须寄蝇 *Linnaemya olsufjevi*
峨眉短须寄蝇 *Linnaemya omega*
黄粉短须寄蝇 *Linnaemya paralongipalpis*
长肛短须寄蝇 *Linnaemya perinealis*
钩肛短须寄蝇 *Linnaemya picta*
莔短须寄蝇 *Linnaemya pudica*
黄角短须寄蝇 *Linnaemya ruficornis*
索勒短须寄蝇 *Linnaemya soror*
泰短须寄蝇 *Linnaemya tessellans*
舞短须寄蝇 *Linnaemya vulpina*
拟舞短须寄蝇 *Linnaemya vulpinoides*
查禾短须寄蝇 *Linnaemya zachvatkini*
隔离罗佛寄蝇 *Lophosia excisa*
单翎厉寄蝇 *Lydella acellaris*
裸腰厉寄蝇 *Lydella adiscalis*
玉米螟厉寄蝇 *Lydella grisescens*

查尔叶甲寄蝇 *Macquartia chalconota*
阴叶甲寄蝇 *Macquartia tenebricosa*
斑腹叶甲寄蝇 *Macquartia tessellum*
黄肛斑腹寄蝇 *Maculosalia flavicercia*
白瓣麦寄蝇 *Medina collaris*
黑瓣麦寄蝇 *Medina malayana*
杂色美根寄蝇 *Meigenia grandigena*
大型美根寄蝇 *Meigenia majuscula*
黑色美根寄蝇 *Meigenia nigra*
三齿美根寄蝇 *Meigenia tridentata*
丝绒美根寄蝇 *Meigenia velutina*
毛缘密克寄蝇 *Mikia apicalis*
日本密克寄蝇 *Mikia japanica*
棘须密克寄蝇 *Mikia patellipalpis*
西北高原寄蝇 *Montuosa caura*
布朗撵寄蝇 *Myxexoristops blondeli*
双叉毛瓣寄蝇 *Nemoraea bifurca*
刺毛瓣寄蝇 *Nemoraea echinata*
条胸毛瓣寄蝇 *Nemoraea fasciata*
多孔毛瓣寄蝇 *Nemoraea fenestrata*
透翅毛瓣寄蝇 *Nemoraea pellucida*
萨毛瓣寄蝇 *Nemoraea sapporensis*
巨型毛瓣寄蝇 *Nemoraea titan*
金粉截尾寄蝇 *Nemorilla chrysopollinis*
双斑截尾寄蝇 *Nemorilla maculosa*
筒须新怯寄蝇 *Neophryxe psychidis*
安娜尼里寄蝇 *Nilea anatolica*
瑟氏缟寄蝇 *Onychogonia cervini*
筒腹刺胫寄蝇 *Oswaldia eggeri*
短爪奥斯寄蝇 *Oswaldia issikii*
狭额栉寄蝇 *Pales angustifrons*
炭黑栉寄蝇 *Pales carbonata*
长角栉寄蝇 *Pales longicornis*
墨脱栉寄蝇 *Pales medogensis*
暮栉寄蝇 *Pales murina*
蓝黑栉寄蝇 *Pales pavida*
采花阳寄蝇 *Panzeria anthophila*
短爪阳寄蝇 *Panzeria breviunguis*
疣突阳寄蝇 *Panzeria chaoi*

望天阳寄蝇 *Panzeria connivens*
对眼阳寄蝇 *Panzeria consobrina*
中介阳寄蝇 *Panzeria intermedia*
耳肛阳寄蝇 *Panzeria mimetes*
奇阳寄蝇 *Panzeria mira*
黑翅阳寄蝇 *Panzeria nigripennis*
亮黑阳寄蝇 *Panzeria nigronitida*
黑胫阳寄蝇 *Panzeria nigrotibia*
塔吉克阳寄蝇 *Panzeria tadzhica*
毛瓣阳寄蝇 *Panzeria trichocalyptera*
双尾阳寄蝇 *Panzeria vivida*
髯侧盾寄蝇 *Paratryphera barbatula*
双鬃侧盾寄蝇 *Paratryphera bisetosa*
黄须侧盾寄蝇 *Paratryphera palpalis*
黄毛拟俏饰寄蝇 *Parerigonesis flavihirta*
尖尾长须寄蝇 *Peleteria acutiforceps*
双齿长须寄蝇 *Peleteria bidentata*
短爪长须寄蝇 *Peleteria curtiunguis*
黄鳞长须寄蝇 *Peleteria flavobasicosta*
红尾长须寄蝇 *Peleteria frater*
褐色长须寄蝇 *Peleteria fuscata*
红黄长须寄蝇 *Peleteria honghuang*
亮黑长须寄蝇 *Peleteria lianghei*
针毛长须寄蝇 *Peleteria manomera*
暗色长须寄蝇 *Peleteria maura*
黑顶长须寄蝇 *Peleteria melania*
光亮长须寄蝇 *Peleteria nitella*
平肛长须寄蝇 *Peleteria placuna*
曲突长须寄蝇 *Peleteria qutu*
类乌齐长须寄蝇 *Peleteria riwogeensis*
红毛长须寄蝇 *Peleteria rubihirta*
黑头长须寄蝇 *Peleteria triseta*
微长须寄蝇 *Peleteria versuta*
克三长须寄蝇 *Peleteria xenoprepes*
锡米等鬃寄蝇 *Peribaea similata*
黑头裸盾寄蝇 *Periscepsia carbonaria*
汉氏裸盾寄蝇 *Periscepsia handlirschi*
小裸盾寄蝇 *Periscepsia misella*
裸背拉寄蝇 *Periscepsia spathulata*

晕脉裸盾寄蝇 *Periscepsia umbrinervis*
粗鬃拍寄蝇 *Peteina hyperdiscalis*
艾格菲寄蝇 *Phebellia agnatella*
截尾菲寄蝇 *Phebellia glirina*
黄额蚤寄蝇 *Phorinia aurifrons*
毛斑裸板寄蝇 *Phorocerosoma postulans*
赫氏怯寄蝇 *Phryxe heraclei*
帕蜍怯寄蝇 *Phryxe patruelis*
普通怯寄蝇 *Phryxe vulgaris*
环形驼背寄蝇 *Phyllomyia annularis*
吉姆驼背寄蝇 *Phyllomyia gymnops*
林荫扁寄蝇 *Platymya fimbriata*
短芒扁寄蝇 *Platymya antennata*
鬃尾纤芒寄蝇 *Prodegeeria chaetopygialis*
日本纤寄蝇 *Prodegeeria japonica*
金龟长唇寄蝇 *Prosena siberita*
深黑雷迪寄蝇 *Redia atra*
犀鼻寄蝇 *Rhinaplomyia nasuta*
双斑撒寄蝇 *Salmacia bimaculata*
黑鳞舟寄蝇 *Scaphimyia nigrobasicasta*
隔离裸基寄蝇 *Senometopia excisa*
长肛裸基寄蝇 *Senometopia lena*
蛇肛茸毛寄蝇 *Servillia anguisipennis*
粗端鬃茸毛寄蝇 *Servillia apicalis*
宽头茸毛寄蝇 *Servillia breviceps*
赵氏茸毛寄蝇 *Servillia chaoi*
侧条茸毛寄蝇 *Servillia laterolinea*
墨脱茸毛寄蝇 *Servillia medogensis*
鬃颜茸毛寄蝇 *Servillia pulvera*
栗黑茸毛寄蝇 *Servillia punctocincta*
青藏茸毛寄蝇 *Servillia qingzangensis*
洛灯茸毛寄蝇 *Servillia rohdendorfiana*
缺端鬃茸毛寄蝇 *Servillia sinerea*
蜂茸毛寄蝇 *Servillia ursinoidea*
西藏茸毛寄蝇 *Servillia xizangensis*
北方长唇寄蝇 *Siphona boreata*
闪斑长唇寄蝇 *Siphona confusa*
冠毛长唇寄蝇 *Siphona cristata*
呆长唇寄蝇 *Siphona delicatula*

大蚊长唇寄蝇 *Siphona geniculata*
湿地长唇寄蝇 *Siphona paludosa*
袍长唇寄蝇 *Siphona pauciseta*
择长唇寄蝇 *Siphona selecta*
亮黑飞跃寄蝇 *Siphona sparipruinatus*
梳飞跃寄蝇 *Spallanzania hebes*
多刺孔寄蝇 *Spoggosia echinura*
丽丛毛寄蝇 *Sturmia bella*
白毛寄蝇 *Tachina albidopilosa*
蛇肛寄蝇 *Tachina anguisipennis*
火红寄蝇 *Tachina ardens*
火红寄蝇 *Tachina ardens*
肥须诺寄蝇 *Tachina atripalpis*
金黄寄蝇 *Tachina aurulentas*
拟熊蜂寄蝇 *Tachina bombidiforma*
短翅寄蝇 *Tachina breviala*
短头寄蝇 *Tachina breviceps*
短须诺寄蝇 *Tachina brevipalpis*
赵氏寄蝇 *Tachina chaoi*
陈氏寄蝇 *Tachina cheni*
亮腹寄蝇 *Tachina corsicana*
黄跗寄蝇 *Tachina fera*
黄鳞寄蝇 *Tachina flavosquama*
墨黑诺寄蝇 *Tachina funebris*
杈肛寄蝇 *Tachina furcipennis*
棕红寄蝇 *Tachina haemorrhoa*
黑腹诺寄蝇 *Tachina heifu*
短跗诺寄蝇 *Tachina hingstoniae*
昆明寄蝇 *Tachina kunmingensis*
侧条寄蝇 *Tachina laterolinea*
艳斑寄蝇 *Tachina lateromaculata*
宽带诺寄蝇 *Tachina latilinea*
巨爪寄蝇 *Tachina macropuchia*
墨脱寄蝇 *Tachina medogensis*
弥寄蝇 *Tachina mikado*
蒙古诺寄蝇 *Tachina mongolica*
黑角诺寄蝇 *Tachina nigrovillosa*
怒寄蝇 *Tachina nupta*
屏边寄蝇 *Tachina pingbian*

光亮诺寄蝇 *Tachina polita*
鬃颜寄蝇 *Tachina pulvera*
青藏寄蝇 *Tachina qingzangensis*
洛灯寄蝇 *Tachina rohdendorfiana*
筒须诺寄蝇 *Tachina rondanii*
红尾寄蝇 *Tachina ruficauda*
缺端鬃寄蝇 *Tachina sinerea*
明寄蝇 *Tachina sobria*
刺腹寄蝇 *Tachina spina*
什塔寄蝇 *Tachina stackelbergi*
芦斑诺寄蝇 *Tachina strobelii*
黑斑寄蝇 *Tachina trigonata*
黄白寄蝇 *Tachina ursina*
蜂寄蝇 *Tachina ursinoidea*
西藏寄蝇 *Tachina xizangensis*
小盾塔卡寄蝇 *Takanomyia scutellata*
金粉柔寄蝇 *Thelaira chrysopruinosa*
亮三角柔寄蝇 *Thelaira claritriangla*
宽体柔寄蝇 *Thelaira ghanii*
可可西里柔寄蝇 *Thelaira hohxilica*
白带柔寄蝇 *Thelaira leucozona*
巨型柔寄蝇 *Thelaira macropus*
暗黑柔寄蝇 *Thelaira nigripes*
单眼鬃柔寄蝇 *Thelaira occelaris*
撒拉柔毛寄蝇 *Thelaria solivaga*
中华托蒂寄蝇 *Tothillia sinensis*
裸额毛颜寄蝇 *Trichoparia blanda*
云南鞭角寄蝇 *Trischidocera yunnanensis*
长芒三鬃寄蝇 *Tritaxys braueri*
夜蛾土蓝寄蝇 *Turanogonia chinensis*
长角髭寄蝇 *Vibrissina turrita*
短爪蜗寄蝇 *Voria micronychia*
茹蜗寄蝇 *Voria ruralis*
迪瓦根寄蝇 *Wagneria depressa*
凶猛温寄蝇 *Winthemia cruentata*
裸腹温寄蝇 *Winthemia diversa*
变异温寄蝇 *Winthemia neowinthemioides*
四点温寄蝇 *Winthemia quadripustulata*

苏门答腊温寄蝇 *Winthemia sumatrana*
步行虫灾寄蝇 *Zaira cinerea*
黄粉彩寄蝇 *Zenillia dolosa*

9. 鳞翅目 Lepidoptera

本目蝠蛾科 Hepialidae 因其药用和保健价值，锚纹蛾科 Callidulidae、蚕蛾科 Bombycidae、大蚕蛾科 Saturniidae、水蜡蛾科 Brahmaeidae、凤蝶科 Papilionidae、粉蝶科 Pieridae、蛱蝶科 Nymphalidae、灰蝶科 Lycaenidae、弄蝶科 Hesperiidae 因其观赏性或稀有性而建议列入保护名录，建议保护种类 544 种。

蝠蛾科 Hepialidae 43 种

云南双栉蝠蛾 *Bipectilus yunnanensis*
西藏二岔蝠蛾 *Forkalus xizangensis*
黄类蝠蛾 *Hepialiscus flavus*
尼泊尔类蝠蛾 *Hepialiscus nepalensis*
丫纹类蝠蛾 *Hepialiscus sylvinus*
德格蝠蛾 *Hepialus alticola*
石纹蝠蛾 *Hepialus carna*
锈色蝠蛾 *Hepialus ferrugineus*
刚察蝠蛾 *Hepialus gangcaensis*
条纹蝠蛾 *Hepialus ganna*
丽江蝠蛾 *Hepialus lijiangensis*
玛曲蝠蛾 *Hepialus maquensis*
门源蝠蛾 *Hepialus menyuanicus*
四川蝠蛾 *Hepialus sichuanus*
玉龙蝠蛾 *Hepialus yulongensis*
云南蝠蛾 *Hepialus yunnanensis*
玉树蝠蛾 *Hepialus yushuensis*
杂多蝠蛾 *Hepialus zadoiensis*
巨疖蝠蛾 *Phassus giganodus*
玫斯蝙蛾 *Phassus miniatus*
西藏蝠蛾 *Phassus xizangensis*
雷斯蝙蛾 *Sthenopis regius*
白纹钩蝠蛾 *Thitarodes albipictus*
白马钩蝠蛾 *Thitarodes baimaensis*
双带钩蝠蛾 *Thitarodes bibelteus*
美丽钩蝠蛾 *Thitarodes callinivalis*
德氏钩蝠蛾 *Thitarodes davidi*
德钦钩蝠蛾 *Thitarodes deqinensis*
曲线钩蝠蛾 *Thitarodes fusconebulosa*

赭褐钩蝠蛾 *Thitarodes gallicus*
贡嘎钩蝠蛾 *Thitarodes gonggaensis*
金沙钩蝠蛾 *Thitarodes jinshaensis*
康定钩蝠蛾 *Thitarodes kangdingensis*
康姬钩蝠蛾 *Thitarodes kangdingroides*
宽兜钩蝠蛾 *Thitarodes latitegumenus*
理塘钩蝠蛾 *Thitarodes litangensis*
梅里钩蝠蛾 *Thitarodes meiliensis*
白线钩蝠蛾 *Thitarodes nubifer*
草地钩蝠蛾 *Thitarodes pratensis*
人支钩蝠蛾 *Thitarodes renzhiensis*
叶日钩蝠蛾 *Thitarodes yeriensis*
永胜钩蝠蛾 *Thitarodes yongshengensis*
中支钩蝠蛾 *Thitarodes zhongzhiensis*

锚纹蛾科 Callidulidae 1 种

锚纹蛾 *Pterodecta felderi*

凤蛾科 Epicopeiidae 1 种

榆凤蛾 *Epicopeia mencia*

蚕蛾科 Bombycidae 5 种

家蚕 *Bombyx mori*
钩翅赭蚕蛾 *Mustilia sphingiformis*
黄波花蚕蛾 *Oberthuria oaeca*
褐斑白蚕蛾 *Ocinara brunnea*
大黑点白蚕 *Ocinara lida*

大蚕蛾科 Saturniidae 18 种

华尾大蚕蛾 *Actias heterogyna*
丁目大蚕蛾 *Aglia tau*
柞蚕 *Antheraea pernyi*
黄目大蚕蛾 *Caligula anna*
合目大蚕蛾 *Caligula boisduvalii fallax*
珠目大蚕蛾 *Caligula lindia bonita*
月目大蚕蛾 *Caligula zuleika*
点目大蚕蛾 *Cricula andrei*
小字大蚕蛾 *Cricula trifenestrata*
胡桃大蚕蛾 *Dictyoploca cachara*
藤豹大蚕蛾 *Loepa anthera*
目豹大蚕蛾 *Loepa damartis*
黄豹大蚕蛾 *Loepa katinka*
豹大蚕蛾 *Loepa oberthuri*

线透目大蚕蛾 *Rhodinia davidi*
鸱目大蚕蛾 *Salassa lola*
猫目大蚕蛾 *Salassa thespis*
樗蚕 *Samia cynthia*

水蜡蛾科（箩纹蛾科）Brahmaeidae 4 种

黑褐箩纹蛾 *Brahmaea christophi*
青球箩纹蛾 *Brahmaea hearseyi*
紫光箩纹蛾 *Brahmaea porphyria*
枯球箩纹蛾 *Brahmaea wallichii*

凤蝶科 Papilionidae 53 种

暖曙凤蝶 *Atrophaneura aidoneus*
曙凤蝶 *Atrophaneura horishanus*
多尾凤蝶 *Bhutanitis lidderdalii*
麝凤蝶 *Byasa alcinous*
达摩麝凤蝶 *Byasa daemonius*
白斑麝凤蝶 *Byasa dasarada*
粗绒麝凤蝶 *Byasa nevilli*
彩裙麝凤蝶 *Byasa polla*
多姿麝凤蝶 *Byasa polyeuctes*
碎斑青凤蝶 *Graphium chironides*
宽带青凤蝶 *Graphium cloanthus*
青凤蝶 *Graphium sarpedon*
西藏钩凤蝶 *Meandrusa lachinus*
钩凤蝶 *Meandrusa payeni*
褐钩凤蝶 *Meandrusa sciron*
褐斑凤蝶 *Papilio agestor*
窄斑翠凤蝶 *Papilio arcturus*
碧凤蝶 *Papilio bianor*
牛郎凤蝶 *Papilio bootes*
小黑斑凤蝶 *Papilio epycides*
玉斑凤蝶 *Papilio helenus*
织女凤蝶 *Papilio janaka*
克里翠凤蝶 *Papilio krishna*
绿带翠凤蝶 *Papilio maackii*
宽带凤蝶 *Papilio nephelus*
巴黎翠凤蝶 *Papilio paris*
玉带凤蝶 *Papilio polytes*
蓝凤蝶 *Papilio protenor*
西番翠凤蝶 *Papilio syfanius*

柑橘凤蝶 *Papilio xuthus*
蓝精灵绢蝶 *Parnassius acdestis*
羲和绢蝶 *Parnassius apollonius*
爱侣绢蝶 *Parnassius ariadne*
奥古斯都绢蝶 *Parnassius augustus*
元首绢蝶 *Parnassius cephalus*
郝宁顿绢蝶 *Parnassius hannyngtoni*
帕特力绢蝶 *Parnassius hide*
蜡贝绢蝶 *Parnassius labeyriei*
马哈绢蝶 *Parnassius maharaja*
小红珠绢蝶 *Parnassius nomion*
野濑绢蝶 *Parnassius nosei*
珍珠绢蝶 *Parnassius orleans*
普氏绢蝶 *Parnassius przewalskii*
师古绢蝶 *Parnassius schulteri*
西猴绢蝶 *Parnassius simo*
白绢蝶 *Parnassius stubbendorfii*
四川绢蝶 *Parnassius szechenyii*
天山绢蝶 *Parnassius tianschanicus*
斜纹绿凤蝶 *Pathysa agetes*
绿凤蝶 *Pathysa antiphates*
升天剑凤蝶 *Pazala euroa*
华夏剑凤蝶 *Pazala mandarinus*
喙凤蝶 *Teinopalpus imperialis*

粉蝶科 Pieridae 63 种

皮氏尖襟粉蝶 *Anthocharis bieti*
红襟粉蝶 *Anthocharis cardamines*
完善绢粉蝶 *Aporia agathon*
暗色绢粉蝶 *Aporia bieti*
绢粉蝶 *Aporia crataegi*
丫纹绢粉蝶 *Aporia delavayi*
锯纹绢粉蝶 *Aporia goutellei*
利箭绢粉蝶 *Aporia harrietae*
小檗绢粉蝶 *Aporia hippia*
三黄绢粉蝶 *Aporia larraldei*
马丁绢粉蝶 *Aporia martineti*
奥倍绢粉蝶 *Aporia oberthueri*
箭纹绢粉蝶 *Aporia procris*
白翅尖粉蝶 *Appias albina*

雷震尖粉蝶 *Appias indra*
兰姬尖粉蝶 *Appias lalage*
芭侏粉蝶 *Baltia butleri*
镉黄迁粉蝶 *Catopsilia scylla*
阿豆粉蝶 *Colias adelaidae*
红黑豆粉蝶 *Colias arida*
玉色豆粉蝶 *Colias berylla*
小豆粉蝶 *Colias cocandica*
曙红豆粉蝶 *Colias eogene*
斑缘豆粉蝶 *Colias erate*
橙黄豆粉蝶 *Colias fieldii*
金豆粉蝶 *Colias ladakensis*
山豆粉蝶 *Colias montium*
黧豆粉蝶 *Colias nebulosa*
尼娜豆粉蝶 *Colias nina*
斯托豆粉蝶 *Colias stoliczkana*
勇豆粉蝶 *Colias thrasibulus*
万达豆粉蝶 *Colias wanda*
红腋斑粉蝶 *Delias acalis*
艳妇斑粉蝶 *Delias belladonna*
倍林斑粉蝶 *Delias berinda*
侧条斑粉蝶 *Delias lativitta*
洒青斑粉蝶 *Delias sanaca*
隐条斑粉蝶 *Delias subnubila*
黑角方粉蝶 *Dercas lycorias*
檀方粉蝶 *Dercas verhuelli*
安迪黄粉蝶 *Eurema andersoni*
檗黄粉蝶 *Eurema blanda*
宽边黄粉蝶 *Eurema hecabe*
圆翅钩粉蝶 *Gonepteryx amintha*
淡色钩粉蝶 *Gonepteryx aspasia*
尖钩粉蝶 *Gonepteryx mahaguru*
钩粉蝶 *Gonepteryx rhamni*
妹粉蝶 *Mesapia peloria*
春丕粉蝶 *Pieris chumbiensis*
大卫粉蝶 *Pieris davidis*
斑缘粉蝶 *Pieris deota*
杜贝粉蝶 *Pieris dubernardi*
大展粉蝶 *Pieris extensa*

库茨粉蝶 *Pieris kozlovi*
黑边粉蝶 *Pieris melaina*
黑纹粉蝶 *Pieris melete*
暗脉粉蝶 *Pieris napi*
维纳粉蝶 *Pieris venata*
王氏粉蝶 *Pieris wangi*
箭纹云粉蝶 *Pontia callidice*
绿云粉蝶 *Pontia chloridice*
云粉蝶 *Pontia edusa*
锯粉蝶 *Prioneris thestylis*

蛱蝶科 Nymphalidae 268 种

婀蛱蝶 *Abrota ganga*
苎麻珍蝶 *Acraea issoria*
纹环蝶 *Aemona amathusia*
克什米尔麻蛱蝶 *Aglais caschmirensis*
中华荨麻蛱蝶 *Aglais chinensis*
荨麻蛱蝶 *Aglais urticae*
滇藏闪蛱蝶 *Apatura bieti*
阿芬眼蝶 *Aphantopus hyperantus*
布网蜘蛱蝶 *Araschnia burejana*
中华蜘蛱蝶 *Araschnia chinensis*
大卫蜘蛱蝶 *Araschnia davidis*
断纹蜘蛱蝶 *Araschnia dohertyi*
直纹蜘蛱蝶 *Araschnia prorsoides*
红裙边明眸眼蝶 *Argestina inconstans*
苹色明眸眼蝶 *Argestina pomena*
明眸眼蝶 *Argestina waltoni*
斐豹蛱蝶 *Argynnis hyperbius*
绿豹蛱蝶 *Argynnis paphia*
老豹蛱蝶 *Argyronome laodice*
珠履带蛱蝶 *Athyma asura*
双色带蛱蝶 *Athyma cama*
玉杵带蛱蝶 *Athyma jina*
虬眉带蛱蝶 *Athyma opalina*
东方带蛱蝶 *Athyma orientalis*
离斑带蛱蝶 *Athyma ranga*
新月带蛱蝶 *Athyma selenophora*
孤斑带蛱蝶 *Athyma zeroca*
喜马林眼蝶 *Aulocera brahminoides*

林眼蝶 *Aulocera brahminus*
罗哈林眼蝶 *Aulocera loha*
四射林眼蝶 *Aulocera magica*
大型林眼蝶 *Aulocera padma*
小型林眼蝶 *Aulocera sybillina*
奥蛱蝶 *Auzakia danava*
耙蛱蝶 *Bhagadatta austenia*
华西宝蛱蝶 *Boloria palina*
阿波绢蛱蝶 *Calinaga aborica*
绢蛱蝶 *Calinaga buddha*
阿娜艳眼蝶 *Callerebia annada*
白边艳眼蝶 *Callerebia baileyi*
多型艳眼蝶 *Callerebia polyphemus*
斯艳眼蝶 *Callerebia scanda*
红锯蛱蝶 *Cethosia biblis*
白带锯蛱蝶 *Cethosia cyane*
姹蛱蝶 *Chalinga elwesi*
白带螯蛱蝶 *Charaxes bernardus*
螯蛱蝶 *Charaxes marmax*
白室岩眼蝶 *Chazara heydenreichi*
黄绢坎蛱蝶 *Chersonesia risa*
银豹蛱蝶 *Childrena childreni*
曲纹银豹蛱蝶 *Childrena zenobia*
斜带铠蛱蝶 *Chitoria sordida*
栗铠蛱蝶 *Chitoria subcaerulea*
武铠蛱蝶 *Chitoria ulupi*
马森带眼蝶 *Chonala masoni*
辘蛱蝶 *Cirrochroa aoris*
珍蛱蝶 *Clossiana gong*
西门珍眼蝶 *Coenonympha semenovi*
狄泰珍眼蝶 *Coenonympha tydeus*
珍贵污斑眼蝶 *Cyllogenes janetae*
网丝蛱蝶 *Cyrestis thyodamas*
金斑蝶 *Danaus chrysippus*
虎斑蝶 *Danaus genutia*
绢眼蝶 *Davidina armandi*
电蛱蝶 *Dichorragia nesimachus*
窗蛱蝶 *Dilipa morgiana*
凤眼方环蝶 *Discophora sondaica*

闪紫锯眼蝶 *Elymnias malelas*
疏星锯眼蝶 *Elymnias patna*
蓝带矩环蝶 *Enispe cycnus*
矩环蝶 *Enispe euthymius*
红眼蝶 *Erebia alcmena*
图兰红眼蝶 *Erebia turanica*
指名黑眼蝶 *Ethope himachala*
耳环优眼蝶 *Eugrumia herse*
异型紫斑蝶 *Euploea mulciber*
芒蛱蝶 *Euripus nyctelius*
彩式翠蛱蝶 *Euthalia caii*
孔子翠蛱蝶 *Euthalia confucius*
渡带翠蛱蝶 *Euthalia duda*
巴翠蛱蝶 *Euthalia durga*
珐琅翠蛱蝶 *Euthalia franciae*
伊瓦翠蛱蝶 *Euthalia iva*
黄铜翠蛱蝶 *Euthalia nara*
绿裙边翠蛱蝶 *Euthalia niepelti*
黄带翠蛱蝶 *Euthalia patala*
尖翅翠蛱蝶 *Euthalia phemius*
链斑翠蛱蝶 *Euthalia sahadeva*
小渡带翠蛱蝶 *Euthalia sakota*
新颖翠蛱蝶 *Euthalia staudingeri*
捻带翠蛱蝶 *Euthalia strephon*
灿福蛱蝶 *Fabriciana adippe*
蟾福蛱蝶 *Fabriciana nerippe*
东亚福蛱蝶 *Fabriciana xipe*
灰翅串珠环蝶 *Faunis aerope*
杂色睛眼蝶 *Hemadara narasingha*
黑脉蛱蝶 *Hestina assimillis*
蒺藜纹脉蛱蝶 *Hestina nama*
幻紫斑蛱蝶 *Hypolimnas bolina*
黄翅云眼蝶 *Hyponephele davendra*
曲斑珠蛱蝶 *Issoria eugenia*
西藏珠蛱蝶 *Issoria gemmate*
珠蛱蝶 *Issoria lathonia*
美眼蛱蝶 *Junonia almana*
波纹眼蛱蝶 *Junonia atilites*
钩翅眼蛱蝶 *Junonia iphita*

翠蓝眼蛱蝶 *Junonia orithya*
指斑枯叶蛱蝶 *Kallima alicia*
琉璃蛱蝶 *Kaniska canace*
大毛眼蝶 *Lasiommata majuscula*
小毛眼蝶 *Lasiommata minuscula*
黎蛱蝶 *Lebadea martha*
贝利黛眼蝶 *Lethe baileyi*
西藏黛眼蝶 *Lethe baladeva*
帕拉黛眼蝶 *Lethe bhairava*
直线黛眼蝶 *Lethe brisanda*
曲纹黛眼蝶 *Lethe chandica*
圣母黛眼蝶 *Lethe cybele*
珍惜黛眼蝶 *Lethe distans*
云纹黛眼蝶 *Lethe elwesi*
长纹黛眼蝶 *Lethe europa*
孪斑黛眼蝶 *Lethe gemina*
高帕黛眼蝶 *Lethe goalpara*
戈黛眼蝶 *Lethe gregoryi*
固匿黛眼蝶 *Lethe gulnihal*
深山黛眼蝶 *Lethe hyrania*
小云斑黛眼蝶 *Lethe jalaurida*
康藏黛眼蝶 *Lethe kanjupkula*
侧带黛眼蝶 *Lethe latiaris*
迷纹黛眼蝶 *Lethe maitrya*
珍珠黛眼蝶 *Lethe margaritae*
三楔黛眼蝶 *Lethe mekara*
锯纹黛眼蝶 *Lethe nicetas*
优美黛眼蝶 *Lethe nicetella*
黑带黛眼蝶 *Lethe nigrifascia*
银纹黛眼蝶 *Lethe ramadeva*
华山黛眼蝶 *Lethe serbonis*
西峒黛眼蝶 *Lethe sidonis*
尖尾黛眼蝶 *Lethe sinorix*
素拉黛眼蝶 *Lethe sura*
玉带黛眼蝶 *Lethe verma*
朴喙蝶 *Libythea celtis*
巧克力线蛱蝶 *Limenitis ciocolatina*
细线蛱蝶 *Limenitis cleophas*
蓝线蛱蝶 *Limenitis dubernardi*

红线蛱蝶 *Limenitis populi*
残锷线蛱蝶 *Limenitis sulpitia*
缕蛱蝶 *Litinga cottini*
西藏缕蛱蝶 *Litinga rileyi*
丛林链眼蝶 *Lopinga dumetora*
小链眼蝶 *Lopinga nemorum*
黑舜眼蝶 *Loxerebia martyr*
巨睛舜眼蝶 *Loxerebia megalops*
林区舜眼蝶 *Loxerebia sylvicola*
甘藏白眼蝶 *Melanargia ganymedes*
华西白眼蝶 *Melanargia leda*
暮眼蝶 *Melanitis leda*
睇暮眼蝶 *Melanitis phedima*
菌网蛱蝶 *Melitaea agar*
狄网蛱蝶 *Melitaea didyma*
黑网蛱蝶 *Melitaea jezabel*
黎氏网蛱蝶 *Melitaea leechi*
罗网蛱蝶 *Melitaea romanovi*
华网蛱蝶 *Melitaea sindura*
圆翅网蛱蝶 *Melitaea yuenty*
拟稻眉眼蝶 *Mycalesis francisca*
稻眉眼蝶 *Mycalesis gotama*
白线眉眼蝶 *Mycalesis mestra*
罕眉眼蝶 *Mycalesis suavolens*
网纹荫眼蝶 *Neope christi*
德祥荫眼蝶 *Neope dejeani*
奥荫眼蝶 *Neope oberthueri*
黄斑荫眼蝶 *Neope pulaha*
普拉荫眼蝶 *Neope pulahina*
拟网纹荫眼蝶 *Neope simulans*
丝链荫眼蝶 *Neope yama*
黄带凤眼蝶 *Neorina hilda*
凤眼蝶 *Neorina partia*
重环蛱蝶 *Neptis alwina*
阿环蛱蝶 *Neptis ananta*
蛛环蛱蝶 *Neptis arachne*
矛环蛱蝶 *Neptis armandia*
珂环蛱蝶 *Neptis clinia*
烟环蛱蝶 *Neptis harita*

中环蛱蝶 *Neptis hylas*
玛环蛱蝶 *Neptis manasa*
娜巴环蛱蝶 *Neptis namba*
娜环蛱蝶 *Neptis nata*
啡环蛱蝶 *Neptis philyra*
伪娜巴环蛱蝶 *Neptis pseudonamba*
紫环蛱蝶 *Neptis radha*
断环蛱蝶 *Neptis sankara*
小环蛱蝶 *Neptis sappho*
娑环蛱蝶 *Neptis soma*
黄环蛱蝶 *Neptis themis*
耶环蛱蝶 *Neptis yerburii*
点蛱蝶 *Neurosigma siva*
黄缘蛱蝶 *Nymphalis antiopa*
朱蛱蝶 *Nymphalis xanthomelas*
菩萨酒眼蝶 *Oeneis buddha*
苾蟠蛱蝶 *Pantoporia bieti*
金蟠蛱蝶 *Pantoporia hordonia*
耳环山眼蝶 *Paralasa herse*
喀什山眼蝶 *Paralasa kalinda*
单瞳山眼蝶 *Paralasa nitida*
绢斑蝶 *Parantica aglea*
黑绢斑蝶 *Parantica melaneus*
大绢斑蝶 *Parantica sita*
史氏绢斑蝶 *Parantica swinhoei*
白斑俳蛱蝶 *Parasarpa albomaculata*
丫纹俳蛱蝶 *Parasarpa dudu*
西藏俳蛱蝶 *Parasarpa zayla*
双色拟酒眼蝶 *Paroeneis bicolor*
古北拟酒眼蝶 *Paroeneis palaearctica*
拟酒眼蝶 *Paroeneis pumilus*
锡金拟酒眼蝶 *Paroeneis sikkimensis*
海南斑眼蝶 *Penthema lisarda*
蔼菲蛱蝶 *Phaedyma aspasia*
珐蛱蝶 *Phalanta phalantha*
白钩蛱蝶 *Polygonia c-album*
巨型钩蛱蝶 *Polygonia gigantea*
窄斑凤尾蛱蝶 *Polyura athamas*
针尾蛱蝶 *Polyura dolon*

大二尾蛱蝶 *Polyura eudamippus*
二尾蛱蝶 *Polyura narcaea*
沾襟尾蛱蝶 *Polyura posidonia*
秀蛱蝶 *Pseudergolis wedah*
双星寿眼蝶 *Pseudochazara baldiva*
突厥寿眼蝶 *Pseudochazara turkestana*
南亚玳眼蝶 *Ragadia crito*
摩氏黄网眼蝶 *Rhaphicera moorei*
黄网眼蝶 *Rhaphicera satrica*
罗蛱蝶 *Rohana parisatis*
珍稀罗蛱蝶 *Rohana parvata*
白边眼蝶 *Satyrus parisatis*
帅蛱蝶 *Sephisa chandra*
银斑豹蛱蝶 *Speyeria aglaja*
镁斑豹蛱蝶 *Speyeria clara*
素饰蛱蝶 *Stibochiona nicea*
喜马箭环蝶 *Stichophthalma camadeva*
双星箭环蝶 *Stichophthalma neumogeni*
华西箭环蝶 *Stichophthalma suffusa*
肃蛱蝶 *Sumalia daraxa*
黄豹盛蛱蝶 *Symbrenthia brabira*
冕豹盛蛱蝶 *Symbrenthia doni*
花豹盛蛱蝶 *Symbrenthia hypselis*
散纹盛蛱蝶 *Symbrenthia lilaea*
霓豹盛蛱蝶 *Symbrenthia niphanda*
喜来盛蛱蝶 *Symbrenthia silana*
藏眼蝶 *Tatinga tibetana*
紫斑环蝶 *Thaumantis diores*
猫蛱蝶 *Timelaea maculata*
青斑蝶 *Tirumala limniace*
啬青斑蝶 *Tirumala septentrionis*
银蟾眼蝶 *Triphysa dohrnii*
蟾眼蝶 *Triphysa phryne*
彩蛱蝶 *Vagrans egista*
小红蛱蝶 *Vanessa cardui*
大红蛱蝶 *Vanessa indica*
文蛱蝶 *Vindula erota*
矍眼蝶 *Ypthima baldus*
孔矍眼蝶 *Ypthima confusa*

重光矍眼蝶 *Ypthima dromon*
虹矍眼蝶 *Ypthima iris*
侧斑矍眼蝶 *Ypthima parasakra*
前雾矍眼蝶 *Ypthima praenubila*
连斑矍眼蝶 *Ypthima sakra*
单瞳资眼蝶 *Zipaetis unipupillata*

灰蝶科 Lycaenidae 83 种

锡金尾褐蚬蝶 *Abisara chela*
黄带褐蚬蝶 *Abisara fylla*
长尾褐蚬蝶 *Abisara neophron*
钮灰蝶 *Acytolepis puspa*
斑灿灰蝶 *Agriades luanus*
安婀灰蝶 *Albulina amphirrhoe*
婀灰蝶 *Albulina orbitula*
泳婀灰蝶 *Albulina yonghusbandi*
安灰蝶 *Ancema ctesia*
绿灰蝶 *Artipe eryx*
庞呃灰蝶 *Athamanthia pang*
斯旦呃灰蝶 *Athamanthia standfussi*
扣靛灰蝶 *Caerulea coelestis*
蓝咖灰蝶 *Catochrysops panormus*
琉璃灰蝶 *Celastrina argiola*
莫琉璃灰蝶 *Celastrina morsheadi*
大紫琉璃灰蝶 *Celastrina oreas*
韫玉灰蝶 *Celatoxia marginata*
吉蒲灰蝶 *Chliaria kina*
不丹金灰蝶 *Chrysozephyrus bhutanensis*
尖翅银灰蝶 *Curetis acuta*
红秃尾蚬蝶 *Dodona adonira*
秃尾蚬蝶 *Dodona dipoea*
无尾蚬蝶 *Dodona durga*
大斑尾蚬蝶 *Dodona egeon*
银纹尾蚬蝶 *Dodona eugenes*
斜带缺尾蚬蝶 *Dodona ouida*
江琦灰蝶 *Esakiozephyrus icana*
轭灰蝶 *Euaspa milionia*
蓝灰蝶 *Everes argiades*
长尾蓝灰蝶 *Everes lacturnus*
蓝仓灰蝶 *Fujiokaozephyrus camurius*

仓灰蝶 *Fujiokaozephyrus tsangkie*
美男彩灰蝶 *Heliophorus androcles*
古铜彩灰蝶 *Heliophorus brahma*
耀彩灰蝶 *Heliophorus gloria*
浓紫彩灰蝶 *Heliophorus ila*
摩来彩灰蝶 *Heliophorus moorei*
塔彩灰蝶 *Heliophorus tamu*
丽罕莱灰蝶 *Helleia li*
昂貉灰蝶 *Heodes ouang*
毕磐灰蝶 *Iwaseozephyrus bieti*
长尾磐灰蝶 *Iwaseozephyrus longicaudatus*
磐灰蝶 *Iwaseozephyrus mandara*
亮灰蝶 *Lampides boeticus*
赖灰蝶 *Lestranicus transpectus*
鹿灰蝶 *Loxura atymnus*
橙灰蝶 *Lycaena dispar*
红灰蝶 *Lycaena phlaeas*
贝娜灰蝶 *Nacaduba beroe*
古楼娜灰蝶 *Nacaduba kurava*
黑娜灰蝶 *Nacaduba pactolus*
红脉小蚬蝶 *Polycaena carmelita*
歧纹小蚬蝶 *Polycaena chauchawensis*
喇嘛小蚬蝶 *Polycaena lama*
露娅小蚬蝶 *Polycaena lua*
密斑小蚬蝶 *Polycaena matuta*
色季拉小蚬蝶 *Polycaena sejila*
爱慕眼灰蝶 *Polyommatus amorata*
多眼灰蝶 *Polyommatus eros*
维纳斯眼灰蝶 *Polyommatus venus*
波密燕灰蝶 *Rapala bomiensis*
奈燕灰蝶 *Rapala nemorensis*
霓纱燕灰蝶 *Rapala nissa*
彩燕灰蝶 *Rapala selira*
川滇洒灰蝶 *Satyrium fixseni*
珞灰蝶 *Scolitantides orion*
山灰蝶 *Shijimia moorei*
烂僖灰蝶 *Sinia lanty*
蓝生灰蝶 *Sinthusa confuse*
西藏银线灰蝶 *Spindasis zhengweilie*

细灰蝶 *Syntarucus plinius*
白日双尾灰蝶 *Tajuria diaeus*
淡蓝双尾灰蝶 *Tajuria illurgis*
淡纹玄灰蝶 *Tongeia ion*
西藏玄灰蝶 *Tongeia menpae*
拟竹都玄灰蝶 *Tongeia pseudozuthus*
白斑妩灰蝶 *Udara albocaerulea*
妩灰蝶 *Udara dilecta*
三点桠灰蝶 *Yasoda tripunctata*
珍灰蝶 *Zeltus amasa*
波蚬蝶 *Zemeros flegyas*
酢浆灰蝶 *Zizeeria maha*

弄蝶科 Hesperiidae 5 种

察隅银弄蝶 *Carterocephalus chayuensis*
西藏赭弄蝶 *Ochlodes thibetana*
西藏黄室弄蝶 *Potanthus tibetana*
西藏飒弄蝶 *Satarupa zulla*
墨脱异弄蝶 *Sebastonyma medoensis*

10. 膜翅目 Hymenoptera

本目因茧蜂科 Braconidae、姬蜂科 Ichneumonidae，小蜂总科 Chalcidoidea、土蜂科 Scoliidae、胡蜂科 Vespidae、异腹胡蜂科 Polybiidae、铃腹胡蜂科 Ropalidiidae、蜾蠃科 Eumenidae、马蜂科 Polistidae、泥蜂科 Sphecidae、节腹泥蜂科 Cerceridae、刺胸泥蜂科 Oxybelidae、方头泥蜂科 Crabronidae、地蜂科 Andrenidae、隧蜂科 Halictidae、准蜂科 Melittidae、条蜂科 Anthophoridae、蜜蜂科 Apidae 等属于天敌昆虫或重要的传粉昆虫而建议列入保护名录，建议保护种类 262 种。

茧蜂科 Braconidae 3 种

螟蛉绒茧蜂 *Cotesia ruficrus*
菜蚜茧蜂 *Diaeretiella rapae*
米林长距茧蜂 *Macrocentrus mainlingensis*

姬蜂科 Ichneumonidae 53 种

顾氏肩峰姬蜂 *Acromia guptai*
小眼阿格姬蜂 *Agrypon facetum*
褐毛阿格姬蜂 *Agrypon fulvipilum*
黑角阿格姬蜂 *Agrypon nigantennum*
刻点阿格姬蜂 *Agrypon punctatum*
纹阿格姬蜂 *Agrypon striatum*
黄地老虎姬蜂 *Amblyteles vadatorium*
横断肿跗姬蜂 *Anomalon hengduanensis*

五齿离沟姬蜂 *Apocryptus quinquedentatus*
等边短管姬蜂 *Brevitubulus aeqilatus*
脊额黑瘤姬蜂 *Coccygomimus carinifrons*
黄须黑瘤姬蜂 *Coccygomimus flavipalpis*
古北黑瘤姬蜂 *Coccygomimus instigator*
天蛾黑瘤姬蜂 *Coccygomimus laotho*
宽肩无缘姬蜂 *Ecaepomia latiantenna*
黑斑细颚姬蜂 *Enicospilus melanocarpus*
褶皱细颚姬蜂 *Enicospilus plicatus*
地老虎细颚姬蜂 *Enicospilus rossicus*
束足黑细额姬蜂 *Exetastes cinctipes*
西藏颊角姬蜂 *Geniceris tibetensis*
横带驼姬蜂 *Goryphus basilaris*
花胸脊额姬蜂 *Gotra octocincta*
颚甲腹姬蜂 *Hemigaster mandibularis*
松毛虫异足姬蜂 *Heteropelma amictum*
拱背异足姬蜂 *Heteropelma arcuatidorsum*
剑异足姬蜂 *Heteropelma inclinum*
凤蝶姬蜂 *Ichneumon generosus*
细点无沟姬蜂 *Insulcus puncticulosus*
黑尾姬蜂 *Ischnojoppa luteator*
丽角曼姬蜂 *Mansa pulchricornis*
雅鲁马达姬蜂 *Matastenus yarluunus*
红腹单卵姬蜂 *Monoblastus rufeabdominus*
德氏拟瘦姬蜂 *Netelia dhruvi*
棕角拟瘦姬蜂 *Netelia fuscicornis*
青海拟瘦姬蜂 *Netelia versicolor*
双脊瘦姬蜂 *Ophion bicarinatus*
夜蛾瘦姬蜂 *Ophion luteus*
西藏瘦姬蜂 *Ophion sumptious*
乌黑瘤姬蜂 *Pimpla indra*
红足瘤姬蜂 *Pimpla instigator*
马斯囊爪姬蜂 *Theronia maskeliyae*
红斑大蛾姬蜂 *Theronia rufomaculatum*
黄瘤黑纹囊爪姬蜂 *Theronia zebra diluta*
丽毛眼姬蜂 *Trichomma lepidum*
密点肿唇姬蜂 *Tumeclypeus densipunctus*
棒黑点瘤姬蜂 *Xanthopimpla clavata*
优黑点瘤姬蜂 *Xanthopimpla honorata*

南峰黑点瘤姬蜂 *Xanthopimpla nanfenginus*
松毛虫黑点瘤姬蜂 *Xanthopimpla pedator*
广黑点瘤姬蜂 *Xanthopimpla punctata*
瑞黑点瘤姬蜂 *Xanthopimpla reicherti*
无斑凿姬蜂 *Xorides immaculatus*
丘褚姬蜂 *Xorides opustumulus*

小蜂总科 Chalcidoidea 26 种

毛足广大腿小蜂 *Brachymeria* sp.
芒康片脊金小蜂 *Carinoprepectus scabiosus*
西藏隐后金小蜂 *Cryptoprymna xizangensis*
双瓣刻唇金小蜂 *Dinotiscus bivalvis*
黄胫扁股小蜂 *Elasmus vibicellae*
吉塘优跳小蜂 *Eugahania gyitangensis*
小蠹长尾广肩小蜂 *Eurytoma longicauda*
长角柄翅缨小蜂 *Gonatocerus longicornis*
圆形赘须金小蜂 *Halticoptera circulus*
蝶状赘须金小蜂 *Halticoptera patellana*
喜马瓢虫跳小蜂 *Homalotylus himalayaensis*
短柄丽金小蜂 *Lamprotatus breviscapus*
熙丽金小蜂 *Lamprotatus simillimus*
三叶丽金小蜂 *Lamprotatus trilobus*
圆颊矛尾金小蜂 *Lonchetron cyclorum*
察雅齐索金小蜂 *Octofuniculus chagyabensis*
翠绿巨胸小蜂 *Perilampus prasinus*
黑腹派金小蜂 *Pezilepsis maurigaster*
西藏脊腹广肩小蜂 *Płutarchia tibetensis*
凤蝶金小蜂 *Pteromalus puparum*
西北小蠹长尾金小蜂 *Roptrocerus ipius*
西藏虞索金小蜂 *Skeloceras xizangensis*
糙腹大痣金小蜂 *Sphaeripalpus lacunosus*
巴宿尖腹金小蜂 *Thektogaster baxoiensis*
宽腿尖腹金小蜂 *Thektogaster latifemur*
长角胀须金小蜂 *Tumor longicornis*

土蜂科 Scoliidae 4 种

白毛长腹土蜂 *Campsomeris annulata*
金毛长腹土蜂 *Campsomeris prismatica*
长腹黑土蜂 *Campsomeris schulthessi*
四川长腹土蜂 *Campsomeris szetschwanensis*

胡蜂科 Vespidae 13 种

聂拉木长黄胡蜂 *Dolichovespula nyalamensis*
树长黄胡蜂 *Dolichovespula sylvestris*
藏太平长黄胡蜂 *Dolichovespula xanthicincta*
基胡蜂 *Vespa basalis*
黑盾胡蜂 *Vespa bicolor*
大胡蜂 *Vespa magnifica*
黑胸胡蜂 *Vespa nigrithorax*
红黄胡蜂 *Vespa rufa rufa*
大金箍胡蜂 *Vespa tropica leefmansi*
凹纹胡蜂 *Vespa velutina*
墨胸胡蜂 *Vespa velutina nigrithorax*
德国黄胡蜂 *Vespula germanica*
锈腹黄胡蜂 *Vespula structor*

异腹胡蜂科 Polybiidae 2 种

印度侧异腹胡蜂 *Parapolybia indica*
变侧异腹胡蜂 *Parapolybia varia*

铃腹胡蜂科 Ropalidiidae 2 种

带铃腹胡蜂 *Ropalidia fasciata*
香港铃腹胡蜂 *Ropalidia hongkongensis*

蜾蠃科 Eumenidae 14 种

黑沟蜾蠃 *Ancistrocerus antoni*
缘代盾蜾蠃 *Ancistrocerus limbatum*
川沟蜾蠃 *Ancistrocerus parietum*
高原沟蜾蠃 *Ancistrocerus waltoni*
黄缘沟蜾蠃 *Anterhynchium flavomarginatus*
黄盾华丽蜾蠃 *Delta campaniforme gracile*
陆蜾蠃 *Eumenes mediterraneus*
三斑蜾蠃 *Eumenes tripunctatus*
单佳盾蜾蠃 *Euodynerus dantici dantici*
藏黄斑蜾蠃 *Katamenes indetonsus*
四秀蜾蠃 *Pareumenes quadrispinosus*
黄喙蜾蠃 *Rhynchium quinquecinctum*
福直盾蜾蠃 *Stenodynerus frauenfeldi*
二带同蜾蠃 *Symmorphus bifasciatus*

马蜂科 Polistidae 3 种

角马蜂 *Polistes chinensis antennalis*
柑马蜂 *Polistes mandarinus*
畦马蜂 *Polistes sulcatus*

泥蜂科 Sphecidae 9 种

红足沙泥蜂 *Ammophila atripes*

平原沙泥蜂 *Ammophila campestris*

爪沙泥蜂 *Ammophila clavus*

多沙泥蜂 *Ammophila sabulosa*

绿长背泥蜂 *Ampulex compressa*

安氏长足泥蜂 *Podalonia andrei*

多毛长足泥蜂 *Podalonia hirsuta*

黄盾壁泥蜂 *Sceliphron destillatarium*

飞蝗泥蜂 *Sphex subtruncatus*

节腹泥蜂科 Cerceridae 1 种

黄条节腹泥蜂 *Cerceris quinquecincta*

刺胸泥蜂科 Oxybelidae 1 种

横斑刺胸泥蜂 *Oxybelus strandi*

方头泥蜂科 Crabronidae 2 种

银口方头泥蜂 *Crabro vagus*

方头泥蜂 *Crossocerus dimidiatus sapporensis*

地蜂科 Andrenidae 29 种

白带地蜂 *Andrena albofasciata*

白唇地蜂 *Andrena albopicta*

水苏地蜂 *Andrena bentoni*

黑地蜂 *Andrena carbonaria*

黑地蜂 *Andrena carbonaria*

脊颊地蜂 *Andrena carinigena*

察雅地蜂 *Andrena chagyabensis*

灰地蜂 *Andrena cineraria*

联地蜂 *Andrena combinata*

同地蜂 *Andrena communis*

绯地蜂 *Andrena ferghanica*

喜马地蜂 *Andrena himalayaensis*

甘肃地蜂 *Andrena kansuensis*

宽颊地蜂 *Andrena latigena*

芒康地蜂 *Andrena mangkamensis*

黑伞地蜂 *Andrena mediocalens*

恶地蜂 *Andrena mephistophelica*

高山地蜂 *Andrena montana*

盖地蜂 *Andrena opercula*

小地蜂 *Andrena parvula*

拟灰地蜂 *Andrena pseudocineraria*

曲松地蜂 *Andrena qusumensis*
红跗地蜂 *Andrena ruficrus*
瘤唇地蜂 *Andrena sublisterelle*
拟黑伞地蜂 *Andrena submediocalens*
拟高山地蜂 *Andrena submontana*
拟盖地蜂 *Andrena subopercula*
西藏地蜂 *Andrena tibetensis*
韦地蜂 *Andrena wilkella*

隧蜂科 Halictidae 26 种

青海杜隧蜂 *Dufourea armata*
马踢刺拟隧蜂 *Halictoides calcaratus*
粗腿拟隧蜂 *Halictoides latifemurinis*
长角杜隧蜂 *Halictoides longicornis*
大颚拟隧蜂 *Halictoides mandibularis*
山拟隧蜂 *Halictoides montanus*
中华拟隧蜂 *Halictoides sinensis*
扁胫拟隧蜂 *Halictoides subclavicra*
宽带隧蜂 *Halictoides zonulus*
亮翅隧蜂 *Halictus lucidipennis*
志隧蜂 *Halictus senilis*
小齿淡脉隧蜂 *Lasioglossum denticolle*
台湾淡脉隧蜂 *Lasioglossum formosae*
小淡脉隧蜂 *Lasioglossum morio*
白绒脉隧蜂 *Lasioglossum proximatum*
尖肩脉隧蜂 *Lasioglossum subopacus*
西藏淡脉隧蜂 *Lasioglossum xizangense*
埃彩带蜂 *Nomia elliotti*
棕翅彩带蜂 *Nomia fuscipennis*
墨脱彩带蜂 *Nomia medogensis*
齿彩带蜂 *Nomia punctulata*
红角彩带蜂 *Nomia ruficornis*
红尾彩带蜂 *Nomia rufocaudata*
山纡地蜂 *Panurginus montanus*
淡翅红腹蜂 *Sphecodes grahami*
暗红腹蜂 *Sphecodes pieli*

准蜂科 Melittidae 5 种

喜马拉雅准蜂 *Melitta harrietae*
苜蓿准蜂 *Melitta leporina*
拟西藏准蜂 *Melitta pseudotibetensis*

黄胸准蜂 *Melitta thoracica*

西藏准蜂 *Melitta tibetensis*

条蜂科 Anthophoridae 40 种

白颊无垫蜂 *Amegilla albigena*

领无垫蜂 *Amegilla cingulifera*

杂无垫蜂 *Amegilla confusa*

四条无垫蜂 *Amegilla quadrifasciata*

吴氏条蜂 *Amegilla sinensis*

北方花条蜂 *Anthomegilla arctica*

尖唇条蜂 *Anthophora acutilabris*

灰胸条蜂 *Anthophora cinerithoracis*

叉矮面蜂 *Anthophora furcata*

拟丽条蜂 *Anthophora khambana*

芒康条蜂 *Anthophora mangkamensis*

黑颚条蜂 *Anthophora melanognatha*

钝齿条蜂 *Anthophora obtusispina*

褐胸条蜂 *Anthophora orophila*

墨条蜂 *Anthophora parientina*

盗条蜂 *Anthophora plagiata*

毛跗黑条蜂 *Anthophora plumipes*

青海条蜂 *Anthophora qinghaiense*

粗条蜂 *Anthophora retusa*

中华条蜂 *Anthophora sinensis*

刺跗条蜂 *Anthophora spinitarsis*

狐条蜂 *Anthophora vulpina*

南方芦蜂 *Ceratina cognata*

紧芦蜂 *Ceratina compacta*

日本芦蜂 *Ceratina japonica*

冲绳芦蜂 *Ceratina okinawana*

花芦蜂 *Ceratina simillima*

顶条蜂 *Clisodon terminalis*

粗腿长足条蜂 *Elaphropoda percarinata*

天目山长足条蜂 *Elaphropoda tienmushanensis*

藏绒斑蜂 *Epeolus tibetanus*

墨脱回条蜂 *Habropoda medogensis*

峨眉回条蜂 *Habropoda omeiensis*

黄斑回条蜂 *Habropoda radoszkowskii*

台湾回条蜂 *Habropoda tainanicola*

西藏回条蜂 *Habropoda xizangensis*

刺条蜂 *Heliophila unispina*
江孜艳斑蜂 *Nomada gyangensis*
沙漠准无垫蜂 *Paramegilla deserticola*
蓝芦蜂 *Pithitis unimaculata*

蜜蜂科 Apidae 29 种

黑大蜜蜂 *Apis laboriosa*
西方蜜蜂 *Apis mellifera*
散熊蜂 *Bombus anachoreta*
波希拟熊蜂 *Bombus bohemicus*
短头熊蜂 *Bombus breviceps*
萃熊蜂 *Bombus eximius*
黄熊蜂 *Bombus flavescens*
葬熊蜂 *Bombus funerarius*
颊熊蜂 *Bombus genalis*
灰熊蜂 *Bombus grahami*
红尾熊蜂 *Bombus haemorrhoidalis*
惑熊蜂 *Bombus incertus*
弱熊蜂 *Bombus infirmus*
小雅熊蜂 *Bombus lepidus*
明亮熊蜂 *Bombus lucorum*
泥熊蜂 *Bombus luteipes*
黑尾熊蜂 *Bombus melanurus*
奇异熊蜂 *Bombus mirus*
红西伯熊蜂 *Bombus morawitzi*
贞洁熊蜂 *Bombus parthenius*
火红熊蜂 *Bombus pyrosoma*
雀熊蜂 *Bombus richardsiellus*
红束熊蜂 *Bombus rufofasciatus*
越熊蜂 *Bombus supremus*
苏氏熊蜂 *Bombus sushkini*
西藏拟熊蜂 *Bombus tibetanus*
土耳其斯坦熊蜂 *Bombus turkestanicus*
兴熊蜂 *Bombus yunnanensis*
贝加尔拟熊蜂 *Psithyrus transbaicalicus*

第十一章　青藏高原资源昆虫的保护与害虫防控技术

第一节　青藏高原资源昆虫保护概要

青藏高原是中国开发程度较低的区域，大部分地区还保留着原始的天然状态，被称作世界上最后一块净土。但是随着交通运输条件的改善、经济的发展，人类活动对自然环境的影响日益明显。对自然资源的过度索取，不合理的开荒种地、超载放牧是青藏高原水土资源流失和污染的重要原因。

20世纪五六十年代，青海牧区将600多万亩草场毁草种粮，使原本就脆弱的生态环境失去草被保护，土壤被风刮走，最终草粮无收。西藏也有同样的现象。

20世纪60年代前后，部分西藏农业区农药用量大，乱用滥用现象普遍，如六六六粉的过量使用导致土壤和农产品污染严重。

令人欣慰的是，青藏高原农药的不当使用只存在于城镇周边的农田、蔬菜、果园、茶园、国有农场等局部地区且规模小、面积少，多数农区不存在过量使用农药的情况，甚至还有大部分交通不发达的农业区和牧区仍处于原始农业生态系统状态，从来没有使用过农药。

20世纪80年代以前，青藏高原对草场投入少、建设差。不当追求牲畜存栏数导致毒草（疯草）严重发生，牲畜过度采食、过度砍伐砂生槐（西藏狼牙刺）*Sophora moorcroftiana*等灌丛用于补充燃料等一度造成部分生态环境的退化、沙化。苗木引进、大面积单一树种，造成多种害虫入侵、猖獗发生。在东南部林区，无序采伐加剧了原有森林资源消耗，导致原始生态系统多样性降低；在峡谷林区向高原面过渡的地段，农业或林草临界区生态系统破坏严重，害虫猖獗发生，且恢复极其缓慢。

对天然生态系统的科学开发与保护，有利于资源昆虫的保护与利用。

20世纪80年代至今，为了减缓和阻止生态环境恶化，合理规划安排、加强草场管理、退耕还草、退耕还林、植树种草种类多样化、抓紧农田基本建设、注重森林合理采伐和抚育更新等多项措施应用于人与自然关系的调整，使开发和保护并重。农业生产技术得到提高，害虫绿色防控技术进步，生态治理、生态调控、生物防治等绿色防控的综合方法得以实施。化学农药施用量逐年减少，农田天敌得到有效保护，生物多样性有所恢复，生态环境明显好转，害虫发生趋于平稳，扭转了西藏农业产量10年徘徊的局面。

目前，果树害虫、人工林害虫、茶树害虫的发生仍然相对严重，资源昆虫流失时有发生。解决这一科学难题已有一定的科学基础和技术措施，但解决办法的实施需要法律法规的规范和保证。

第二节　青藏高原昆虫保护办法

一、制定和实施保护法规

2021年10月8日，《中国的生物多样性保护》白皮书发布。白皮书以习近平生态文明思想为指导，介绍了中国生物多样性保护的政策理念、重要举措和进展成效，中国践行多边主义、深化全球生物多样性合作的倡议行动和世界贡献。作为最早签署和批准联合国《生物多样性公约》的缔约方之一，中国一贯高度重视生物多样性保护，不断推进生物多样性保护与时俱进、创新发展。

中国将生物多样性保护上升为国家战略，纳入各地区、各领域中长期规划，强化组织领导，同时完善生物多样性政策法规体系，颁布和修订20多部与生物多样性相关的法律。

从生态环境资源保护、人类可持续发展出发，国家和地方颁布了多项有利于资源昆虫保护的法律。法规是最重要、最直接、最有效的保护措施。资源昆虫保护是生态环境保护的重要环节。例如，国家二级保护动物印度长臂金龟 *Cheirotonus macleayi*，随着易贡自然保护区的建立，数量逐年增多，分布范围向周边扩展。

1982～1994年的13年间，西藏的生态环境建设和保护事业的发展逐步走向法制的道路，西藏自治区人民代表大会常务委员会、西藏自治区人民政府及政府各部门颁布实施的生态建设和环境保护类地方性法规、政府规范性文件、部门规章等共计30余件，初步形成了比较系统的地方性环境保护法规体系。

中国共产党第十八次全国代表大会以来，生态文明建设与经济、政治、文化与社会建设一起纳入中国特色社会主义事业“五位一体”总体布局。随着国家生态文明建设的不断推进，相关政策和法规日益完善，高原生态文明制度体系逐步健全。

近年来，国家制定或修改了《中华人民共和国环境保护法》《中华人民共和国大气污染防治法》《中华人民共和国水污染防治法》《中华人民共和国固体废物污染环境防治法》《中华人民共和国环境保护税法》《中华人民共和国环境影响评价法》《中华人民共和国野生动物保护法》《中华人民共和国水法》《中华人民共和国气象法》《中华人民共和国草原法》等。这些法律的制定和实施，为青藏高原生物资源保护、生态文明建设提供了重要的法律制度保障。

2015年，《中共中央　国务院关于加快推进生态文明建设的意见》和《生态文明体制改革总体方案》发布，提出生态文明建设和生态文明体制改革的总体要求、目标愿景、重点任务和制度体系，明确了路线图和时间表；推动建立生态保护红线制度，制定自然资源统一确权登记、自然生态空间用途管制办法和全民所有自然资源资产有偿使用制度改革的指导意见；推进“多规合一”、国家公园体制等试点建设进程；健全生态保护补偿机制，设置跨地区环保机构生态环境损害赔偿制度改革试点。

根据国家相关法律，西藏和周边地区制定了具体的实施办法，还颁布了地方性法规、政府规范性文件和部门规章，出台了一系列地方性的综合指导意见，推进生态文明建设，架构了从中央到地方的青藏高原环境保护法治体系和法规体系，为开展自然保护区建设、湿地保护区建设、野生动植物保护、水资源管理保护、水土保持、防沙治沙、退耕（牧）还林还草和草原生态保护建设等工作提供了法律依据。

西藏自治区作为青藏高原上唯一的省级自治区，不断健全和完善环境保护制度体系，先后颁布实施了《西藏自治区环境保护条例》《西藏自治区湿地保护条例》《西藏自治区大气污染防治条例》《西藏自治区生态环境保护监督管理办法》《西藏自治区矿产资源勘查开发监督管理办法》等 30 多部地方性法规、政府规范性文件和部门规章。制定《西藏自治区实施〈中华人民共和国自然保护区条例〉办法》《西藏自治区实施〈中华人民共和国水法〉办法》《西藏自治区实施〈中华人民共和国水土保持法〉办法》《西藏自治区生态环境保护监督管理办法》《西藏自治区实施〈中华人民共和国草原法〉办法》，相继出台了一批生态文明建设综合性指导意见，如《西藏自治区人民政府关于创建国家生态文明建设示范区加快建设美丽西藏的实施意见》《关于着力构筑国家重要生态安全屏障　加快推进生态文明建设的实施意见》等。既有青藏高原环境保护的综合性法规，也有各个领域的专门性法规，如土地规划使用、矿产资源开发、森林资源保护、草原保护与管理、水土保持、野生动物保护、自然保护区管理、污染治理等方面的专项法规，基本涵盖了生态与环境保护的各个领域，仅仅是冬虫夏草，就颁布了两部地方性法规，做到了有法可依。西藏自治区还出台了环境保护考核办法，把环保工作纳入地方政府官员的考核体系和政府项目投资的审批标准，对 74 个县（区）政府环保工作进行全面考核，促进地方政府环保主体责任的落实。

2021 年 7 月 9 日，中央全面深化改革委员会第二十次会议审议通过了《青藏高原生态环境保护和可持续发展方案》。强调要站在保障中华民族生存和发展的历史高度，坚持对历史负责、对人民负责、对世界负责的态度，抓好青藏高原生态环境保护和可持续发展工作。坚持保护优先，把生态环境保护作为区域发展的基本前提和刚性约束，坚持山水林田湖草沙冰系统治理，严守生态安全红线。这是国家的一项重大制度安排，充分体现了党中央对青藏高原生态环境保护的高度重视。

青藏高原各种生态环境和野生动物等保护法规、办法逐步完善，保护类型增多，保护面积扩大，使青藏高原生态环境保护不仅有法规保障，也得到充分的落实。这些法规的保护作用直接或间接地对资源昆虫的保护与利用起到重要作用，资源昆虫保护进入有法可依、违法必究的法制管理新时代。

二、建立自然保护区

人类行为引起的全球变化增加了地球上大量物种的生存风险。根据生物多样性和生态系统服务政府间科学政策平台（IPBES）发布的报告，物种的灭绝速度比 1000 万年前的平均灭绝速度增加了 100 倍。照此发展，多达 100 万种陆地和海洋生物可能会因人类活动而灭绝。因此，必须立即采取行动，建立自然保护区，这是解决这一危机最有效的办法。自然保护区对保护自然资源和生物多样性、维持生态平衡和促进国民经济可持续发展均有着重要的战略意义。自 1992 年在巴西举行联合国环境与发展大会以来，全球自然保护区的范围大约扩大了一倍。在全球范围内，目前有超过 20 万个自然保护区覆盖了大约 15%的陆地面积。2020 年以后，全球生物多样性保护的目标是到 2030 年将这一覆盖率扩大到30%。研究表明，只注重覆盖面积对生物多样性的保护效力不足，需要对自然保护区的保护效率作出科学的综合评估。

1. 青藏高原的保护区建设

在青藏高原，既有以保护高原特有的综合性自然生态系统为目的的保护区，如拥有高山寒漠、草原与森林等山地垂直带的珠穆朗玛峰国家级自然保护区，也有以保护某一特殊植被类型或珍稀物种为目的的保护区，如墨脱热带季雨林保护区、林芝市巴结巨柏自然保护区、拉萨黑颈鹤自然保护区。

青藏高原特殊的生态环境中生存着众多极具特色的珍稀野生动物，而专为保护这些动物建立的保护区，受到全球野生动物保护组织和动物学家的瞩目，如藏东类乌齐马鹿国家级自然保护区、西藏芒康滇金丝猴国家级自然保护区等。

青藏高原的自然保护区丰富多彩，涵盖着深邃的科学内容。在全球海拔最高、自然环境最为独特多样的区域内所建立的各类保护区，几乎包括了我国境内所有的主要陆地生态系统，尤其是高原特有的高寒草地、荒漠及湖泊湿地等生态系统与有关的珍稀野生动植物及奇异的自然景观相结合而放射出的异彩，为世界所罕见。它们不仅为人类提供了高原自然界的原始“本底”，保存了当地的珍稀濒危动植物，也为开展有关青藏高原的地学、生物学等学科研究提供了理想基地和天然实验室。

青藏高原的自然保护区为在这一地区独特多样的生态环境中生存的野生动植物提供了较为安全的繁衍生存场所。在青藏高原上生活着大约210种野生哺乳动物。在这些野生动物中国家一级、二级重点保护种占有很大比例，如雪豹、黑颈鹤、金丝猴、藏羚、野牦牛、藏野驴、白唇鹿等。青藏高原分布有维管植物12 000种以上，占全国已知总数的40%左右，桫椤、巨柏、喜马拉雅长叶松、喜马拉雅红豆杉、长叶云杉、千果榄仁等珍稀濒危植物都在这一地区有分布或特产于此。尤其值得一提的是，青藏高原是世界上杜鹃花种类最为丰富的地区，有“杜鹃花王国”之誉。而这些珍稀动植物均是青藏高原自然保护区的主要保护对象。

由于青藏高原地广人稀，人为干扰破坏相对较轻，大部分保护区的自然生态系统保存完好；又由于青藏高原自然生态系统较脆弱，易受外界因素干扰破坏，所以大多数保护地区采取封闭式的保护方式。对于一些已经开放旅游的森林公园和保护区，提倡生态旅游，严格禁止开展破坏自然生态环境和动植物资源的旅游活动，正确处理好旅游与保护的矛盾，实现可持续发展的战略目标。

2. 青藏高原保护区政策保障

1963年，青藏高原第一个国家级自然保护区（现白水江国家级自然保护区）成立。1994年，《中华人民共和国自然保护区条例》颁布实施后，明确了自然保护区等级体系、管理机构和功能区，青藏高原的自然保护区建设进入快速稳定发展阶段。

随着生态文明体制改革的深入推进，政府提出建立以国家公园为主体的自然保护地体系。2016年，《三江源国家公园体制试点方案》正式获批，这是我国第一个国家公园体制改革试点，核心是实现三江源重要自然生态资源国家所有、全民共享、世代传承。青海省制定了《三江源国家公园条例（试行）》，从公园本底调查、保护对象、产权制度、资产负债表、生物多样性保护、生态环境监测、文化遗产保护、生态补偿、防灾减灾、检验检疫等方面对公园管理作出明确规定。2018 年 1 月，国家发展改革委印发《三江源国家公园总体规划》，进一步明确了三江源国家公园建设的基本原则、总体布局、功能定位和管理目标等。三江源国家公园建设将为青藏高原及周边地区的绿色发展发挥引领和示范作用。

3. 青藏高原生态保护举措与效果

作为世界海拔最高的高原，青藏高原独特的地质历史与丰富的自然环境孕育了众多的特有和珍稀动植物物种，形成了陆地上具有高海拔特征的生态系统和物种多样性中心，是我国和全球重要生物物种基因库、生物多样性保护地和生态安全屏障。

自 20 世纪 80 年代以来，尽管人类活动加剧，但青藏高原地区的生态环境和生物多样性得到了良好的保护与改善，保证了生物资源的持续利用和自然生态系统的良性循环。

据统计，目前青藏高原被保护的湿地、天然林、草原、草甸和荒漠等生态系统的面积分别占高原同类生态系统总面积的 44.62%、10.03%、53.17%、34.58%和 23.68%，在改善青藏高原生态状况和维护土地生态安全中发挥了重要作用。如今，青藏高原众多珍稀野生动物自由驰骋，保护区成为重要的生态安全保障。

生态补偿这一国家保护生态环境的重要举措得到确立。生态补偿制度是国家保护生态环境的重要举措。国家在青藏高原建立了重点生态功能区转移支付、森林生态效益补偿、草原生态保护补助奖励、湿地生态效益补偿等生态补偿机制。

2008～2017 年，中央财政分别下达青海、西藏两省区重点生态功能区转移支付资金 162.89 亿元和 83.49 亿元，补助范围涉及两省区 77 个重点生态县域和所有国家级禁止开发区。“十五”（2001～2005 年）规划以来，西藏自治区获得国家下达的森林、草原、湿地、重点生态功能区等各类生态补偿资金累计达 316 亿元。其中，“十二五”（2011～2015 年）规划期间，国家累计下达西藏草原生态保护补助奖励资金 108.8 亿元。2015 年以来，西藏自治区探索建立野生动物肇事补偿机制，投入 8500 万元帮助牧民减轻因野生动物肇事带来的损失。

开展森林和湿地等生态效益补偿类项目。为实现生态保护和乡村振兴有机结合，青海省推出生态公益管护员制度，每年安排补助资金 8.8 亿元。云南省迪庆州自 2009 年起实施公益林生态效益补偿制度，至 2017 年，累计补助资金达 11.03 亿元。2017 年，四川省甘孜州和阿坝州有效管护集体公益林分别为 128.23 万 hm^2 和 69.60 万 hm^2，公益林森林生态效益年度补偿资金分别为 2.84 亿元和 1.54 亿元。

随着青藏高原人工造林面积的增加，林田交错，生物多样性增加，与天敌优势互补的效果得到发挥，资源昆虫数量增加。例如，青稞、小麦等成熟收获后，田间瓢虫转移至林地越冬，并成为翌年麦田的重要天敌来源。

截至 2020 年，西藏累计投入生态环境领域的资金达 814 亿元。统筹山水林田湖草系统治理，大力实施《西藏生态安全屏障保护与建设规划（2008—2030 年）》和“两江两河”流域绿化项目，持续推进生态文明创建示范工作。现有 11 个国家级自然保护区、4 个国家级风景名胜区、3 个国家地质公园，9 个国家森林公园、22 个国家湿地公园，自然保护地占全区面积的38.75%。建立了1个防沙治沙综合示范区、5个沙化土地封禁保护区，封禁面积达4.8万hm^2。2004～2014年，荒漠化土地面积减少9.24万hm^2，沙化土地面积减少10.07万hm^2。2020年，森林覆盖率达12.31%，天然草地综合植被覆盖率提高到47%，湿地面积达652.9万hm^2。随着野生动物及其栖息地保护力度的加强，黑颈鹤数量由不到3000只上升到8000只，藏羚约为30万只。在第二次陆生野生动物资源调查中，新命名白颊猕猴5种，增加东歌林莺等5个种的中国分布记录；国家一级重点保护野生植物巨柏得到有效保护，发现桫椤、喜马拉雅红豆杉等21个物种的新分布点。

保护区的建立也能够直接或间接地实现对资源昆虫的有效保护。

三、加强植物检疫，防止生物入侵

植物检疫是通过法律、行政和技术的手段，防止危险性植物病、虫、杂草和其他有害生物的人为传播，保障农林业的安全，促进贸易发展的措施。它是人类同自然长期斗争的产物，也是当今世界各国普遍实行的一项制度。由此可见，植物检疫是一项特殊形式的植物保护措施，涉及法律规范、国际贸易、行政管理、技术保障和信息管理等诸多方面。

检疫法规以某些病原物、害虫、杂草等的生物学特性和生态学特点为理论依据，根据它们的分布地域性、扩大分布为害地区的可能性、传播的主要途径、对寄主植物的选择性和对环境的适应性，以及原产地天敌的控制作用和能否随同传播等情况制定，对于包装材料以及可以或禁止从哪些国家或地区进口，只能经由哪些指定的口岸入境和进口时间等，也有相应的规定。凡属于国内未曾发生或曾经仅局部发生，一旦传入对本国造成较大危害而又难以防治者，在自然条件下一般不可能传入而只能随同植物及其产品，特别是随同种子、苗木等植物繁殖材料的调运而传播的病、虫、杂草等均定为检疫对象。确定的方法一般是先通过对本国农林业有重大经济意义的有害生物的危害性进行多方面的科学评价，然后由政府确定并正式公布。

植物检疫是植物保护领域的重要组成部分，涉及预防、杜绝、铲除等方面，从宏观整体上预防本区域范围内未曾出现过的有害生物传入、定殖与扩展。植物检疫具有法律强制性，也称为“法规防治”“行政措施防治”。

中国的植物检疫工作始于20世纪30年代。1949年以后，在中华人民共和国对外贸易部商品检验局下设置了植物检疫机构，建立中国统一的植物检疫制度，颁布了《输出输入植物病虫害检验暂行办法》，并陆续在中国海陆口岸开展对外植物检疫工作；国内植物检疫则由农业农村部管理。

1999年，西藏进出口商品检疫局、拉萨动植物检疫局、拉萨卫生检疫局合并为西藏出入境检验检疫局。2018年，颁布了《西藏自治区林业有害生物防治检疫办法》，促进西藏检疫工作开展。但随着交通发展、旅游业兴起，生物入侵越发严重。

生物入侵是指某种生物从原来的分布区域扩展到新的地区，在新的区域里，其后代可以繁殖、扩散并维持下去。生物入侵是由外来种引起的，外来种是指出现在其过去或现在的自然分布范围及扩散潜力以外的物种、亚种或以下的分类单元，包括其所有可能存活、继而繁殖的部分。

生物入侵种是指因为人类的活动有意或无意地引到本地的外来物种，引入后，由于具有超强的繁殖能力和适应能力，种群蔓延超出人为控制，对当地生态系统造成危害，导致生物多样性降低，对农林牧业产生巨大的危害与经济损失的物种。

植物检疫是伴随着人类活动而来的。随着国际物资交流，一些在输入国内不存在的病、虫、杂草等有害生物可能传入，一旦形成入侵，后患无穷。《中华人民共和国进出境动植物检疫法》总则和有关条款明确规定，进出境植物检疫的范围包括3个方面。①进出境的货物、物品和携带、邮寄进出境的物品，包括植物、植物产品及其他检疫物。植物的种子、种苗包括盆栽、绿化和观赏树苗，果树苗木、砧木、接穗、插条、块根、块茎、鳞茎，花卉、蔬菜种子，花粉、植物组织或细胞培养材料、试管苗，多肉植物繁殖材料以及中药植物种苗等。②装载容器和包装物，包括植物、植物产品和其他检疫物的货物装载容器，携带或邮寄包装物品。③运输工具，包括来自植物疫区的轮船、飞机、火车、汽车，与植物种质资源进出境有关的各种进出境装载运输工具，均属于检疫对象。

（一）检疫方法

1. 产地检疫

产地检疫是实施植物检疫的基础，其主要任务是根据输入国检疫要求、检疫实际需要以及检疫物供需单位、个人要求，到入境或出境检疫物的产地检疫。产地检疫时依据进出境检疫物种类，应就病、虫、杂草的生物学特性选择一种或几种适当的方法进行。检疫不合格者，暂停进口或出口。

2. 现场检疫

现场检疫包括依法登船、登车、登机实施检疫，依法进入港口、车间、机场、邮局实施检疫，依法进入种植、加工、存放场所实施检疫；同时按规定采样。

现场检疫的主要任务如下。查验检疫审批单、报检单、输出国家或地区检疫证书等单证，核对证物是否相符；查验与检疫物有关的运行日志、货运单、贸易合同等，查询检疫物的启运时间、港口、途经国家和地区；检查外部包装、运输工具、堆放场所以及铺垫材料等是否附有检疫性病、虫、杂草；在全批检疫物中，采用科学方法抽样检查是否带有危险性病、虫、杂草；根据检疫需要，在全批检疫物中拣取代表样品，带回室内检查。

3. 室内检疫

根据进出境国家的双边协定和检疫条款，对代表性样品和发现的病、虫、杂草，按其生物学特性分别在室内采用一种或几种检疫方法进行检查和鉴定。

通过过筛检查筛上物和筛下物是否带有害虫、病粒、菌核、杂草；对于隐蔽性害虫，可根据为害症状以及可选的籽粒、果实、枝条等，采用剖开、灯光透视、染色、测比重等方法检查；对于附着性病原菌，采用直接镜检、洗涤等方法检查；对于潜伏性病原菌，采用分离培养、切片等方法检查；对于病原线虫，采用漏斗分离法检查。目前，分子生物学检测方法已被广泛应用于植物检疫，大大提高了检疫效率和结果准确性。

4. 隔离检疫

输入的植物种子、苗木和其他繁殖材料，在以下 3 种情况下要进行隔离检疫。

第一，某些植物危险性病、虫、杂草，特别是病毒病，在种苗上往往呈隐症现象，口岸抽样检查时很难检出，而在生长发育期间容易鉴别。

第二，国家公布的病、虫、杂草名录有一定的局限性，《中华人民共和国进境动物检疫疫病名录》中的某些病、虫、杂草虽然在国外发生不太严重，但传入国内后，可能由于生态环境的改变有利于其发生危害，并造成重大经济损失。

第三，当引进的植物带有微量病原物时，口岸抽样检查很难发现疫情，传入后，可能大量繁殖而引起严重的流行危害。

（二）检疫结果的处理

1. 检疫放行

经检疫合格的植物、植物产品或其他检疫物，检疫机关签发“检疫证书”或在报关单上加盖检疫放行章，入境的还可开具“检疫放行通知单”，海关依据这些单证验放。

2. 除害处理

检疫不合格的检疫物可在隔离检疫基地进行除害处理，重新检疫合格的出证放行。

3. 销毁或退回

对于除害处理后仍不合格的检疫物应销毁，不准出入境。不愿销毁的还给物主。如必须引进的，则要转港卸货，并限制使用的范围、时间和地点。

4. 检疫特许审批

如果禁止进境物是为了满足科学研究、教学等特殊需要，而引进单位又具有符合检疫要求的防疫、监督管理措施时，检疫机关可以签发“进境植物检疫特许审批单”，同时上级主管部门出具证明材料，说明“特批物”的品种、产地、引种的特殊需要和使用方式。

病虫害的分布具有明显的区域性，在其原发地，往往由于天敌的制约、植物的抗性和长期积累起来的防治经验等不会造成严重的经济损失，但传入新区域以后，由于缺乏上述控制因素，有可能定殖繁衍，甚至蔓延为害，给当地生产、生活造成严重威胁。这种作用有的能在短期内表现出来，有的则需要经过较长时间才能表现出来。

第三节　青藏高原害虫防治中的资源昆虫保护

植物保护工作已从单一的有害生物防治或单一的防治措施向综合、系统、低成本、高效环保的方向发展。关键技术和栽培方法紧密结合，与生产发展要求相适应，可最终达到生产安全、高效、增产、增收的目的。

青藏高原农业有害生物综合治理（IPM）要充分考虑农产品安全和生态安全两方面。

综合考虑生产者、社会和环境利益，在投入效益分析的基础上，从农田生态系统的整体出发，协调应用农业、生物、化学和物理等多种有效防治技术，将有害生物控制在经济受害允许的水平以下。有害生物综合治理是在以整个作物系统中生物群落为调节单元的基础上，通过构建、协调各种保护措施，改善和增强有益生物的利导因子，制约有害的生物因子，恢复人工生态系统的良性循环，促使益害生物种群达到平衡，从而长期有效地压抑有害生物暴发与为害。田间管理、生物防治、抗性品种选育、作物布局、水肥管理及其他生态措施是解决自然资源持续与外部能源投入相矛盾问题的有效措施。

IPM 的发展不仅强调技术的组合与协调，还要以维护资源的可持续性与再生性为前提，强调“全局”资源的维护、持续与再生技术的综合利用。可持续农业发展中的植物保护工作在以资源为主题的思想下，坚持“预防为主、综合防治”的工作方针。

一、农业防治

农业防治根据农业生态系统中害虫、作物、环境条件之间的关系，结合农作物整个生产过程中的一系列耕作、栽培管理技术措施，有目的地改变害虫生活条件和环境条件，使之不利于害虫的发生发展，而有利于农作物的生长发育，或直接对害虫虫源数量起到持续性的抑制作用。

1. 农业措施的作用

有利于作物生长发育，提高作物的抗虫能力；恶化单食性或寡食性害虫的生存条件，抑制其发生数量；促进作物种类变换及耕作栽培技术的发展，使田间的环境条件发生改变，不利于某些害虫的发生。

2. 农业防治的优势

预防性好，农业防治措施的作用倾向于预防性，符合病虫综合治理的要求。简单环保，农业防治是结合耕作栽培管理的必要措施，或许仅需简单地改变以前的耕作方法，没有特殊设备和器材要求，不增加劳动力和生产费用、易推广，不存在环境污染和安全问题。耕作措施具有灵活性和多样性，可根据需要随时调节和控制有害生物，持续发挥作用，具有累积的防治效果。协调性好，农业防治与其他防治措施具有良好的可协调性。一般来说，耕作防治与其他防治方法易互相配合。农业防治容易贯彻推行，防治规模大，具有相对稳定和持久的特点，能充分发挥自然因子的控制作用。

3. 农业防治的局限性

农业防治由于自身特点，在施行时存在局限性。一地的农作制和农业技术措施，是在当地长期生产实践过程中形成的，地域局限性较大，季节性强，如要加以改变必须全面考虑，因地制宜地推行。由于生物间的相互关系，采取某项农业措施控制某些病虫害时，有可能会引起其他病虫害数量上升。起效慢，农业防治措施对病虫害控制、作物增产的作用是长期且缓慢的，不如化学防治见效快，在病虫害大发生时，不能迅速控制。

4. 农业防治方法

（1）农田管理措施

1）耕作制度改进，实行合理的轮作

曾经人们由于对西藏农业生态脆弱性认识不够，盲目扩大冬小麦种植面积，引起农业生态系统的变化，使农业害虫猖獗发生。例如，1978～1981 年麦无网长管蚜、麦瘿螨等虫害的成灾史，至今还令人心有余悸。由此可见，西藏农业生态系统对施加农业生产措施的适合力是低度的。在农业害虫防治中，应干扰、破坏害虫正常的生命活动，减轻其危害，营造有利于农作物生长的环境。改冬播为春播，或压缩冬播面积，或冬播适当晚播，切断害虫的食物链是最直接、有效的防治办法。

20 世纪 80 年代，由于耕作制度的改变，缺翅黄蓟马数量大幅上升，成为西藏青稞的主要害虫。随着青稞种植面积的扩大，不少曾经施行青稞和豌豆轮作的地区，基本上改为青稞连作，为飞行能力弱的缺翅黄蓟马提供了适合的生长繁育条件，导致缺翅黄蓟马发生数量直线上升，为害逐年加重。

合理轮作既能保障土壤养分的均衡利用，也可以改善土壤结构、消除有害物质、增强肥力、减轻病虫害。轮作的基本原则是根据作物根系深浅、吸收养分种类等特点，相邻作物前后茬种植不同作物种类，采取不同种植方式，实现对土地的用养并行。例如，采取小麦、青稞和豌豆、油菜轮作，能有效减轻麦穗夜蛾 *Parastichtis basilinea*、麦奂夜蛾 *Amphipoea fucosa* 等主要危害禾本科作物的害虫为害。此外，缺翅黄蓟马、碎粉蚧 *Pseudorhodania marginata*、定日枯粉蚧 *Kiritshenkella dingriensis*、小麦枯粉蚧 *Kiritshenkella triticola* 等害虫雌虫不能飞行，扩散能力有限，轮作方式对其食物来源影响很大。轮作不仅对单食性和寡食性害虫食物源产生影响，而且提高了农田生物多样性，增加了天敌的发生种类和数量。

西藏农业害虫局部发生为害严重的特点突出，而作物分布相应较广泛。例如，木冬夜蛾 *Xylena exsoleta* 的寄主豌豆、蚕豆等在西藏各农区均可种植，但以林芝市为主要为害中心，在害虫发生中心区尽量减少豆类作物种植面积，增加麦类作物，就能有效减少其为害。

2）兴修水利、注重农田基本建设，改变害虫生活环境条件

兴修水利、注重农田基本建设，是改造农田、提高作物产量的根本措施，同时也能改变农作物害虫的生存条件，向不利其发生的方向发展。自然生态条件的重大变化，必然引起生物群落的剧烈改变，甚至彻底破坏某些昆虫的适生环境，从而抑制害虫发生发展，达到根治的目的。例如，西藏农区大片荒地的开垦、灌溉，对从基地源头控制蝗虫的发生起到决定性作用。

西藏多数农区会施行冬灌。冬灌对土栖害虫以及在土缝越冬的害虫基数均有一定的控制作用。特别是在气候寒冷时灌水，冻土层加厚至土栖害虫栖居深度，导致其原生质发生机械损伤、脱水及生理机能失调。冬前灌水对于防治麦长腿红蜘蛛 *Petrobia latens* 效果好。灌水操作会使产于地下的大部分虫卵不能正常孵化，或者虽然能孵化但不能顺利出土而死亡。当冬春灌水使土壤含水量达 15%以上时，防治麦长腿红蜘蛛的效果可达 80%以上。拉萨地区到 10 月中旬气温下降，如果土壤中水分少，夜间不能冻结或冻结

较晚，则黄地老虎 *Agrotis segetum* 幼虫可继续为害；如果实施灌水，土壤冻结早，则幼虫就不能活动为害。1980 年的调查数据显示，冬前灌水之前平均百株蚜量为 16.3 头，冬灌后 7 天平均百株蚜量为 3.6 头，下降了 77.9%。

3）整地、翻耕、合理施肥

整地可以改善土壤理化性质，调节土壤气候，提高土壤保水保肥能力，促进作物健壮生长，增强其抗虫能力；而对害虫的发生为害产生不利影响，能够直接将地面或浅土中的害虫深埋或使其不能出土，或者将土中害虫翻出地面使其暴露于不良气候或天敌之下，也可能直接杀死部分害虫。

翻耕可以改良土壤，使土壤疏松、孔隙变大，有利于气体交换、养分循环；此外还能翻埋作物残茬、杂草、肥料、虫卵、地下害虫等。

根据翻耕的时期，可将耕作分为秋耕、春耕。秋耕主要指秋收后第一次耕地。9 月，作物收获后马上浅耕，其后 30 天内不再耕地，使遗落的种子或杂草出苗，用于诱集黑麦切夜蛾 *Euxoa tritici*、八字地老虎 *Amathes c-nigrum* 成虫产卵。前者产卵时间为 10 月上旬至 11 月中旬，后者为 8 月上旬至 11 月上旬。待 11 月上中旬产卵完成后耕地能杀死大批虫卵。晚熟品种收割后，因为温度低，作物种子和杂草不易出苗，因此待成虫在原田间杂草或作物茎秆上产卵后，再进行深耕灭卵。秋耕还可以使部分害虫失去食物，幼虫不能正常发育，甚至因脂肪积累不足导致其抗寒力降低而死亡。春耕主要指春季播种后第一次耕地，可用来控制地下害虫为害。通过春耕将土栖害虫翻到土表，可使其因机械杀伤、霜冻等死亡；此外，春季是食虫鸟类食物匮乏的时期，翻出的害虫可被食虫鸟类取食。

合理施肥可以改善作物的营养条件，促进作物生长发育，提高作物抗逆性，使作物发生期避开害虫的为害期，或者加速虫伤愈合；此外还可改变土壤性状，使土壤中害虫的环境条件恶化。施用充分腐熟的厩肥，对于防治麦毛蚊具有良好效果。麦毛蚊营半腐生生活，若厩肥腐熟不充分，可诱集成虫产卵，导致其大发生。另外，充分沤肥对多种蛴螬也有良好防效。

4）播种技术的改进

青藏高原作物多 1 年 1 季，正常年份早播与晚播产量区别不大，但在害虫多发的年份，调整播种时间对于错开害虫危害有很大作用。根据主要防治对象的发生规律决定播种时间，使作物易受虫害的发育期与害虫为害盛期错开，可有效避免或减轻受害。例如，甘蓝夜蛾 *Mamestra brassicae* 在西藏 1 年发生 1 代，主要以 3～6 龄幼虫为害豌豆，若豌豆结荚期与幼虫为害虫龄盛发期一致，则会导致豌豆大量减产，如果提前播种，则能避开甘蓝夜蛾为害。小麦拔节末期是麦秆蝇 *Meromyza saltatrix* 着卵最多的时期，孕穗期则着卵显著减少，到抽穗期极少着卵，因此，适当早播可以使小麦拔节期提前至麦秆蝇产卵期之前，从而减轻为害。

前茬作物收获与后茬作物播种间隔 40 天以上可恶化蚜虫生存环境，切断其食物源，这样可以减少 60%以上越冬虫口基数和冬前传毒率。小麦黄花叶病在西藏成功得到控制就是得益于适时晚播。

调整冬播作物、春播作物播期，适当晚播，对农业害虫有控制作用。高原腹地大部分冬作物适当晚播，可以避开地老虎、蛴螬的危害高峰。例如，地老虎 1 年发生 2 代的地区，第 2 代幼虫为害盛期一般出现在 8 月中旬至 10 月中旬，取食量占 80%以上。冬麦播期越早受害越严重，晚播则能避开其为害。在苗期害虫发生严重的地块适当晚播，因为害虫得不到充足的食物，所以越冬基数少、越冬死亡率高。

在春播作物播期，高原腹地也应晚播。西藏常发农业害虫多以 4～5 龄幼虫越冬，翌年 2 月中旬至 4 月中旬左右为害。若在这个时间播种，则刚好为害虫提供了丰富的食物，使作物缺苗断垄现象严重。若 4 月中旬以后播种，避开越冬代幼虫的危害，一方面降低越冬代成虫数量，减少第 1 代发生量；另一方面能使害虫取食部分杂草，减轻草害，变害为益。

有些病害，如青稞条纹病，播种越早，发病越重，病情指数越高，反之则发病轻。因此，适当晚播有利于增产增收。

掌握好作物成熟期并及时收割，有助于减少穗部病虫害的发生。例如，在麦穗夜蛾严重发生区，适时早收，能将 3 龄以前的幼虫随收割入场，减少 4～6 龄幼虫为害，使作物产量提高 15%以上，粮食品质更为优良。

5）加强田间管理，使其有利于作物生长发育，而不利于害虫发生发展

加强田间管理有利于作物生长发育，而不利于害虫发生发展。清洁田园是田间管理的重要一环，是防治多种害虫的有效措施之一。枯枝落叶、落果、遗株等各种作物残余物是多种害虫潜藏、越冬场所。田间及附近的杂草是多种害虫的野生寄主、蜜源植物，是作物种植前和收获后害虫的重要食物来源。因此，清除田间的各种作物残余物及周边杂草，对害虫防治具有重要作用。例如，随收割的麦子入场的麦穗夜蛾，大部分会转移到麦场周围残渣内越冬，如果将其充分腐熟后还田，既可以增加土壤肥力，又能减少虫源。

（2）利用植物抗虫性选育抗虫品种

植物对昆虫的抗性包括不选择性、抗生性和耐害性，这是自然选择的结果，是植物和昆虫之间协同进化的表现，是可遗传的生物学特性。昆虫可能不会在具有厚蜡质层、表面覆有绒毛的植物上取食、产卵等，对具有某些特殊生物化学或形态结构的种类或植株具有不选择性；有些植物种类虽然能被昆虫取食，但在取食时会产生各类次生物质，影响昆虫正常的生命活动。例如，豆科植物虽然对西藏飞蝗不具有致死效果，但取食后，西藏飞蝗往往完不成生命周期。有些植物具有很强的自我恢复和补偿能力，昆虫取食对其生命活动和产量的影响不大，且昆虫生命活动也不受抑制。

但同种作物不同品种间，同种害虫的发生和为害程度可能存在差异，这是由于不同品种对害虫的敏感度和抗性不同。由于这种特性，作物不受害或受害较轻，但是抗性品种在抗性程度的表现上有所不同。利用品种抗虫性选育抗虫品种，是害虫防治的一个重要措施。

寄主抗性是降低害虫危害最根本、持久的措施，如果寄主对有害生物存在多基因抗性，则短期内有害生物难以形成可以全面消除植物抗性的生物类型。例如，小麦叶鞘茸毛密集、蜡质层厚的具有较好的抗蚜虫效果。近年来，西藏自治区农业科学研究所在培育农作物新品种时注重品种抗性的选育。有的品种虽然只有中抗性，但可以延缓有害生物的发育速度，降低其成活率和繁殖率，有利于与田间天敌的协同作用。抗虫品种的推广，能减少化学农药的施用，有利于保护天敌。

二、生物防治

生物防治是利用生物有机体或它的代谢产物抑制有害动植物种群的滋生繁衍。

1. 利用天敌昆虫防治

（1）天敌昆虫的保护和利用

自然界中天敌昆虫资源丰富，采取必要的农业技术措施对其保护是天敌昆虫利用的有效途径。通常可采取保护越冬栖息地、补充天敌食物和寄主、合理轮作、吸引和繁殖天敌等措施，改变田间小气候，提供天敌昆虫寄主，保证食物充足，提高寄生率，降低死亡率，能够减少天敌死亡，促进种群数量增长，持续保持天敌种群数量，发挥其对害虫的抑制作用。

合理施用农药的主要目的是避免药剂对天敌昆虫的杀伤作用。选用对天敌影响较小的药剂种类，如低毒、高效、针对性强的农药；选择对害虫最为有效而对天敌最为安全的时期施药；选择适当的浓度、剂型和施用方式。

（2）天敌昆虫的繁育与释放

人工繁育与释放天敌昆虫，以弥补自然界中天敌数量的不足，使害虫因天敌的抑制而不会大量发生。人工繁育与释放昆虫是以有效天敌昆虫建立稳定的种群为目的，这样才能达到对害虫持续控制的目的，其中防治对象、天敌昆虫种类、释放时间、释放方法、释放数量、释放前的保存、繁育过程中对种群退化的控制、繁育及释放成本等都是需要考虑的问题。西藏天敌昆虫繁育工作相对还比较落后，当地生态文明建设及对天敌昆虫特性的充分利用急需相关研究，因此，有必要加大投入和应用。

（3）天敌昆虫的引进和定殖

在做天敌昆虫引进和定殖规划时，首选害虫原产地或害虫在自然状态下为害轻微地区的天敌种类，评估工作要充分考虑到天敌适生气候、生态条件、潜在风险，检疫工作也适用于对天敌昆虫的引进。通常选择繁殖力强、繁殖速度快、生活周期短、性比大、适应能力强、捕食或寄生力强的种类。

（4）田间天敌自然控制害虫

在较为稳定的生态系统，如森林、草地、果园中，生物防治一般是最有效的。在多年生人工草地等半稳定生态系统中，天敌的自然控制作用也是显著的。对于1年生作物，在自然状态下，天敌有一定控害效果。西藏农田生态系统是相对稳定的生态系统，田块小而分散，呈岛屿状散布于草地、荒漠、森林、河流、湖泊等环境中。农田周围生境保持着一定的原始特征，在藏东南边缘农林区尤为明显。正常年份，捕食性瓢虫、草蛉、食蚜蝇等足以将蚜虫控制在经济阈值以下。目前已知西藏天敌昆虫（含蜘蛛）1600余种，研究价值和发掘潜能巨大。

（5）主要农业生态系统天敌的评价与利用

1）稻田天敌

螳螂是重要的捕食性天敌，食性广、食量大，对蝗蝻等水稻害虫控制力强，在墨脱、察隅稻田分布有10种以上。

蜻蜓是稻田发生数量较大的重要捕食性天敌，墨脱、察隅、稻田有数十种之多，活跃于水稻整个生育期，对于控制水稻害虫有重要作用。蜻蜓广布于西藏农区，适应性强、分布广，是值得保护利用的捕食性天敌昆虫。

寄蝇是西藏常见的寄生性天敌，种类多，寄生范围广，已知能寄生20余种害虫，7～8月在墨脱、察隅等地，寄蝇对稻田害虫的自然寄生率一般为25%～40%。

2）麦田、豌豆田和油菜田天敌

西藏麦田、豌豆田和油菜田的捕食性瓢虫已知有20多种，其中二星瓢虫、多异瓢虫、横斑瓢虫、龙斑巧瓢虫、小七星瓢虫等分布十分广泛，发生量大，为各农区的优势类群。在拉萨麦田，小麦生长的中、后期捕食性瓢虫达100多头/m^2；在藏东南地区，麦田中的捕食性瓢虫达70多头/m^2。其中二星瓢虫、多异瓢虫、横斑瓢虫等1年发生2代，6月中旬至7月上旬为成虫发生高峰期。单只成虫对蚜虫的捕食力为45～60头/天，高龄幼虫捕食力达30～60头/天。瓢虫抗逆力强，在自然条件下易建立群落，对控制多种蚜虫有很好的效果。瓢虫多在树皮裂缝或根际土壤裂缝中群集越冬，因此，保护瓢虫的越冬环境，能够增加其基数。特别是在瓢虫活动期间尽量减少化学农药的使用次数和用药面积，采用挑治或重点防治，有利于瓢虫数量的保持。当瓢蚜比为1∶100时，不需要施药，只需对瓢虫种群做好保护工作，就能发挥控害作用。春末还可以从瓢虫的越冬场所收集瓢虫，助迁于蚜虫发生田。

食蚜蝇是重要的蚜虫天敌之一，发生数量与瓢虫相当，多数种类的幼虫捕食蚜虫。在西藏河谷农区的麦田中，食蚜蝇密度约为12头/m^2，在小麦/青稞、油菜、豌豆等混作田中发生量更大，一般约为30头/m^2。食蚜蝇的抗逆性高、繁殖力强，发生期比蚜虫长，可以持续控制蚜虫。保护食蚜蝇的最好措施是利用西藏的农业耕作特点，合理布局油、麦、豆混作田或间作田，形成诱集带。

西藏寄蝇已知有160余种，是双翅目在当地最大的天敌昆虫类群，寄主范围广，活动力、繁殖力和适应力强，对控制害虫发生有很重要的作用，是一类具有重要价值的天敌资源，特别是在引种、助迁方面潜力巨大。

3）蔬菜田天敌

蔬菜田天敌主要为寄生性天敌，如凤蝶金小蜂、菜粉蝶绒茧蜂、菜蚜茧蜂等，在拉萨、山南、日喀则等地区的菜田中，菜粉蝶蛹的被寄生率在76%以上。随着蔬菜种植业的发展，应注意寄生性天敌资源的保护与利用，控制蔬菜害虫，保证蔬菜生产安全和品质。

2. 利用病原微生物防治

早在19世纪末，病原微生物就已经被用于害虫防治，但应用并不广泛。20世纪末，由于化学药剂防治带来的问题被关注，且随着昆虫致病的病原微生物陆续被发现，病原微生物防治害虫得以快速发展。

（1）真菌

生物防治中应用最广泛的真菌有白僵菌、绿僵菌。白僵菌寄主范围广、致病力和适应性较强，寄主昆虫超过200种。真菌孢子与虫体接触后，在适宜条件下萌发，分泌几丁质酶和蛋白质毒素以溶解昆虫表皮。侵入后在昆虫体内形成大量菌丝体，直接吸收昆虫体液养分，还会干扰其血液循环，同时，代谢物如草酸钙盐类在虫体血液中积聚，致使昆虫血液酸度下降，引起体液理化性质改变，导致新陈代谢紊乱，最后使之成为身体干燥、硬化的僵虫，感染死亡个体又可继续传播感染其他个体。真菌类药剂可通过直接接触或随食物侵入虫体。

（2）细菌

昆虫的致病细菌种类很多，以芽孢杆菌、球杆菌研究最为充分。芽孢杆菌能产生芽孢抵抗不良环境，形成的具有蛋白质毒素的伴孢晶体对多种昆虫，尤其是鳞翅目昆虫幼虫有强烈致毒作用，目前多用于防治菜青虫、松毛虫等。苏云金芽孢杆菌、青虫菌、松毛虫杆菌、杀螟杆菌等均属于芽孢杆菌。细菌杀虫效果与菌种和防治对象有关，受环境条件影响较大，一般20℃以上感染效果较好，此时，细菌繁殖速度最快、昆虫代谢率最高。细菌制剂的施用尽量选择在害虫盛孵期。

（3）病毒

病毒特异性强，对寄主有专一性。常用的杆状病毒等对人、家畜、家禽和农作物等都安全无害。昆虫食入核型多角体病毒制剂后，多角体被碱性胃液溶解，析出病毒粒子，在体壁、脂肪体、血液中的细胞核里增殖后，离开感染细胞，侵入健康细胞，最终导致昆虫死亡。研究昆虫病毒，既可以保护益虫，也可以防治害虫。

（4）其他微生物

微孢子虫在昆虫体内主要寄生于消化道上皮细胞，已知与昆虫有关的有100多种，可寄生于鳞翅目、鞘翅目等12个目的昆虫中，目前已应用于蝗虫防治中。昆虫病原线虫常见于索线虫总科、小杆总科、尖尾总科、滑刃总科和垫刃总科中，寄生于昆虫及其他无脊椎动物的有1000多种。被线虫寄生的昆虫通常褪色或膨胀、生长发育迟缓、繁殖力降低，有的出现畸形，如鞘翅缩短等。

3. 利用其他食虫动物

鸟类、蛙类、蜘蛛等其他以昆虫为食的动物，都能对害虫发生起到抑制作用，保护农田周边生境，为食虫动物提供栖居空间，有利于自然控害。

4. 昆虫激素的应用

性诱剂是害虫预测预报和防治中应用较多的昆虫信息素，具有种类的专一性，目前，部分种类昆虫的性信息素已经实现人工合成。昆虫生长调节剂，如蜕皮激素、保幼激素、几丁质合成抑制剂等也被应用到害虫防治中，虽然不能直接杀死昆虫，但是会干扰正常发育，导致其生活能力降低，甚至死亡。昆虫生长调节剂对目标昆虫的选择性高，不易产生抗性，对人、畜、天敌安全，对环境无污染，是具有广阔应用前景的生防制剂。

三、化学防治

化学防治是指使用有毒的化学物质来预防或杀灭有害生物。利用化学农药直接杀灭农业害虫的措施，称为害虫的化学防治。一般采用浸种、拌种、毒饵、喷粉、喷雾和熏蒸等使药剂和害虫接触，或者使被害虫取食而发生作用，破坏害虫的生理代谢，导致其死亡。化学防治是当前应用最广泛的防治方法。

1. 化学防治的优缺点

化学防治的优势在于有效性、适应性、简易性。防治害虫时，可在短时间内使用少量的农药达到防治目的；农药种类、剂型、施用方式等多种多样，针对各种常见病虫害有相应的农药品种；能规模化生产和大面积机械化应用，使用简便；运输方便、使用成本低；发展迅速。

化学防治存在的问题也很突出，即抗性（resistance）、再增猖獗（resurgence）和残留（residue），国际上通称为“3R”问题。20 世纪 60 年代以来，农药残毒成为公害，人们普遍认为人类的癌症等疾病与化学物质污染密切相关，其中农药污染是主要因素，目前农药开发正朝着高效、低毒、低残留的方向发展，控制施用间隔期、限制残留量的标准得以制定，农药残留检测工作也开展起来，农药使用向规范化、科学化发展。人们尝试使用某种或某类农药时会导致靶标昆虫产生抗药性，在施用过程中，为了达到效果，可能会增加使用量、使用次数。针对这个问题，在农药使用过程中，要注意适时、适量施药，保证施药质量，提高防效，减少病虫害残存量；合理、正确地交替用药；在农药研发过程中，添加合适的解毒酶活性抑制剂用以增加防效；加强害虫抗性研究，开发不易产生抗药性的药剂。长期单一用药后，容易产生靶标生物或非靶标生物发生越来越严重的现象，尤其是蚧、螨、蚜虫、蓟马等微型刺吸式口器害虫。因此，化学防治要与生物防治结合，注意农药对天敌的毒害作用，充分考虑防效、剂型、作用方式、施用方法、施用次数、施用时期以及害虫在环境中的地位和作用等。

2. 化学防治在害虫综合防治中的地位

化学防治在有害生物综合防治中占有重要地位，目前是防害控害的关键措施，尤其是在有害生物暴发时，甚至可以称为唯一有效的措施，在过去乃至未来相当长时期内，化学防治都将继续占据重要地位。但是，化学防治更多的是一种有害生物发生后的补救措施，是一种尽可能不采用的方法。因为有害生物综合治理强调自然防治，优先依赖自然生态系统的自我调节能力，人为参与时以农业技术、生物防治、物理机械方法优先，在以上方法效果不理想，对有害生物不能有效控制或已经预见到不得不使用化学防治的情况下，再使用化学防治方法。

3. 杀虫剂的合理使用

正确、合理地使用各种杀虫剂，才能发挥杀虫剂安全、经济、有效的作用；反之，只会事倍功半，造成不应有的损失。

（1）对症用药

杀虫剂的种类很多，各种药剂都有规范的使用范围和防治对象。要根据田间害虫发生的种类和特性，按照杀虫剂的性能，选用对口的杀虫剂防治害虫。例如，油菜苗期防治菜蚜，常常伴有其他害虫的为害，防治时就要选用既能防治菜蚜又能防治其他害虫的广谱性农药品种。另外，作物的种类、用途不同，使用的农药品种也有很大差别。

（2）适时施药

能否适时用药是防治成败的关键。一般情况下，在害虫幼龄时期施药，既高效又省药，前期做好预测预报，准确掌握虫情发生动态，确定防治适期，科学指导用药时间。

例如，防治地老虎，在3龄以前的低龄幼虫时施药，远比3龄以后杀虫效率高，这是因为进入高龄后，地老虎白天潜伏于土下、夜间活动取食，与药物接触机会减少，大龄幼虫的抗逆性较低龄幼虫强，此时施药往往难以达到防治目标。

（3）科学掌握用药浓度和用量

杀虫剂浓度和用量是由防治对象特征（种类、虫态、虫龄）、作物生育期及施药方法等决定的。由于各种条件千差万别，在大面积施药前，应事先做好各种农药的试验、示范，总结经验，找出适宜的用药浓度和施药量，既可杀死害虫，又可保护天敌，不要盲目地提高农药浓度和用量。合格的化学制剂都会标明用药浓度和用量，严格按照说明使用，防效、经济性、安全性三者可以达到最优的平衡，减少抗性和药害的产生，也可最大限度地保护天敌和环境。

（4）恰当的施药方法

根据药剂作用机理、害虫取食方式，选用恰当的剂型和施用方式，才能达到防效好、用药少、持效长的目的。例如，防治咀嚼式口器小菜蛾幼虫、小地老虎等，选用胃毒剂、触杀剂，采用低容量、超低容量喷雾技术；防治麦田期蚜虫、红蜘蛛等刺吸式口器害虫时，应用内吸剂、触杀剂等。土壤处理剂、种衣剂等比常规喷药效果好，而且能减少农药飘移，减少杀虫剂对天敌的损害，既能防治害虫，又能保护天敌。

4. 科学混用农药

科学、合理地进行不同农药混用，具有扩大防治范围、增效和延缓害虫产生抗药性等优点，否则可能使农药失效、造成药害等。

（1）遇碱性物质容易分解失效的农药

酸性农药与碱性农药不能混用。酸性农药不能与石硫合剂、波尔多液、松脂合剂、石灰、氨水等混合使用，否则会失效，甚至引起药害。

（2）药剂混合后产生反应

药剂混合后理化性状发生改变，如乳化、沉淀等，以及有效成分发生变化的不能混用。例如，波尔多液与石硫合剂混合后会产生黑褐色的硫化铜沉淀，波尔多液和石硫合剂均被破坏，施用后会引发药害。因此，喷过波尔多液后若要再使用石硫合剂，必须间隔20～30天。

5. 交替施药

同种作物长期连续使用一种农药，害虫易产生抗药性。例如，麦田长期施用一种农药，会使蚜虫、叶螨产生抗药性，因此，提倡不同类型杀虫剂交替或轮换使用。交替用药要选用化学结构或作用机理不相近的类型。

6. 施药方法

根据农药种类、剂型、防治对象、防治目的，应有针对性地选用不同的施药方法。例如，利用喷雾药械将制剂加水稀释后，喷洒到作物表面，形成药膜，达到防治病虫的目的，喷雾法是大田中最常用的方法；用喷粉器产生的风力将粉剂喷撒到农作物表面的喷粉法，适用于缺水地区；在稻田害虫防治中将乳油、可湿性粉剂或水剂等加水稀释、搅拌均匀后向植物泼浇或用水泵喷淋的泼浇法；防治地下害虫和土传病害时，采用毒土或颗粒剂撒施法，毒土由粉剂或液剂与土壤混合制成；地下害虫、线虫、土传病害防治还可以采用土壤处理法，结合耕翻，将药剂用喷雾、喷粉或撒施的方法施于地面，再翻入土层，由根部吸收后起作用；防治种子表面携带的病菌、地下害虫和苗期病虫害多采用拌种法，即将药剂按比例与种子混合拌匀后播种；利用药液浸渍种苗防治苗木上病虫害的种苗浸渍法；将药剂与饵料拌匀撒施后防治虫害、鼠害的毒饵法；利用有些药剂挥发或在空气中发生变化产生毒气的特性，在温室大棚、仓库等相对密闭场所病虫害防治中使用熏蒸法、熏烟法；将药剂重点涂抹在特定部位的涂抹法等。

四、物理与机械防治

物理与机械防治是指应用各种物理因子、机械设备以及现代化多种除虫工具来防治病虫害的方法。物理与机械防治的领域和内容广泛，包括光学、电学、声学、力学、放射物理、航空、雷达以及地球卫星的利用等。

物理与机械防治主要有以下几个方面。

1. 器械捕杀

根据害虫的生活习性，设计比较简单的器械捕杀。例如，用铁丝钩钩杀天牛幼虫，用捕虫网捕杀叶蝉、蜡蝉、蛾类，拉网捕杀小麦吸浆虫，采用粘虫兜捕杀甘蓝夜蛾幼虫等，都是简单却有效的除虫方式。

2. 诱集和诱杀

利用害虫的趋性，设置诱集物，诱集后消灭。例如，利用趋化性，用糖醋液诱杀小地老虎、蝼蛄等；利用趋光性诱杀蛾类、金龟类等；利用蚜虫趋黄习性，设置黄盘、黄板诱杀；利用害虫潜藏习性，设置草把、草堆等诱集害虫；利用害虫对植物的敏感性，在麦田附近种植豌豆诱集地老虎产卵。

3. 阻隔法

根据害虫的活动习性，设置障碍物，防止害虫为害或蔓延。例如，果实套袋用于防治害虫产卵和取食；在树干上涂白或涂胶，可阻止害虫产卵、潜伏、上树为害、下树越冬；粮食表面覆以草木灰、糠壳或惰性粉等，阻止仓库害虫侵入；掘沟阻止蝗蝻蔓延或迁移等。

4. 种子处理

利用风能、盐水等除去有病虫害的种子；利用曝晒、烘干等杀死部分病虫，使粮食充分干燥，也可以减少贮藏期间害虫的发生与为害；90℃的蒸汽处理包装器材、仓库用具等，可直接杀死贮粮害虫；沸水烫种处理豌豆、蚕豆等，可杀死皮蠹；−5℃低温处理，可杀死仓库中的贮粮害虫。

5. 其他技术

对于隐蔽性的病虫害，利用辐射不育遗传技术防治；利用放射能、激光等可以直接杀灭害虫；利用微波等处理土壤可杀死地下害虫和土传病菌；利用雷达等监测害虫迁飞情况和路径；利用遥感技术监测害虫发生等。

随着对病虫害发生发展研究的深入、科学技术的进步，还将有更多更简便高效的方法可以应用于有害生物防治。无论何时，害虫防治、资源昆虫保护都要考虑维持生态系统的稳定，推进生态文明建设。

第十二章　青藏高原主要害虫绿色防控成果中资源昆虫的保护

在青藏高原青稞与牧草害虫绿色防控、青藏高原林木害虫绿色防控、青藏高原小麦害虫绿色防控、青藏高原冬虫夏草的保护等工作中，资源昆虫的保护取得了显著的成就，在国家生态屏障，江河源、水塔源保护中发挥了重要作用。

第一节　青藏高原青稞与牧草害虫绿色防控中资源昆虫的保护

一、青藏高原青稞与牧草的地位

青藏高原青稞栽培面积为211万亩，约占青藏高原宜农耕地面积的31%，是藏族人民长期赖以生存的主粮。草地面积为13.23亿亩，约占全国草地面积的33%，是牧区农牧民的主要生产和生活资料。20世纪80年代，由于盲目扩大冬播面积，青稞和牧草害虫连年成灾，为了提高粮食产量，人们大量喷施化学农药，导致环境污染、天敌数量减少、环境质量和生态系统稳定性下降，严重影响了青藏高原农牧民的生活质量，威胁高原生态和国家江河源、“水塔源”的安全。

为了从根本上解决青稞和牧草害虫控制及资源昆虫保护问题，从1992年开始，王保海等以青稞和牧草昆虫为研究对象，系统研究害虫及其天敌的区系与分布，揭示了害虫成灾的生态学机理，研究了天敌昆虫保护的办法，集成创建了绿色防控技术体系，并开展大规模应用，取得了既保护天敌又防治害虫的明显成效。

二、青藏高原昆虫区系组成及主要害虫和天敌时空分布格局

1. 全面考察研究青藏高原的昆虫和蜘蛛类群，发现大量特有资源昆虫

在西藏和青海等地布设237个片区、13 672个样点，在海拔超过6200m的阿里、那曲无人区设置55个样点，系统调查昆虫和蜘蛛资源及分布，鉴定出10 133种，比20世纪80年代增加了4倍，其中命名119种、补充青藏高原记录3864种。至此，青藏高原成为我国已知昆虫和蜘蛛种类最多的区域之一。

2. 发展了青藏高原昆虫区系及分化的基本理论

根据青藏高原生态多样性和核心区特有昆虫占50%以上的特点，从生物地理学的角度系统分析，证明了青藏高原昆虫区系分化的独立性。研究人员首次提出了青藏高原昆

虫分化的三大区域、三大类群和三大趋向，即藏东南横断山区分化区、高原中心区分化区和雅鲁藏布江大峡谷分化区三大分化区域；直翅目、鞘翅目和半翅目三大分化类群；体型分化趋小、体色分化趋暗和翅分化趋退化三大分化趋向。并且在此基础上，研究人员首次提出将青藏高原昆虫区系划为与古北区、东洋区相平行的世界陆地昆虫地理区系，丰富了生物地理学和生物区系分化理论。

3. 青藏高原主要害虫及其天敌空间分布

从系统、群落、种群 3 个层次分析青藏高原农牧害虫及其天敌的空间分布格局，首次提出昆虫水平分布三大区域和垂直分布三大地带。水平分布三大区域分别是生态脆弱农业区、生态半脆弱农业区和生态稳定农业区。生态脆弱农业区主要害虫种类有西藏飞蝗、白边痂蝗、黄斑草毒蛾、喜马象类；天敌昆虫主要有芫菁、寄蝇等。生态半脆弱农业区主要害虫有麦无网长管蚜、青稞穗蝇、麦瘿螨；天敌昆虫主要有瓢虫、寄蝇、食蚜蝇等。生态稳定农业区主要害虫有灰胸突鳃金龟、庭园丽金龟、麦无网长管蚜等；天敌昆虫有步甲、瓢虫、食蚜蝇等。垂直分布三大地带，即脆弱带、半脆弱带、稳定带。脆弱带指海拔 4200m 以上的区域，主要为半荒漠化草地害虫发生区。半脆弱带指海拔 3200～4200m 的区域，主要为青稞害虫发生区。稳定带指海拔 3200m 以下的区域，为多种农作物混作区，害虫种类因作物不同而异。通过对主要害虫及其天敌的区划分析，发展了系统生态学和生物多样性保护理论，为实施农牧区害虫分区治理提供了理论依据。

三、青藏高原青稞与牧草重要害虫成灾机理

1. 系统研究了青稞与牧草主要害虫种类，探明了主要害虫的生物学与生态学特性

常见青稞害虫共 51 种，其中 14 种为高原特有种，重要害虫包括麦无网长管蚜、青稞喜马象、西藏穗螨；常见草地害虫共 31 种，其中 12 种为高原特有种，重要害虫有西藏飞蝗、黄斑草毒蛾。对 5 种重要害虫的种类组成、龄期、生殖力、空间分布、食性、种内和种间竞争、调节机能等生物学及生态学特征，以及害虫与海拔、地形、植被、土壤、温湿度、光照、天敌、品种与耕作制度等因子关系进行了研究。定性分析了两种重大害虫田间分布型与序贯抽样，确定了防治时期和防治指标，丰富了高原害虫综合治理学科理论，也为害虫的预测预报与控制提供了科学依据。

2. 青稞害虫成灾机理研究

不论是水平分布还是垂直分布，青藏高原青稞害虫在各分布区优势种不同。青稞与青稞害虫在青藏高原独特的环境条件下，相互制约、协同进化，形成高度复杂而又稳定的对立统一体。但拌种撒播导致鸟类等天敌中毒死亡、部分区域农药过度使用等，既打破了原有平衡，又增加了害虫抗药性，导致害虫暴发成灾。除青稞蚜虫外，其他害虫多为 1 年 1 代，50%以上的害虫营土栖生活，易受耕作制度的影响。为害的基本规律是：地栖性、一化性占多数；干旱年份发生重、正常年份发生轻；早播发生重、晚播发生轻；连作发生重、轮作发生轻；冬播作物发生重、春播作物发生轻；暖冬发生重、寒冬发生

轻；单播发生重、套种发生轻。

通过对比历史数据，分析青藏高原生境多样性对虫害发生的影响，探讨主要害虫、天敌与青稞的协同关系，发现多数害虫的食性为单食性或寡食性，对寄主植物依赖性高，而寄主植物的生长状况改变易受耕作栽培制度的影响，进而影响害虫及其天敌的发生。其中，耕作栽培制度的变化对青稞害虫种群数量动态及为害成灾的影响尤为明显，特别是盲目扩大冬播作物面积和不当早播，为害虫提供了越冬寄主，导致虫源积累、增大了虫口基数，这是青藏高原害虫种群数量快速增长和猖獗危害的重要原因。

3. 荒漠条件下牧草害虫成灾机理

在青藏高原，西藏飞蝗与黄斑草毒蛾等牧草害虫受低温制约，1 年只发生 1 代，幼虫期（或终生）为害牧草。西藏飞蝗的最适生境和主要成灾区是干旱半干旱温性草原，植被主要是芨芨草、针茅等禾本科牧草；黄斑草毒蛾的最适生境和主要成灾区是潮湿、凉爽的山地草甸和高寒草甸，植被主要是嵩草、苔草等莎草科牧草。在相同的生境中，害虫的种群数量消长与生物学特性和生态学特性密切相关。为害基本规律是：旱涝年份重、正常年份轻；河谷地带重、平缓地带轻；禾本科草地重、豆科草地轻；原始草地重、开垦草地轻。研究借助现代遥感技术，监测草地害虫的时空分布，提升了草地虫害的监测预警水平。

四、凝练防控技术，实现资源昆虫保护

1. 青稞与草地害虫的生物防治技术

青稞田与草地生物群落具有较高的物种多样性，尤其是捕食性、寄生性天敌种类和数量多，青稞田以瓢虫、蜘蛛、食蚜蝇为主，草地以寄蝇、寄生蜂的优势度明显。例如，西藏大丽瓢虫、横斑瓢虫和星豹蛛的捕食蚜量分别为 59.5 头/天、73.5 头/天和 108.6 头/天，对害虫的自然抑制作用极其显著。西藏农牧科学院将保护自然天敌与瓢虫、寄生蜂等天敌扩繁研究结合，充分发挥天敌对害虫的控制作用，在防治青稞重要害虫麦无网长管蚜、青稞喜马象、西藏穗螨等害虫中取得了显著成效；并研发了助迁瓢虫控制蚜虫技术、利用人工饲料扩繁瓢虫技术、筛选替代寄主扩繁寄生蜂技术、解除瓢虫越冬滞育技术、诱导天敌滞育提高贮存期技术等 5 项天敌扩繁与保护技术，提高了青稞害虫的防治水平。

经过多年的引进与筛选，系统评价了细菌灭蝗剂、苏云金杆菌、病毒杀虫剂、杀蝗绿僵菌、杀蝗微孢子虫等微生物制剂的防治效果，明确了杀蝗微孢子虫等制剂具有隔代传播及越年扩散能力，施药 5～6 年后在新生害虫体内仍可见病原微生物，通过自然富集作用导致害虫病害的传播与流行，将害虫虫口密度持续控制在防治指标之下。多年的应用还证明，将杀蝗微孢子虫等制剂引入青藏高原生态系统后，其与环境相容极好，促进了生物多样性指数的增加，有利于青藏高原生态环境修复。

2. 高原害虫生态调控技术

针对暴发虫害的根本原因，结合西藏民俗和宗教信仰，提出“两改两用”的防治技术策略，即改种植模式、改防治方法、用生态调控、用生物防治。凝练了 8 项轻简化实

用技术，包括压缩冬播、适时晚播、合理轮作、间混套作等生态调控措施，堆积物庇护、留茬庇护天敌、种植豆科作物诱集天敌、严禁拌种撒播等天敌保护措施，这些措施简便易行，既符合当地习俗，又显著提升了天敌控害的效果。例如，在青稞田套种豆科作物可吸引寄蝇、食蚜蝇等天敌昆虫，抑制多种害虫为害；在重灾草地种植紫花苜蓿可吸引芫菁，抑制西藏飞蝗等多种害虫为害，为青稞田和草地主要害虫的绿色防控奠定重要基础。

3. 青稞和牧草害虫轻简化绿色防控技术体系

从青藏高原青稞与牧草害虫发生和环境的整体观念出发，本着“分区治理、持续控害”的指导思想，以及安全、有效、经济、简便的原则，尊重藏族人民风俗习惯和宗教信仰，合理地搭配农业的、生物的、生态的方法，倡导生态调控，倚重生物防治等技术，集成创建了青藏高原青稞田和草地害虫绿色防控技术体系，即青稞害虫采取“生态调控+天敌保护+生物防治等措施”；牧草害虫采取“生态调控+微生物制剂+天敌保护等措施”。

4. 青稞与牧草害虫分区治理的策略

根据害虫及其天敌的水平分布特点，将青藏高原划分为高海拔生态脆弱区、农牧交错带生态半脆弱区和岛屿状生态稳定区，采取分区治理的策略，不同区域采取不同的害虫防控技术。

（1）高海拔生态脆弱区

注重天敌资源昆虫的保护，以保护自然生态系统为基础，在害虫常发区采取种植苜蓿、丰富和招引天敌昆虫、改造害虫适生地等措施，压低草原蝗虫和黄斑草毒蛾发生基数；在害虫重发区采用招引鸟类，草地牧鸡，喷施杀蝗微孢子虫、绿僵菌等生物防治技术控制害虫为害。

（2）农牧交错带生态半脆弱区

采取生态调控结合生物防治的方法，以恢复生态系统为基础，通过合理设置田块间距、保留田边田埂杂草、提倡绿肥留茬或条割、青稞收获期田边堆放杂草和石块等，增加农田生物多样性，为天敌提供避难场所；通过轮作倒茬、适时晚播、压缩冬播面积、清除自生苗，切断麦无网长管蚜、麦叶螨、青稞穗蝇、青稞穗螨、青稞毛蚊等主要害虫的食物链和病毒病传播桥梁；通过改单种为套种、种植蜜源植物等方式提高青稞田天敌种群数量，发挥天敌对蚜虫等关键害虫的控制作用。

（3）岛屿状生态稳定区

本区域农田所占比例较小，呈岛屿状分布，生物多样性丰富，生物之间长期形成了相互依赖、相互制约的关系；虽然植食性昆虫种类很多，但天敌昆虫寄生率和捕食率达80%以上，自然控制作用好，一般不会形成灾害，因此采取以生物防治、压缩冬播青稞面积为主的害虫防治措施。

五、应用绿色防控科技成果有效控制青稞与牧草害虫为害

1. 广泛开展技术培训

害虫绿色防控科技成果作用逐渐凸显，引起了相关部门的重视，各级政府及农牧业

主管部门划拨专项经费，开展技术培训并推广技术成果。与各级推广部门紧密结合，采取现场会、培训班、宣传册、明白纸、多媒体、信息咨询等形式，并结合培养农牧民科技特派员、科技示范户、科技明白人等，开展多层次、多形式的绿色防控技术培训，专家、学者则利用野外调查和田间试验，指导害虫防控的生产实践。

2. 大规模推广应用

1992～2020年，在西藏和青海等地累计推广应用6.6亿亩，推广面积逐年递增，已挽回青稞与牧草产量损失54.7亿kg，直接经济效益105.7亿元，少用化学农药7302.6t，天敌数量比项目实施前增长44%～56%。2018～2020年累计推广应用2.6亿亩，达到历史最高水平，挽回青稞与牧草产量损失24.6亿kg，直接经济效益57.2亿元。

3. 推动社会进步，改善生态环境，取得显著效益

随着青稞害虫得到有效控制，青藏高原粮食产量十年徘徊的局面打破，近10年来粮食稳步增产，西藏农牧民温饱问题得以解决。经过艰苦努力和不懈探索，基本摸清了青藏高原昆虫的家底，建立了标本馆，储藏了昆虫模式标本和珍稀标本，并为全国有关机构及昆虫分类学者提供了数万件标本。撰写和发表专著8部，发表论文75篇，被国内外有关机构收藏或学者引用，在科研与教学中发挥主要作用，提高了青藏高原科技工作的地位。通过培训提高了农牧民对害虫防治的认识和技术水平，使藏族人民能够科学防治害虫。技术体系充分尊重了当地的宗教习俗，促进了民族和谐；培养了一批本地化植保人才，形成了一支稳定的植保科研核心力量。

大幅度降低了化学农药的使用量，保障了国家高原特色农产品基地建设，更为重要的是保护了青藏高原生态环境，在建设国家生态屏障及国家江河源、“水塔源”保护中发挥了重要作用，为我国西部地区环境保护作出突出贡献，具有巨大的生态效益。

第二节　青藏高原林木害虫绿色防控中资源昆虫的保护

一、青藏高原林木害虫发生的背景

青藏高原林地面积为6235.91万hm^2，占全国总林地面积的26.5%。20世纪80年代，由于植物检疫制度不健全，在拉萨、山南、日喀则等地区城市周边以杨树、柳树为主的单一品种造林，导致人工林害虫连年成灾；在原始林区由于采伐过度，害虫间歇性暴发。有观点认为青藏高原林木害虫危害造成的经济损失不亚于雪灾等自然灾害。为了保证林业的发展，采用化学防治，虽然取得了一定的成效，但年年打药、年年成灾，并未从根本上控制害虫，农药还导致污染、天敌数量减少，环境质量和生态系统稳定性下降，严重影响着青藏高原人民的生存环境，威胁着国家江河源、“水塔源”的生态安全。

王保海等从2000年开始，以人工林和原始林害虫为研究对象，对林业害虫及其天敌的组成与地理分布展开系统研究，揭示了害虫成灾与天敌利用的生态学机理，集成创建了绿色防控技术体系，并开展大规模应用。围绕青藏高原人工林和原始林害虫的科学防控，在理论上有突破，在技术上有创新，在生产上有成效，取得了显著的经济、生态和社会效益。

二、青藏高原林木昆虫的组成及主要害虫和天敌时空分布格局

1. 全面系统考察研究青藏高原林木昆虫的类群

研究选择186个不同的生态区域，8963个样点，对昆虫和蜘蛛资源及分布进行系统调查。鉴定出林业昆虫8423种，其中，命名发表16种，补充记录1323种，发现国家保护昆虫9种，珍稀昆虫223种，造成危害的害虫80多种，发现并补充了印度长臂金龟 *Cheirotonus macleayi*（分布于波密易贡，海拔2400m）、中华缺翅虫 *Zorotypus sinensis*（分布于波密易贡，海拔 2400m）、察隅山蛉 *Rapisma zayuanum*（分布于下察隅，海拔1700m）在青藏高原的分布区，明确青藏高原林业昆虫的家底。

2. 青藏高原林木昆虫两大分布区及其主要害虫的组成

根据青藏高原生态多样性、林木组成、昆虫的种类及分布特点，从生物地理学的角度系统研究，证明了青藏高原林木昆虫的独立性，提出了青藏高原林木昆虫两大分布区域，即原始林区和人工林区。

原始林区主要包括西藏东南部、青海南部、四川西部等区域的原始森林。该区域日照丰富，年日照时数为3000h左右；河谷地带海拔2000～3000m，自东至西逐步抬升，藏东南的墨脱等地海拔低，有些地区不足 1000m；年降水量为 560～1200mm，由东到西逐渐减少。树种以高山松和高山栎等为主，生物多样性丰富。主要害虫为4种土著害虫，全部为间歇性暴发。

人工林区是指长期以人工造林为主的区域，主要包括西藏的拉萨、山南、日喀则等，青海的西宁、格尔木等。该区域年日照时长达3000h以上；海拔3500～4000m，自东至西逐步抬升，但青海格尔木海拔较低，平均海拔不足 3000m；年降水量格尔木 400～500mm，由东到西逐渐减少。树种以杨树和柳树为主，生物多样性相对较低。主要害虫有5种，其中4种为入侵种，1种为土著害虫，入侵害虫危害远高于土著害虫。

三、青藏高原林木主要害虫的生物学特性与成灾机理和暴发的主要原因

1. 林木主要害虫成灾机理

从系统、群落、种群3个层次和害虫、天敌、林木三者关系解析了人工林5种入侵害虫、原始林4种土著害虫的生物学特性与灾变规律。林木、林木害虫和天敌在青藏高原独特的环境条件下，相互制约、协同进化，形成高度复杂而又稳定的对立统一体，不论是水平分布还是垂直分布，各分布区均有不同的优势种。为害基本规律：干旱年份发生重、正常年份发生轻；人工林害虫发生重，以入侵害虫为主；原始林害虫发生轻，以土著害虫为主；树种单一的林地发生重，混合度高的林地发生轻；暖冬发生重，寒冬发生轻。

2. 人工林主要害虫

人工林入侵的主要害虫有 4 种。春尺蠖 *Apocheima cinerarius* 是人工林柳树上发生最为严重的害虫，于 20 世纪末随着柳树苗木引进，从甘肃等地入侵西藏拉萨、山南等地，由于气候条件适宜、繁殖力强，单雌产卵量为 60～100 粒，没有原产地天敌的跟进或引入，严重暴发并持续扩展蔓延，1 年 1 代，成虫有趋光性，幼虫有假死和吐丝现象，取食柳树叶片，被害叶片残缺不全，发生严重时叶片全部被吃光，成为人工林前期发生的重大害虫。桃剑纹夜蛾 *Acronicta intermedia* 是人工林柳树的第二大害虫，于 21 世纪初随着柳树苗木引进，从甘肃、西藏林芝市等地入侵西藏拉萨、山南等地。由于气候条件适宜，平均单雌产卵 60 粒以上，孵化率、成活率极高，没有原产地天敌的跟进或引入，连年暴发成灾并逐年扩展蔓延，1 年 1 代，成虫具有趋光性，是人工柳林中期发生的重要害虫。河曲丝叶蜂 *Nematus hequensis* 是人工柳林中的第三大害虫，于 21 世纪初随着柳树苗木运输，从甘肃等地入侵西藏拉萨、山南等地。由于气候条件适宜，繁殖力强，没有原产地天敌的跟进或引入，暴发成灾并不断扩展蔓延，1 年 1 代，成为人工柳林后期发生的重要害虫。青杨天牛 *Saperda populnea* 是人工林杨树的第一大害虫，2000 年前后随着杨树苗木运输，从甘肃入侵到西藏拉萨、山南等地。由于气候条件适宜，繁殖力强，没有原产地天敌的跟进或引入，暴发成灾并不断扩展蔓延，1 年 1 代，是人工杨树林的重大害虫。人工林主要土著害虫是杨二尾舟蛾 *Cerura menciana*，取食树木叶片，严重时把叶片吃光；老熟幼虫于树干处分泌黏液，与咬碎的树皮形成椭圆形硬壳，固着在树干上。成虫具有趋光性，单雌产卵量为 130～400 粒，1 年 1 代，是人工杨树林中发生最为严重的土著害虫。

3. 原始林主要害虫

原始林主要害虫有 4 种，绿黄枯叶蛾 *Trabala vishnou* 主要发生在藏东南，以通麦至波密一带最为严重，受气候影响大，年度间发生差异大，年降水量偏少、偏晚的年份发生重。暴发时，平均每株寄主植物上可见幼虫 70～90 头，甚至达 280 头之多，造成多种阔叶树叶片被食光，甚至整株枯死，叶片啃光后，幼虫会由被害树木上爬下另寻寄主。降水量偏多、偏早的年份发生轻，甚至几乎见不到幼虫为害。阴雨连绵的年份，多见感染白僵菌、核型多角体病毒的虫体，自然感染率可达 50%左右；暴雨对其发生也有影响。幼虫的天敌昆虫有食虫蝽，蛹期有寄生蜂、寄生蝇，寄生率为 40%左右。横坑切梢小蠹 *Tomicus minor* 在青海分布于黄南州，2003 年以来发生加重，造成油松成片枝梢枯黄，甚至死亡，为害致死的油松达 39.5%，单雌平均产卵量为 58 粒，1 年 1 代。纵坑切梢小蠹 *Tomicus piniperda* 发生危害情况和横坑切梢小蠹近似。朱颈褐锦斑蛾 *Soritia leptalina* 是西藏栎树上的主要害虫，1 年 1 代，10 月以 3 龄幼虫越冬，翌年 3 月开始为害；成虫昼出性，飞行能力不强；卵聚产。自然天敌有厉蝽和白僵菌等，是防治朱颈褐锦斑蛾的有效手段。

人工林区害虫喜干旱半干旱凉性林地，原始林害虫喜潮湿半潮湿温性林地，均 1 年 1 代。检疫调运失衡、品种单调连片是人工林害虫入侵并暴发成灾的根本原因；过度采伐、生物多样性降低、早春干旱是原始林害虫暴发的主因。通过对 9 种重要害虫的生物学及生态学研究，包括种类组成、龄期、生殖力、空间分布、食性，以及害虫与海拔、地形、植被、温湿度、光照、天敌、品种、林地管理等因子关系进行研究，确定了最佳防治时期和防治指标，丰富了高原害虫综合治理学科理论，也为害虫的预测预报与控制提供了科学依据。

对比历史数据，分析研究了青藏高原生境多样性对虫害发生的影响，探讨了主要害虫、天敌与林木的协同关系，发现多数害虫为单食性或寡食性，对寄主植物依赖性高，而寄主植物的生长状况改变受林木管理的影响较大，进而影响害虫及其天敌的发生。植物检疫与苗木调运对害虫种群数量动态及为害成灾的影响尤为明显，特别是植物检疫意识薄弱、操作不规范，一旦造成害虫侵入，后患无穷。

四、青藏高原林木害虫绿色防控策略、技术体系、治理模式

1. 防控“三改三用”策略

针对西藏林木害虫暴发的根本原因，结合西藏农业生产水平和民族习惯，提出“三改三用”的绿色防控理念，即改栽培制度、改苗木管理、改防治方法；用生态调控、用物理防治、用生物防治。

改栽培制度是将单一品种造林改为多树种搭配造林。规划造林时，要营造多树种搭配的混交林，抗性树种和易感树种合理搭配。抗性树种选择当地适生的树种，作为主栽树种，占70%～80%，如沙棘、银白杨等；易感树种用于诱集害虫，集中灭杀，应选择害虫喜食的树种，占20%～30%。及时清理现有林区中的受害植株，并及时补栽，使林区逐步改造成结构合理的混交林。

改苗木管理主要是从区外引进、调运种子、苗木和其他林产品时，实施严格检疫。完善机构，建立检疫章程，从源头把控，林木种子园、苗圃不出售携带有害虫的种子、苗木。凡是青藏高原以外地区局部或广泛为害严重，而青藏高原尚无记录的害虫，都应列为检疫对象；从内地引进的种子、苗木及相关产品均需按规定检疫。春季越冬虫态开始活动（3～4 月）和秋季落叶后越冬前（10～11 月）进行害虫发生情况普查，一旦发现入侵害虫，应立即上报上级林业主管部门，采取措施进行防控。重大害虫严重发生区域要采取检疫防除措施，控制蔓延速度和范围。

改防治方法是指林木害虫绿色防控以自然控制为主。西藏林区，尤其是原始林区具有较高的物种多样性，捕食性、寄生性天敌种类和数量多，对害虫的自然抑制作用明显。保护自然天敌作为根本，引入天敌作为补充，充分发挥天敌对害虫的控制作用，如人工引进赤眼蜂等。

2. 防控“三·五”技术体系

在林木害虫防控实践中，总结出生态调控五项技术、物理防治五项技术和生物防治五项技术，即“三·五”技术体系。

生态调控五项技术是指树种搭配、改造虫源地、保护鸟类、林地牧鸡、清洁林地枯枝朽木（防治小蠹害虫的重要措施）五项技术。

物理防治五项技术是指设施防护（在柳树干上绑拦截物，阻止雌成虫、幼虫上树产卵和危害）、灯光诱杀、潜所诱杀、食饵诱杀、色板诱杀五项技术；具有简单方便、经济有效、毒副作用少、无残留的优点，在西藏应用前景广阔。

生物防治五项技术是指堆积物及留茬庇护天敌、种植开花树种诱集天敌、引进生物农药、合理用药、保护天敌五项技术；不仅能控制害虫，还能提高生物多样性指数、修复青藏高原生态环境。

3. 防控分区治理模式

青藏高原不同的区域生态条件不同，害虫种类组成不同，发生规律不同，天敌种类也不同，相同的防控措施不能应对不同的情况。分区治理是林地害虫防控的基本策略。

人工林生态脆弱区害虫防治采取“植物检疫+生态调控+物理防治+生物防治”的技术系统，重点是落实植物检疫法规，加强植物检疫。对引进树苗及材料进行消毒、除害处理，隔离试验栽种，一旦确定携带有潜在风险害虫，立即采取封锁、消灭、销毁等措施。以保护自然生态系统为基础，在害虫常发区采取多树种混合造林，合理设置造林田块，改造虫源地环境等措施；林边堆放杂草和石块等招引天敌，为天敌提供庇护场所；保护鸟类，在林地周边的农田严禁拌种撒播；林地牧鸡、释放赤眼蜂、绿僵菌等生物防治技术控制重大害虫为害，发挥天敌对林木害虫的自然控制作用。

原始林生态稳定区害虫防治采取“自然控制+物理防治+生物防治”的技术系统，重点是防止滥砍滥伐。本区域原始林比例大，立体成片分布，生物多样性丰富，生物之间长期形成了相互依赖、相互制约的关系；虽然植食性昆虫种类多，但天敌寄生率和捕食率可达 80%以上，重要害虫间歇性发生，不会出现连年灾害，有的种类甚至不成灾，自然控制效果明显。林木害虫分区治理“三改三用”绿色防控理念与“三・五”技术体系，简便易行，控害效果具有持续性，将林业的、生物的、生态的、物理的防控方法合理搭配，是减施或不施农药、保护生态、控制青藏高原害虫成灾的根本途径。

第三节　青藏高原小麦害虫绿色防控中资源昆虫的保护

一、西藏小麦害虫暴发的背景

20 世纪 50 年代初，西藏高原腹地只有春小麦。60 年代前后引入冬小麦后，短时间内获得高产稳产。伴随着生活、生产的发展需要，冬小麦种植面积迅速扩大，到 80 年代达到 70 多万亩，农业生态系统与害虫组成及危害程度也因此发生巨变：西藏腹地农业有了冬播作物；次要害虫上升为主要害虫，且随着冬小麦种植范围的扩展、面积的增加，害虫为害日益加重。

二、西藏小麦害虫的组成与分布

1. 小麦害虫种类

引入冬小麦后，西藏腹地农业生态系统有了越冬作物，害虫越冬寄主增加，为害虫的发生提供了条件。目前西藏小麦害虫有 60 多种，发生严重的有麦无网长管蚜、西藏飞蝗、麦穗夜蛾、麦瘿螨、麦长腿红蜘蛛、半圆喜马象、庭园丽金龟、黄地老虎等 8 种主要害虫。

2. 小麦害虫分布

西藏许多地区有“十里不同天，一天有四季”的现象。不同地区气候差异大，害虫组成截然不同。王保海将西藏小麦害虫按照组成与为害情况划分为拉萨-山南小区、林芝市小区、昌都小区 3 个小区。

（1）拉萨-山南小区

本小区位于雅鲁藏布江中游及拉萨河、年楚河流域。海拔 3500～4100m，气候较为温和，年平均气温为 5.0～8.2℃，年降水量为 400～500mm，地势起伏，有河谷、高山，有较为开阔的农田，为西藏主要农区之一，是西藏历史中最早的农业区，也是西藏农业最发达的地区，还是西藏人口最为集中的地区。农田主要分布在沿江及主要支流的河谷地带，农作物主要有冬春小麦、冬春青稞、豌豆、蚕豆、油菜、玉米等。主要植被类型为灌丛、草原和高山草原，常见植物有白草、西藏狼牙刺、蒿草、紫花针茅。在这样的生境和农业生产条件下，害虫种群随着农业生产水平的变革而发生变化。尤其是西藏大面积推广冬小麦后，小麦害虫组成与为害发生了根本性的变化，小麦害虫主要为麦无网长管蚜、麦长管蚜、西藏飞蝗、碎粉蚧、麦瘿螨、麦长腿红蜘蛛、喜马象类、蛴螬类、地老虎类等。

（2）林芝市小区

本小区位于喜马拉雅山脉东部和念青唐古拉山东段之间，包括波密、林芝、米林、加查、朗县、工布江达，是西藏自然条件较好的农区，除工布江达有部分区域半农半牧外，其余均是以农林业为主。本小区森林茂密、气候温暖湿润，海拔 3000m 左右，年降水量为 500～1000mm，年均气温为 6～12℃，主要植被类型为山地针阔叶混交林和亚高山针叶林，植物种类以栎、丽江云杉、高山松、喜马拉雅铁松和多种阔叶树为主，还散布有竹子、千年古柏、千年古桑等，果树资源丰富、品质好。农作物有小麦、青稞、豌豆、油菜、玉米。小麦害虫种类多，但暴发的种类不多，常发生的有麦无网长管蚜、西藏飞蝗、麦奂夜蛾、小麦夜蛾及蛴螬和地老虎等。

（3）昌都小区

本小区位于横断山南部，即著名的横断山平行峡谷区，东以金沙江为界，西以著名的念青唐古拉山和伯舒拉岭主脊为界，包括昌都、江达、察雅、贡觉、芒康。海拔 3300m 左右，相对高差可达 2000m 以上，金沙江、澜沧江、怒江向南流经本区，河床坡度大、水流急、切割深，谷底平均宽度往往仅百余米，狭窄处仅几十米。气候干暖，年降水量为 480mm 左右，年均气温为 4～8℃。主要植被类型为刺灌丛，在芒康盐井分布有亚热带植物，如芦竹、青香木等。果树有核桃、苹果、石榴、葡萄等。农田零星分布，垂直差异显著，农作物主要有小麦、青稞、玉米、荞麦等。小麦害虫主要有麦穗夜蛾、麦无网长管蚜、西藏飞蝗和蛴螬。

三、西藏主要小麦害虫生物学特性与发生特点

1. 麦无网长管蚜 *Metopolophium dirhodum*

3 月底开始活动，4 月中下旬扩散为害，8 月底小麦收割后转移到杂草上，随后转移

到早播田苗或自生苗上，11 月于土壤裂缝、小麦根基处、田埂的禾本科根基处越冬。在拉萨 1 年发生 13 代左右，7 月发育最快，平均 10 天完成 1 代。温度高、干旱发育快、历时短，反之发育慢、历时长。喜阳光干旱，尤其是前期，多在植株上部和穗部为害，中期多集中在叶正面和叶鞘周围，后期中、下部叶片枯老，集中在穗部为害。早播田发生重，可传播小麦黄花叶病，秋苗是麦蚜建立种群、形成发生中心的基础，早秋苗最易感染病毒病。干旱年份重，正常年份轻；早播发生重，晚播发生轻；连作发生重，轮作发生轻；冬播发生重，春播发生轻。

2. 西藏飞蝗 *Locusta migratoria tibetensis*

在西藏 1 年发生 1 代，以卵在土壤中越冬，4 月中旬开始孵化，5 月上旬进入孵化盛期，6 月上旬始见成虫，6 月底至 7 月中旬为羽化盛期，羽化一周后开始交配，8 月中下旬为产卵盛期，成虫终见于 10 月中下旬。受小环境、小气候的影响，卵期差异极大，干燥、向阳、避风处孵化早，否则孵化晚、发育不齐而分散。夜间活动缓慢，日出前静止，偶有活动；日出后，随着气温的升高，活动频繁，取食量大。1828～1952 年西藏有记录的蝗灾 45 次，1952 年至今有 20 多次。分布广、危害重，严重时密度达 1000 多头/m^2，往往受害田颗粒无收。旱、涝年份重，正常年份轻；河谷地带重，平缓地带轻；禾本科作物田重，豆科作物田轻。

3. 麦穗夜蛾 *Apamea sordens*

在西藏昌都 1 年 1 代。4 月中旬越冬幼虫开始活动，4 月底至 5 月中旬爬至土表吐丝、结茧化蛹，5 月下旬为化蛹盛期，通常 6 月上旬为化蛹末期，蛹期为 50 天左右。5 月上旬始见成虫，6 月下旬进入高峰期。成虫喜糖、醋、酒等味道，有趋光性，可用黑光灯诱杀，白天潜伏于麦株、草丛下部，黄昏时开始活动，吸食小麦、油菜等的花粉，夜间交尾，分 3 次产卵，每次产 3～24 粒，多 7～11 粒聚产于小麦的第 1 小穗至第 4 小穗内颖外侧，有时可达 40 粒，卵块由胶质物黏合。幼虫 7 龄，历期长达 10 个月，昼夜取食，2～3 龄在麦粒内取食并潜伏，取食后分散转移，吐丝下垂，转移危害，9 月中旬以老熟幼虫在田间、地埂、麦场边和仓库墙基等处的表土下，特别是芨芨草的草墩下营造土室越冬。

4. 麦瘿螨 *Eriophyes tulipae*

西藏农业生产上的重要害虫，广泛分布于拉萨、山南、日喀则等主要农业区，严重危害小麦、青稞。小麦受害后叶片半卷曲，或全部卷曲呈针状，不能抽穗，一般减产 5%～20%，重者 50%，甚至绝收。1 年 6～7 代，世代重叠严重。越冬螨在 3 月中、下旬从自生苗或杂草上开始转移到早播田冬小麦上繁殖、危害，有 4 次发生高峰，10 月中下旬又转回田间杂草或自生苗上，11 月以卵及成螨在自生苗或杂草上越冬。危害程度与播种时间密切相关，播种越早发生越重，否则越轻。其原因是早播苗为越冬代提供了充足的食物。温湿度对害螨生长发育影响极大，当春季气温回升到 4℃以上时，害螨开始活动转移危害；气温回升到 9～11℃，相对湿度达 54%～65%时，完成 1 代需要 45～47 天；当气温上升到 19～20℃时，1 代只需 20～24 天。

5. 麦长腿红蜘蛛 *Petrobia latens*

主要在拉萨、山南河谷等干旱地带发生，危害小麦、青稞，1 年 2 代。以成虫或滞育卵在石头块下、土壤裂缝处越冬。越冬成虫 2 月下旬开始产卵，石头上着卵最多，3 月中旬至 4 月中旬为产卵盛期。非滞育卵 3 月上旬开始孵化，3 月中旬至 4 月中旬为孵化盛期，4 月下旬孵化减少；4 月中旬为越冬滞育卵孵化高峰期，10 月下旬为第 1 代孵化高峰期，当年未孵化的卵可进入滞育期。少数卵存活时间可达 2 年以上。4 月下旬至 5 月上旬为成虫、若虫危害高峰，5 月中旬虫口减少。有世代重叠现象。由于西藏早春昼夜温差大，夜间或早晨多潜伏在土壤裂缝、石块或干牛粪下面，上午 10:00 后爬上麦株，中午前后危害最盛。早晚灌水可淤淹害虫，将田间石头捡出集中埋掉可抑制其发生。

6. 半圆喜马象 *Leptomias semicircularis*

主要发生在拉萨、山南、日喀则等地，耐寒、耐旱、耐饥饿能力强。1 年 1 代，4 月中旬越冬代开始活动，4 月下旬开始化蛹，5 月中上旬达到化蛹高峰期，成虫出现在 5 月中下旬。这一时期成虫交尾率达 90%以上，产卵盛期出现于 5 月底至 6 月初，卵期 15 天左右。6 月中旬为幼虫孵化盛期，生长缓慢，经 4 个月发育至老熟幼虫，11 月初以成虫或老熟幼虫在土壤越冬。成虫喜干旱温暖、忌冷湿，有趋光性和假死性。一年四季都有成虫和幼虫存在。

7. 庭园丽金龟 *Phyllopertha horticola*

主要分布在拉萨、山南、日喀则、林芝河谷农区，危害小麦、青稞、蚕豆等，幼虫为害根部，造成缺苗断垄，成虫取食叶片。1 年 1 代，以老熟幼虫在土壤中越冬；3 月下旬开始化蛹，4 月下旬为化蛹盛期，蛹期 45 天左右，4 月中旬始现成虫，成虫盛发期在 5 月底至 6 月中旬；5 月初开始产卵，卵期 27 天左右，6 月下旬进入孵化盛期；10 月中旬进入越冬期。成虫白天活动，多在田间往返爬行，中午前后活动最盛，善于飞行并在植物上交尾，晚间栖息在田间作物或杂草上，有趋光性。

8. 黄地老虎 *Agrotis segetum*

主要分布在拉萨、山南、日喀则，危害小麦、青稞、蚕豆等，幼虫为害根部，常造成缺苗断垄。1 年 2 代，以老熟幼虫在土壤中越冬；翌年 3 月下旬开始化蛹，4 月上中旬为化蛹盛期，4 月下旬进入化蛹末期。4 月下旬始现成虫，5 月中下旬进入羽化盛期，6 月进入羽化末期；5 月中旬第 1 代幼虫出现，6 月中旬为孵化盛期，亦是第 1 代幼虫化蛹始期；7 月上旬到化蛹盛期，7 月中下旬进入末期。第 1 代成虫 7 月中旬始现，8 月中下旬进入羽化盛期，9 月终见。7 月下旬至 8 月上旬第 2 代幼虫开始发生，8 月中旬到达盛期，11 月下旬进入越冬期。成虫有趋光性，喜糖醋液。冬播面积大，播种早，有利于幼虫越冬。

冬小麦种植面积的不断扩大及不当早播使小麦害虫越冬代有了充足的食物；撒播拌种对天敌造成伤害，部分农区农药的过度使用，打破了原有的平衡、增加了害虫的抗药性，这些是导致害虫暴发成灾的根本原因。

四、西藏小麦害虫绿色防控理念与技术及分区治理

西藏农业气候最为显著的特征是“昼夜温差大，年温差小”，因此农作物1年1季，播种时间早晚对产量影响不明显。这些基本特点是进行西藏农作物栽培调整与小麦害虫绿色防控的基础。

1. “三改三用”绿色防控

针对西藏小麦害虫暴发的根本原因，结合西藏农业生产水平和民族习惯，研究提出改栽培制度、改播种时间、改防治方法、用生态调控、用物理防治、用生物防治的“三改三用”的绿色防控理念。

改栽培制度是指改单一作物为多作物种类搭配种植。规划种植时，多种作物搭配的农田要占一定的比例，辅以合理轮作、间混套作等生态调控措施。

改播种时间是指改早播为适当晚播，改冬作物为春作物，切断害虫的越冬寄主链，抑制其发生。

改防治方法是指以自然控制为主。西藏农田岛屿状分布决定了农田生态系统具有较高的物种多样性，捕食性、寄生性天敌种类和数量多，对害虫的自然抑制作用明显。尤其林芝市小区仅靠天敌自然控制基本就可以达到抑制害虫的目的。

用生态调控主要针对西藏飞蝗，改造西藏飞蝗的适生地，创造不利于害虫发生的环境条件，实施生态调控。在西藏飞蝗严重发生区，多种植豆科作物，如蚕豆、豌豆、紫花苜蓿等，恶化害虫的生存条件。

用物理防治包括设施防护、人工捕杀、灯光诱杀、潜所诱杀、食饵诱杀、色板诱杀等，简单方便、经济有效、副作用少、无残留。

用生物防治主要是主动利用苏云金杆菌、病毒杀虫剂、绿僵菌、杀蝗微孢子虫等生物制剂防治害虫。杀蝗微孢子虫等制剂具有隔代传播及越年扩散能力，施药后5～6年仍能见病原微生物感染的昆虫个体，能够通过自然富集作用影响害虫病害的传播与流行，将害虫虫口密度持续控制在防治指标之下。多年的应用还证明杀蝗微孢子虫与西藏高原生态系统相容性极好，提高了生物多样性指数，修复了青藏高原生态环境，是防治西藏飞蝗的有效途径。

2. 绿色防控“三·五”技术体系

构建了简单、环保、高效的西藏害虫绿色防控“三·五”技术体系，即五项天敌保护技术，五项生态调控技术（农业防治技术），五项物理防治技术。

五项天敌保护技术包括堆积物庇护天敌，如在田地堆放石头、树枝、枯叶等庇护麦田蜘蛛不被天敌袭击等；引进天敌、种植招引天敌作物，如在拉萨市和山南市增加紫花苜蓿的种植面积，为天敌昆虫的生存营造良好条件；保护鸟类；在农田严禁撒播拌种；合理使用农药。

五项生态调控技术包括改造西藏飞蝗适生地，改禾本科为豆科作物，推平农田荒土包，恶化其产卵场所；冬播和春播适当晚播，切断害虫越冬食物供给；冬春灌溉淤淹土壤裂缝中的红蜘蛛等害虫；控制单一作物连片种植的面积，增加生物多样性；麦类作物-

豆类油菜-其他作物轮作。

五项物理防治技术包括黑光灯诱杀；种子处理，播种前暴晒等；障碍物阻挡；性诱剂诱杀；糖醋液诱杀地老虎等。

灵活选择控制害虫技术是保护西藏生态环境的重要途径。在西藏农田慎用或大力减用化学农药，甚至不使用化学农药也是有先例和实践经验的，如对麦瘿螨、麦长腿红蜘蛛的绿色防控。

3. 小麦害虫分区治理

根据不同区域害虫种类、发生规律、自然天敌等，划分小麦害虫分区，采取分区治理方式。

拉萨小区农业生态系统相对简单，害虫防治采取“生态调控+物理防治+生物防治”的技术体系，以保护自然生态系统为基础，合理设置田块、改造虫源地环境等措施。重点是冬播和春播适当晚播，适当提高春播面积，减少害虫越冬寄主。

林芝市小区农业生态系统复杂，害虫防治采取“自然控制+物理防治”的技术体系。本区域原始林比例大，农田立体成片分布，生物多样性丰富，生物之间长期形成了相互依赖、相互制约的关系；虽然植食性昆虫种类多，但天敌寄生率和捕食率可达80%以上，害虫不会出现连年灾害，有的种类甚至不成灾，自然控制效果明显。

昌都小区农业生态系统气候相对干暖，农田小而分散，呈立体分布。害虫防治采取“生态控制+物理防治”的技术体系。

小麦害虫分区治理“三改三用”绿色防控理念与“三・五”技术体系简便易行，控害效果具有持续性，将农业的、生物的、生态的、物理的防控方法合理搭配，是减施或不施农药、保护生态、控制西藏害虫成灾的根本途径。

第四节　青藏高原冬虫夏草的保护

冬虫夏草是青藏高原特有的传统名贵药材，西藏自治区人民政府先后颁布了《西藏自治区冬虫夏草采集管理暂行办法》和《西藏自治区冬虫夏草交易管理暂行办法》，以确保冬虫夏草资源的可持续利用。

一、科学研究奠定冬虫夏草保护的基础

冬虫夏草是我国传统的名贵药材，古往今来对其独特的药理作用和治疗功效的研究都在持续进行。在现存最早的藏医学著作——公元8世纪的《月王药诊》中就有利用冬虫夏草治疗肺部疾病的记载。15世纪，苏喀瓦・娘尼多吉的《珍宝药物标本识别》、《甘露库》对虫草的药性也有陈述。18世纪著名医药家帝尔玛•丹增彭措的《晶珠本草》对虫草有详细的论述。许多典籍将冬虫夏草奉为滋补强壮药和药食调补佳品。现代研究也表明冬虫夏草有多种营养和药效成分。但目前对冬虫夏草中活性成分种类、各成分单独和组合后的确切疗效尚无定论，对形成冬虫夏草的蝙蝠蛾科昆虫种类分布、生物学特性的研究也不透彻。

借助市场的推动力和社会的关注力，加之科学技术进步，冬虫夏草成为科学界的“宠儿”。科技部、农业农村部、各科研院所、西藏自治区的科研管理部门和科研单位等，先后启动了多个与冬虫夏草有关的科研项目。

早在 1958 年，中国科学院动物研究所朱弘复等就开始在四川康定一带进行野外考察，率先确定了冬虫夏草虫的部分是虫草蝠蛾 *Hepialus armoricanus*（=虫草钩蝠蛾 *Thitarodes armoricanus*）。

1965 年，中国科学院动物研究所朱弘复发表《冬虫夏草的寄主昆虫是虫草蝠蛾》。

20 世纪 70 年代，青海大学草原研究所、青海畜牧兽医科学院、中国科学院西北高原生物研究所等单位进行了冬虫夏草的生态学、蝠蛾昆虫人工饲养及侵染机理等研究，青海大学畜牧兽医科学院还专门设立了冬虫夏草研究室。

20 世纪 80 年代，西藏自治区高原生物研究所蒋长平承担了“西藏虫草生物学特性及其资源调查”项目。

20 世纪 90 年代，重庆市中药研究院与西藏那曲地区相关单位合作实施了“西藏那曲冬虫夏草半野生抚育及开发研究”项目。

2000 年，四川省绵阳市食用菌研究所朱斗锡等开始进行冬虫夏草野外考察与培育研究。

2003 年，西藏诺迪康药业股份有限公司与浙江大学合作进行了“冬虫夏草人工栽培的研究”项目。

2004 年，青海省药品检验所等单位承担了“青海地道药材冬虫夏草特征指纹图谱”项目研究。

2006 年，西藏自治区蔬菜研究所开始进行冬虫夏草野外调查，随后开展了蝠蛾幼虫养殖及影响西藏冬虫夏草品质的关键因子研究；中山大学和西藏林芝市地区生物工程有限公司在林芝市色季拉山建立“青藏高原特色资源科学工作站”，对冬虫夏草开展了系列研究。

2007～2010 年，中国科学院微生物研究所先后在四川小金县建立了试验研究基地，开展了冬虫夏草的综合研究。

2007 年，科技部立项“西藏冬虫夏草资源可持续利用的关键技术研究及示范”项目，2008 年启动实施。

2008～2010 年农业部草原监理中心主持了西藏全区虫草调研，图册《中国冬虫夏草》出版。

2008～2011 年，西藏自治区生物研究李晖承担了国家科技支撑计划“西藏不同区域冬虫夏草适生地的科学考察与生态学研究”项目。

2011～2015 年，西藏自治区农牧科学院的王保海、张亚玲承担“青藏高原蝠蛾科 Hepialidae 调查与区系成分分析”项目。

2016 年至今，对冬虫夏草持续叠加的科学探索研究一直没有间断过。

冬虫夏草的保护和利用研究以及在提高青藏高原经济发展和农牧民收入中地位极其重要。

二、西藏自治区人民政府强化虫草保护

1. 编制保护与利用开发规划

西藏自治区是冬虫夏草的主要产区，有关部门对其工作高度重视。2006 年，西藏自治区人民政府主持召开了“关于虫草资源普查调研专题会议”，确定由西藏自治区农牧厅牵头和西藏自治区科学技术厅、民政厅、农牧科学院西藏自治区草场承包单位参加的普查和编制规划课题组，负责虫草资源普查和编制西藏自治区冬虫夏草资源保护与开发利用规划，为西藏冬虫夏草保护与利用指明了方向。

2. 发布两个保护法规

2006 年 6 月 6 日，西藏自治区人民政府第二次常务会议通过西藏自治区人民政府令《西藏自治区冬虫夏草采集管理暂行办法》，包括总则、虫草资源管理、采集管理、监督检查、法律责任、附则，共六章二十九条。

2009 年 6 月 4 日，西藏自治区人民政府第九次常务会议通过西藏自治区人民政府令《西藏自治区冬虫夏草交易管理暂行办法》，包括总则、虫草交易、监督管理、法律责任、附则，共五章三十七条。

3. 发布冬虫夏草标准

中华人民共和国团体标准 T/CACM 1021.33—2018《中药材商品规格等级　冬虫夏草》，西藏自治区冬虫夏草协会团体标准 T54/TOSA 001—2018《冬虫夏草（干品）》，内容包括冬虫夏草形态、颜色、等级、成分含量、质量标准、检验规则、检验内容等。

三、凝练冬虫夏草保护技术

综合多部门、多学科的研究成果和积累的采集与交易经验，研究人员凝练了冬虫夏草保护与利用的轻简化适用技术，易学、易懂、易操作，受到广大农牧民的欢迎，在生产中取得了明显的成效，确保了冬虫夏草可持续利用和生态安全。

1. 保护蝙蝠蛾获得充足的寄主植物

蝙蝠蛾发生数量是虫草数量的根本保障，为了提高虫草产量，首先需要保证蝙蝠蛾有充足的寄主植物。蝙蝠蛾是多食性昆虫，幼虫主要取食蓼科、蔷薇科、豆科、玄参科、菊科植物，如珠芽蓼、委陵菜、黄芪等。这些植物的丰富度对于蝙蝠蛾的发生具有决定性的作用。增加寄主植物的数量和密度有利于保障蝙蝠蛾的生长发育和提高蝙蝠蛾的数量。

2. 控制天敌过度捕食

蝙蝠蛾的主要天敌有鸟类、鼠类、旱獭、步甲、寄生蜂、多种微生物，可在虫草分布区适当采取人工干预的办法减少天敌的危害。

3. 科学适度放牧

过度放牧会造成冬虫夏草寄主大量减少，短期内难以恢复；家畜的践踏会直接杀死蝙蝠蛾个体，因此，需要设计合理的载畜量。还应减少灌木的砍伐，在虫草采挖季节过后，封育草场一段时间，恢复生境，对于提高其产量是非常重要的。蝙蝠蛾产卵多在 6 月下旬至 7 月中下旬，15～30 天后孵化的幼虫入土。8 月下旬开始禁牧可最大限度地保护蝙蝠蛾，提高其越冬量，为翌年冬虫夏草的丰收打下基础。

4. 采取正确的采挖方式

自然条件下，冬虫夏草是蝙蝠蛾幼虫感染的虫草菌子实体破出虫体而形成的，其后释放孢子，形成菌丝，感染新的蝙蝠蛾个体。人们在采挖冬虫夏草时，这些孢子大多还没有形成和释放，导致蝙蝠蛾感染率下降，直接影响冬虫夏草产量。因此需要留下部分冬虫夏草，使子实体成熟，产生孢子从而形成新的感染源，保证可持续发展。在正常采挖过程中，自然会有所遗留，不会对下一年产生大的影响。但是，采挖方式会影响翌年虫草的产量。目前，既可满足人们的采集需求又能保护冬虫夏草的生态环境不受到破坏的行之有效的办法是尽可能用窄的铲刀，挖坑尽量小、浅，以减小对草地的破坏。采挖时，用铲刀尖撬起紧邻冬虫夏草的草皮，轻轻提起子座（地上部分，俗称冬虫夏草的尾巴），取出冬虫夏草后将草皮盖回原处，轻轻压实。已经萎缩的冬虫夏草已经失去药用价值，不要采挖。这样既不伤害草皮，又能增加翌年的感染源。

参 考 文 献

彩万志, 庞雄飞, 花保祯, 等. 2001. 普通昆虫学[M]. 北京: 中国农业大学出版社: 490.

蔡振声, 史先鹏, 徐培河. 1994. 青海经济昆虫志[M]. 西宁: 青海人民出版社: 622.

曹成全. 2006. 蝴蝶的综合开发利用(上)[J]. 农业知识, (10): 18-19.

曹龙, 王香, 翟卿, 等. 2019. 尧山自然保护区蝴蝶群落多样性的研究[J]. 河南农业大学学报, 53(5): 752-758.

曹振民, 曹龙, 王香, 等. 2019. 中国蝴蝶产业面临的机遇与挑战[J]. 华中昆虫研究, 15: 3-7.

常章富, 高增平. 2002. 冬虫夏草[M]. 北京: 科学技术出版社: 1-117.

陈黎红, 张复兴, 吴杰, 等. 2012a. 当今世界蜜蜂发展概况[J]. 世界农业, 1: 24-28.

陈黎红, 张复兴, 吴杰, 等. 2012b. 欧洲蜂业发展现状对中国的启示[J]. 中国农业科技导报, 14(3): 16-21.

陈嶙, 熊洪林, 徐业成, 等. 2014. 茂兰自然保护区蝴蝶的开发价值及利用[J]. 黔南民族师范学院学报, 34(2): 112-115.

陈仁利, 蔡卫京, 周铁烽, 等. 2011. 裳凤蝶污斑亚种的生物学与规模化饲养的初步研究[J]. 林业科学研究, 24(6): 792-796.

陈仕江, 尹定华, 丹增, 等. 2001. 中国西藏那曲冬虫夏草的生态调查[J]. 西南农业大学学报, 23(4): 289-292, 296.

陈仕江, 尹定华, 李黎, 等. 2000. 西藏那曲地区冬虫夏草资源及分布[J]. 中药材, 23(11): 673-675.

陈泰鲁, 唐家骏, 毛金龙. 1973. 虫草蝙蝠蛾 *Hepialus armoricanus* Oberthür 生物学的初步研究[J]. 昆虫学报, 16(2): 198-202.

陈锡昌. 1997. 南岭国家自然保护区鳞翅目蝶类考察初报[J]. 昆虫天敌, 19(1): 26-40.

陈晓鸣, 周成理, 史军义, 等. 2008. 中国观赏蝴蝶[M]. 北京: 中国林业出版社: 2-5.

陈一心, 王保海, 林大武. 1991. 西藏夜蛾志[M]. 郑州: 河南科学技术出版社: 409.

戴万安, 王保海. 1993. 起草为害麦类产量损失测定及防治指标研究[J]. 西藏科技, (4): 1-5.

丁瑞, 郭培元. 1981. 冬虫夏草抗小鼠艾氏腹水癌的研究[J]. 北京医学, 3(6): 364-366.

范瑞英, 王保海, 翟卿, 等. 2019. 西藏小麦害虫组成与发生规律及绿色防控技术[J]. 西藏农业科技, 41(S1): 133-137.

方燕, 钱蓓, 陈颖, 等. 2012. 浙江天童国家森林公园蝶类昆虫多样性研究[J]. 应用昆虫学报, 49(5): 1327-1337.

房丽君, 关建玲. 2010. 蝴蝶对全球气候变化的响应及其研究进展[J]. 环境昆虫学报, 32(3): 399-406.

冯颖, 陈晓鸣, 赵敏, 等. 2019. 中国食用昆虫[M]. 北京: 科学出版社: 313.

高可, 房丽君, 尚素琴, 等. 2013. 陕西太白山南坡蝶类的多样性及区系特征[J]. 应用生态学报, 24(6): 1559-1564.

戈峰. 2008. 昆虫生态学原理与方法[M]. 北京: 高等教育出版社: 307-314.

龚环宇, 万克青, 唐世刚. 2000. 冬虫夏草菌丝对慢性乙肝 T 细胞亚群和肝纤维化指标的影响[J]. 湖南医科大学学报, 25(3): 248-250.

巩爱岐. 2004. 青海草地害鼠害虫毒草研究与防治[M]. 西宁: 青海人民出版社: 211.

何隆甲, 王富顺. 1978. 拉萨河谷农区四种金龟子发生规律的初步研究[J]. 西藏农业科技, Z1: 52-60.

何潭. 1989. 多样化农业生态系统在害虫治理中的作用调查[J]. 西藏农业学报, 1: 54-59.

何潭, 王保海. 1990a. 西藏高原的野生动植物资源及其开发[J]. 西南农业学报, 3(1): 95-101.

何潭, 王保海. 1990b. 西藏蝗虫的发生与防治[J]. 西南农业学报, 3(3): 72-80.
何潭, 王保海. 1991. 西藏天敌昆虫名录[J]. 西藏农业科技, 1: 28-47.
何潭, 王保海, 李新年. 1985. 西藏农业病虫草害及害虫天敌资源初步考察[J]. 植物保护, (6): 11-13.
胡清秀, 寥超子, 王欣. 2005. 我国冬虫夏草及其资源保护、开发利用对策[J]. 中国农业资源与区划, 26(5): 43-51.
胡胜昌, 林祥文, 王保海. 2013. 青藏高原瓢虫[M]. 郑州: 河南科学技术出版社: 213.
胡胜昌, 邹永泗. 1990. 西藏农业病虫研究文集[M]. 咸阳: 天则出版社: 252.
胡颂杰. 1990. 西藏粮食生产的基本经验及发展战略[J]. 西藏农业科技, (1): 2-8.
黄复生. 1981. 西藏环境和昆虫的适应[J]. 昆虫知识, (6): 270-272.
黄复生, 刘举鹏, 王保海, 等. 1999. 西藏蝗虫起源与进化研究[J]. 西藏农业科技, 21(2): 1-40.
黄复生, 刘举鹏, 王保海. 2001. 边缘效应和生物多样性[J]. 西藏农业科技, 23(2): 13-16.
黄复生, 刘举鹏, 王祖望, 等. 2013. 飞蝗起源及其亚种分化[J]. 西南农业学报, 26(4): 1722-1725.
黄复生, 宋志顺, 姜胜巧, 等. 2006. 西藏东南部生物多样性和生态环境脆弱性分析[J]. 西南农业学报, 19(1): 35-39.
黄复生, 王保海, 戴万安, 等. 1996. 西藏物种分化中心的形成及其生物多样性[J]. 西藏农业科技, 18(1): 28-31.
黄复生, 王保海, 刘晃, 等. 2010. 西藏昆虫区系、区划和区系成分的含义[J]. 西藏科技, 4: 55-56.
黄复生, 王保海, 覃荣. 2008. 西藏的边缘效应与昆虫分化研究[J]. 西藏科技, 6: 66-68.
黄复生, 姚建, 王保海, 等. 2001. 世界第一大峡谷和昆虫考察[J]. 西藏农业科技, 23(1): 1-9.
黄文诚. 1993. 中国农业百科全书: 养蜂卷[M]. 北京: 中国农业出版社: 396.
黄训兵, 李辉, 代晓彦, 等. 2021. 熊蜂行为特性与授粉应用研究进展[J]. 山东农业科学, 53(8): 130-137.
黄子固. 1937. 最新养蜂学[M]. 北京: 李林园养蜂场: 57.
贾泰元, Benjamin HS Lau. 1997. 冬虫夏草对巨噬细胞免疫活性的增强作用[J]. 中国药学杂志, 32(3): 16-18.
居峰, 王鹏善, 刘曙雯, 等. 2010. 紫金山蝶类区系种类变化及分析[J]. 安徽农业科学, 38(3): 1279-1284.
孔常兴, 张景炜. 1980. 黄地老虎在西藏的发生与危害[J]. 植物保护, 14(3): 52-54.
兰洪波, 冉景丞. 2008. 茂兰自然保护区药用资源昆虫概述[J]. 贵州师范大学学报, 26(2): 27-31.
雷万生, 谢联斌, 陈和平. 2006. 冬虫夏草的研究概况[J]. 海军医学杂志, 27(3): 262-269.
李百万, 沈强, 熊小萍, 等. 2005. 竹箭环蝶的生物学特性及防治技术[J]. 华东森林经理, 19(1): 48-49.
李典谟. 2002. 昆虫学创新与发展[M]. 北京: 中国科学技术出版社: 742.
李晖. 2012. 西藏冬虫夏草资源[M]. 昆明: 云南科技出版社: 217.
李晖, 王立辉. 2011. 西藏冬虫夏草生境的气候[J]. 西藏科技, 6: 68-71.
李晓忠, 王保海, 顿珠次仁. 1996. 西藏麦作主要病虫害的综合防治技术[J]. 西藏科技, 2: 16-28.
李秀山. 2003. 白水江自然保护区蝶类多样性及珍稀种类濒危机制与保护措施研究[D]. 杨凌: 西北农林科技大学博士学位论文: 159.
李秀山, 张雅林, 骆有庆, 等. 2006. 长尾麝凤蝶生活史、生命表、生境及保护[J]. 生态学报, 26(10): 3184-3197.
李义龙, 郑德蓉. 1993. 蝴蝶资源的开发利用与保护[J]. 生物学通报, 28(11): 42-44.
林大武, 崔广程, 李建兰. 1987. 西藏小麦卷叶瘿螨发生及习性的调查研究[J]. 植物保护, 5: 23-24.
刘凤安, 郑效. 1993. 冬虫夏草抗喉癌的研究[J]. 白求恩医科大学学报, 19(1): 57-58.
刘凤安, 郑效. 1995. 蚕蛹虫草与冬虫夏草抗喉癌作用对比研究[J]. 白求恩医科大学学报, 21(1): 39-40.
刘良源. 2009. 江西生态蝶类志[M]. 南昌: 江西科学技术出版社: 248.
刘巧娟, 薛智龙. 2009. 浅谈林区基本建设管理[J]. 陕西林业科技, 2: 128-129.
路海东, 王惠娟, 侯大平. 2002. 冬虫夏草脂质体口服液抗脂质过氧化作用[J]. 黑龙江医药科学, 25(4): 42.
罗绒战堆, 达瓦次仁. 2006. 西藏虫草资源及其对农牧民收入影响的研究报告[J]. 中国藏学, 2: 102-107.

吕献康, 沈建华, 舒小英. 2005. 冬虫夏草生态生物学特性考察报告[J]. 中国现代应用药学, 22(2): 134-135.
吕学农, 段晓东, 王文广, 等. 1998. 阿勒泰山蝴蝶种类调查及其垂直分布的研究[J]. 生物多样性, 7(1): 8-14.
毛秀梅. 2008. 我国野生动植物保护现状[J]. 农业科技与信息, 19: 54-55.
梅其炳, 陶静仪, 高双斌, 等. 1989. 天然冬虫夏草的抗实验性心律失常作用[J]. 中国中药杂志, 14(10): 40-42, 64.
穆孜颉. 2013. 大气与重金属污染对昆虫个体及群落的影响[J]. 河北林业科技, 3: 62-64.
潘朝晖, 王保海, 霍科科. 2010. 林芝市地区八一镇食蚜蝇科访花昆虫区系(双翅目)[J]. 安徽农业科学, 38(25): 13790-13792.
庞虹, 任顺祥, 曾涛, 等. 2004. 中国瓢虫物种多样性及其利用[M]. 广州: 广东科技出版社: 168.
庞雄飞, 毛金龙. 1977. 西藏自治区瓢虫记述: 食植瓢虫亚科[J]. 昆虫学报, 20(3): 323-328.
蒲正宇, 史军义, 姚俊, 等. 2013. 保护行动规划在蝶类多样性保护上的应用: 以金殿国家森林公园蝶类多样性保护为例[J]. 山东林业科技, 43(1): 95-99.
蒲正宇, 史军义, 姚俊, 等. 2015. 中国蝶类多样性威胁因子分析[J]. 中国农学通报, 31(11): 148-155.
蒲正宇, 周德群, 王鹏华, 等. 2012, 昆明金殿国家森林公园不同生境类型蝶类多样性[J]. 东北林业大学学报, 40(7): 128-130, 134.
蒲正宇, 周德群, 姚俊, 等. 2011. 中国蝶类生物多样性生存现状及其新的保护模式探索[J]. 生态环境, 11: 148-151, 165.
漆波, 杨萍, 邓合黎. 2006. 长江三峡库区蝶类群落的物种多样性[J]. 生态学报, 26(9): 3049-3059.
邱兆美. 2008. 蝴蝶鳞片微观耦合结构及其光学性能与仿生研究[D]. 长春: 吉林大学博士学位论文: 141.
寿建新. 2006. 谈谈蝴蝶的分类[J]. 大自然, 4: 54-55.
寿建新. 2010. 蝴蝶分类系统及最新数据[J]. 西安文理学院学报(自然科学版), 13(3): 91-102.
寿建新, 周尧. 1990. 世界蝴蝶邮票[M]. 咸阳: 天则出版社: 88.
寿建新, 周尧, 李宇飞. 2006. 世界蝴蝶分类名录[M]. 西安: 陕西科学技术出版社: 739.
孙虹霞, 刘颖, 张古忍. 2007. 重金属污染对昆虫生长发育的影响[J]. 昆虫学报, 50(2): 178-185.
覃荣. 2010. 西藏农作物害虫防治实用技术[M]. 扎罗, 达琼, 译. 拉萨: 西藏人民出版社: 317.
汤春梅, 杨庆森, 蔡继增. 2010. 甘肃小陇山林区不同生境类型蝶类多样性研究[J]. 昆虫知识, 47(3): 563-567.
唐昭华, 王保海, 王成明, 等. 1991. 西藏飞蝗蝗卵的孵化[J]. 西藏农业科技, 4: 22-27.
唐昭华, 王保海, 王成明, 等. 1994. 西藏飞蝗为害麦作的防治指标探讨[J]. 西藏农业科技, 15(1): 18-21.
唐昭华, 王保海, 王成明. 1993. 食料结构对西藏飞蝗生殖的影响[J]. 西藏农业科技, 15(3): 25-27.
唐昭华, 王保海, 王成明. 1993. 西藏飞蝗成虫生殖的生物生态学研究[J]. 西藏农业科技, 15(1): 23-30.
唐兆桦, 王保海. 1993. 略论西藏的农作制度与病虫害的关系[J]. 西藏科技, 4: 6-10.
唐兆桦, 王保海. 1994. 西藏普兰县作物病虫草害初步考察[J]. 西藏农业科技, 16(2): 35-39.
涂雄兵, 杜桂林, 李春杰, 等. 2015. 草地有害生物生物防治研究进展[J]. 中国生物防治学报, 31(5): 780-788.
汪永俊, 孙巧云.1998. 中华虎凤蝶的饲养技术及其保护园的建立[J]. 江苏林业科技, 25(3): 39-43.
王保海, 何潭, 唐昭华. 1990. 西藏农业害虫生态治理方法[J]. 西藏农业科技, 2: 23-27.
王保海, 何潭, 王宗华, 等. 1987. 西藏主要害虫地理分布初步研究[J]. 西藏农业科技, 2: 31-47.
王保海, 何潭, 王宗华, 等. 1988. 西藏农业昆虫地理分布初步研究[J]. 西南农业学报, 1(2): 22-27.
王保海, 黄复生, 李宝海, 等. 1999. 西藏昆虫研究进展[J]. 中国工程科学, 1(3): 86-92.
王保海, 黄复生, 覃荣. 2006. 西藏昆虫分化[M]. 郑州: 河南科学技术出版社: 540.
王保海, 孔常兴. 1990. 西藏青稞害虫的组成及发生特点[J]. 植物保护学报, 17(1): 55-58.
王保海, 孔常兴, 唐昭华. 1986. 西藏灯下昆虫初步名录[J]. 西藏农业科技, Z2: 29-46.

王保海, 李晓忠, 庄银正, 等. 2008. 从农业可持续发展谈害虫的生态治理[J]. 西藏农业科技, 30(1): 34-38.
王保海, 李新年, 李建兰, 等. 1985. 麦长脚红蜘蛛的初步研究[J]. 西藏农业科技, 4: 44-57.
王保海, 林大武. 1994. 西藏植保研究[M]. 郑州: 河南科学技术出版社: 204.
王保海, 潘朝晖, 张登峰, 等. 2011. 青藏高原天敌昆虫[M]. 郑州: 河南科学技术出版社: 319.
王保海, 覃荣, 王文峰, 等. 2005. 西藏天敌资源昆虫地理分布及评价利用[J]. 西藏农业科技, 3: 14-31.
王保海, 覃荣, 王文峰, 等. 2010. 西藏高原中心区昆虫区系及分化研究[J]. 西藏科技, 4: 57-62, 65.
王保海, 覃荣, 王文峰. 2004. 西藏发展养蜂初步研究[J]. 西藏农业科技, 26(4): 8-13.
王保海, 覃荣, 张玉红, 等. 2003a. 西藏芫菁调查研究[J]. 西藏科技, 5: 33-35, 40.
王保海, 覃荣, 张玉红. 2003b. 西藏昆虫分化研究[J]. 西藏科技, 3: 25-28.
王保海, 唐昭华. 1988. 西藏农业害虫发生动态分析[J]. 西藏农业科技, 3: 2-7.
王保海, 唐昭华. 1990. 拉萨麦田麦长腿蜘蛛种群分布型及应用研究[J]. 西南农业学报, 3(2): 109-112.
王保海, 唐昭华. 1992. 羌塘高原昆虫考察[J]. 西藏农业科技, 2: 42-48.
王保海, 唐昭华, 李新年, 等. 1989. 麦长腿红蜘蛛在西藏的发生规律研究[J]. 植物保护, 15(1): 17-18.
王保海, 唐昭华, 袁维红, 等. 1991. 西藏昆虫垂直分布与水平分布关系分析[J]. 西藏农业科技, 3: 27-29.
王保海, 王成明, 戴万安, 等. 1997a. 西藏昆虫研究综述[J]. 西藏农业科技, 19(4): 4-18.
王保海, 王成明, 魏建莹. 1997b. 西藏生物多样性研究概述[J]. 西藏农业科技, 19(3): 29-33.
王保海, 王翠玲. 2016. 青藏高原农业昆虫[M]. 郑州: 河南科学技术出版社: 173.
王保海, 王翠玲, 李晓忠, 等. 1996. 西藏蔬菜病虫地理分布初步研究[J]. 西藏农业科技, 3: 1-12.
王保海, 王翠玲, 王文峰, 等. 2008. 西藏鞘翅类昆虫的分化研究[J]. 西藏科技, 5: 73-77.
王保海, 王宗华, 何潭, 等. 1987. 西藏昆虫蛾类名录(三)[J]. 西藏农业科技, 1: 32-51.
王保海, 杨雪莲. 2001. 西藏植物保护研究五十年[J]. 西藏农业科技, 23(3): 45-56.
王保海, 杨雪莲. 2006. 西藏高原腹地唯一的凤蝶种类分布与适应研究[J]. 西藏农业科技, 28(4): 9-10.
王保海, 杨雪莲, 杨庆寿, 等. 2003c. 资源昆虫与产业化发展浅论[J]. 西藏农业科技, 25(3): 44-46.
王保海, 袁维红, 唐昭华, 等. 1991. 西藏昆虫区系演替特点[J]. 西藏农业科技, (1): 1-6.
王保海, 袁维红, 王成明, 等. 1992. 西藏昆虫区系及其演化[M]. 郑州: 河南科学技术出版社: 366.
王保海, 袁玉婷. 2001. 西藏农业科研五十年取得的成就及在经济发展中的作用和意义[J]. 西藏农业科技, 23(3): 6-11.
王保海, 翟卿, 曹龙, 等. 2019a. 青藏高原熊蜂属 *Bombus* 资源及地理分布[J]. 华中昆虫研究, 15: 112-120.
王保海, 翟卿, 张亚玲, 等, 2019b. 青藏高原林木主要害虫发生与绿色防控研究[J]. 西南农业学报, 32(8): 1805-1809.
王保海, 翟卿, 张亚玲, 等. 2019c. 绿黄枯叶蛾在西藏的发生与危害[J]. 西藏农业科技, 41(3): 6-7.
王保海, 张亚玲. 2015a. 二星瓢虫的人工饲料初选[J]. 西藏科技, 6: 20-21, 25.
王保海, 张亚玲. 2015b. 青藏高原昆虫区系独特性研究[J]. 西南农业学报, 28(1): 439-443.
王保海, 张亚玲, 牛磊, 等. 2015a. 青藏高原蝠蛾科 Hepialidae 调查与区系成分分析[J]. 西藏科技, 6: 14-19.
王保海, 张亚玲, 牛磊, 等. 2015b. 青藏高原昆虫研究概述[J]. 西藏科技, 6: 3-13.
王保海, 张亚生. 2000. 农业科技革命发展综述[J]. 西藏农业科技, 22(3): 1-20.
王成明, 王保海, 李晓忠. 1994. 谈生物防治在害虫综合治理中的作用[J]. 西藏科技, 2: 6-10.
王成明, 王保海, 杨雪莲. 1993. 青稞象甲在西藏的发生与为害[J]. 西藏农业科技, 3: 22-25.
王翠玲, 王保海, 席永士, 等. 2004. 农药残留研究初报[J]. 西藏农业科技, 27(1): 17-19.
王翠玲, 王保海, 席永士, 等. 2010. 西藏农业有害生物可持续控制[J]. 西藏农业科技, 32(2): 44-46.
王文峰, 王保海, 姚小波, 等. 2016. 西藏草地主要优势害虫种类分布[J]. 西藏科技, 5: 73-74.
王香, 翟卿, 曹龙, 等. 2018. 西藏印度长臂金龟 *Cheirotonus macleayi* Hope, 1840 研究(鞘翅目: 金龟科:

彩胸臂金龟属)[J]. 华中昆虫研究, 14: 242-246.
王香, 翟卿, 曹龙, 等. 2019. 西藏食蚜蝇科昆虫地理分布与区系分析[J]. 西南农业学报, 32(9): 2053-2060.
王旭丹, 周勇, 张丽, 等. 1998. 冬虫夏草对小鼠免疫功能的影响[J]. 北京中医药大学学报, 21(6): 34-36, 71.
王要军, 权启镇, 孙自勤, 等. 1996a. 冬虫夏草治疗失代偿期肝硬化的疗效[J]. 河北医学, 2(2): 104-105.
王要军, 孙自勤, 权启镇, 等. 1996b. 冬虫夏草对大鼠实验性肝纤维化的防治作用及其机理研究[J]. 中国中药杂志, 21(3): 179-181.
王要军, 孙自勤, 权启镇, 等. 1996c. 冬虫夏草治疗肝纤维化的临床疗效[J]. 前卫医药杂志, 13(2): 70-71.
王要军, 孙自勤, 权启镇, 等. 1996d. 冬虫夏草治疗失代偿期肝硬化的疗效研究[J]. 深圳中西医结合杂志, 6(1): 5-6.
王义平, 吴鸿, 徐华潮. 2008. 浙江重点生态地区蝶类生物多样性及其森林生态系统健康评价[J]. 生态学报, 28(11): 5259-5269.
王荫长. 2004. 方寸天地中的昆虫百科: 漫谈昆虫邮票[J]. 昆虫知识, 41(2): 184-188.
王荫长, 巴桑次仁. 1979. 西藏农作物害虫的种类及其发生特点[J]. 西藏农业科技, 3: 1-15.
王宗华, 王保海, 央金拉珊, 等. 1987. 西藏主要作物病虫草害发生动态及五至十年发展趋势预测[J]. 病虫测报, 1: 33-34.
吴静, 张迎春, 霍科科. 2007. 陕西秦巴山区凤蝶调查与研究[J]. 陕西师范大学学报(自然科学版), 35(1): 90-95.
吴卫明, 陈满秀. 2008. 舜皇山国家森林公园蝶类资源的保护和利用[J]. 湖南科技学院学报, 29(4): 66-67.
西藏历史档案馆, 西藏社会科学院, 西藏农牧科学院, 等. 1990. 灾异志: 雹霜虫灾篇[M]. 北京: 中国藏学出版社: 120.
徐中志, 和加卫, 杨燕林, 等. 2007. 玉龙雪山蝴蝶资源保护及开发利用研究[J]. 西南农业学报, 20(3): 551-555.
薛万琦, 王明福. 2006. 青藏高原蝇类[M]. 北京: 科学出版社: 336.
杨大荣. 2015. 中国重要药用昆虫[M]. 郑州: 河南科学技术出版社: 400.
杨大荣, 蒋长平. 1995. 西藏北部地区蝠蛾属二新种记述(鳞翅目: 蝙蝠蛾科)[J]. 昆虫分类学报, 17(3): 215-218.
杨大荣, 李朝达, 沈发荣. 1994. 滇藏蝠蛾属三新种记述(鳞翅目: 蝙蝠蛾科)[J]. 动物学研究, 13(3): 245-250.
杨大荣, 李朝达, 舒畅, 等. 1996. 中国蝠蛾昆虫种类和地理分布研究[J]. 昆虫学报, 39(4): 413-422.
杨大荣, 龙勇诚, 沈发荣, 等. 1987. 云南虫草蝠蛾生态学的研究: Ⅰ. 区域分布和生态地理分布[J]. 动物学研究, 8(1): 1-11.
杨汉元, 王保海. 1989. 白无网长管蚜发生消长及综合防治研究(摘要)[J]. 西藏农业科技, (4): 9-16.
杨世诚, 马文俊. 1997. 蝴蝶资源的保护及利用[J]. 潍坊教育学院学报, (4): 43-45.
杨星科. 2004. 西藏雅鲁藏布江大峡谷昆虫[M]. 北京: 中国科学技术出版社: 339.
姚海扬. 2015. 昆虫药用与食用 [M]. 北京: 金盾出版社: 269.
印象初. 1984. 青藏高原的蝗虫[M]. 北京: 科学出版社: 287.
虞国跃. 2010. 中国瓢虫亚科图志[M]. 北京: 化学工业出版社: 180.
袁德成, 买国庆, 薛大勇, 等. 1998. 中华虎凤蝶栖息地生物学和保护现状[J]. 生物多样性, 6(2): 26-36.
袁维红, 王保海. 1991. 西藏昆虫区系组成分析[J]. 西藏农业科技, 3: 21-26.
袁维红, 王保海. 1993. 西藏特有昆虫分布与海拔的关系[J]. 西藏农业科技, 15(2): 30-31.
扎罗, 王文峰. 2019. 发展养蜂事业, 振兴乡村经济[J]. 西藏农业科技, 41(2): 62-64.
翟卿, 袁水霞, 刘建平, 等. 2015. 郑州地区丝带凤蝶形态、生物学特性和生活史研究[J]. 河南师范大学学报(自然科学版), 43(4): 110-116.
翟卿, 曾迅, 韩卫丽, 等. 2014. 柑橘凤蝶形态特征及年生活史研究[J]. 信阳师范学院学报(自然科学版), 27(4): 515-519.
翟卿, 张静, 李伟, 等. 2017. 中国动物地理区划研究现状及展望[J]. 信阳师范学院学报(自然科学版), 30(4): 676-681.
张传开, 袁盛榕. 1997. 冬虫夏草及其人工菌丝的免疫药理学研究进展[J]. 首都医科大学学报, 18(3): 89-92.
张大镛, 林大武, 王保海, 等. 1986. 西藏昆虫图册 鳞翅目第一册[M]. 拉萨: 西藏人民出版社: 142.
张涪平. 1997. 横斑瓢虫捕食麦长管蚜的功能反应研究[J]. 昆虫天敌, 19(4): 12-16.
张涪平, 李君心. 1995. 林芝市地区农田蜘蛛的种类调查及其效应研究[J]. 西藏农业科技, 3: 31, 37-38.
张复兴. 1998. 现代养蜂生产[M]. 北京, 中国农业大学出版社: 553.
张广学. 1996. 从人类与自然协调共存谈害虫的自然控制[C]//农业部全国农业技术推广服务中心. 中国昆虫学会. 中国有害生物综合治理论文集: 68-73.
张建民, 李传仁, 王文凯, 等. 2008. 蝴蝶文化趣谈[J]. 昆虫知识, 45(2): 340-344.
张三元, 胡丽云, 万战国. 1988. 虫草蝠蛾生物学研究[J]. 昆虫学报, 31(4): 395-400.
张亚玲, 王保海. 2015a. 拉萨市桃剑纹夜蛾调查研究初报[J]. 西藏科技, (6): 32.
张亚玲, 王保海. 2015b. 玛旁雍错湿地资源昆虫调查[J]. 西藏科技, 6: 28-31.
张亚玲, 王保海. 2015c. 西藏瓢虫科一新纪录种[J]. 西藏科技, 6: 26.
张亚玲, 王保海, 登增卓嘎, 等. 2014. 青藏高原瓢虫科地理分布[J]. 西藏农业科技, 36(2): 39-45.
张亚玲, 王保海, 牛磊, 等. 2015. 青藏高原绢蝶 Parnassiidae 调查研究[J]. 西藏科技, 6: 22-25.
张亚玲, 王保海, 张小东, 等. 2015. 西藏巧瓢虫属二新记录种[J]. 西藏科技, (6): 27, 39.
张亚生, 王保海, 尼玛扎西, 等. 1997. 西藏立体农业发生、发展概述[J]. 西藏农业科技, 19(4): 19-27.
张镱锂, 李炳元, 郑度. 2002. 论青藏高原范围与面积[J]. 地理研究, 21(1): 1-8.
张泽钧, 段彪, 胡锦矗. 2001. 生物多样性浅谈[J]. 四川动物, 20(2): 73, 110-112.
章士美. 1987. 西藏农业病虫及杂草(第一册)[M]. 拉萨: 西藏人民出版社.
章士美. 1988. 西藏农业病虫及杂草(第二册)[M]. 拉萨: 西藏人民出版社.
章士美, 赵泳祥, 胡胜昌. 1987. 西藏农业昆虫地理区划[J]. 西藏农业科技, Z1: 33-43.
赵彩云, 李俊生, 罗建武, 等. 2010. 蝴蝶对全球气候变化响应的研究综述[J]. 生态学报, 30(4): 1050-1057.
赵学敏, 刘从明. 1763. 本草纲目拾遗[M]. 北京: 人民卫生出版社: 520.
中国科学院登山科学考察队. 1988. 西藏南迦巴瓦峰地区昆虫[M]. 北京: 科学出版社: 621.
中国科学院动物研究所. 1986. 中国农业昆虫(上、下)[M]. 北京: 农业出版社: 992.
中国科学院青藏高原综合科学考察队. 1981. 西藏昆虫第一册[M]. 北京: 科学出版社: 600.
中国科学院青藏高原综合科学考察队. 1982. 西藏昆虫第二册[M]. 北京: 科学出版社: 508.
中国科学院青藏高原综合科学考察队. 1982. 西藏自然地理[M]. 北京: 科学出版社: 178.
中国科学院青藏高原综合科学考察队. 1984. 西藏气候[M]. 北京: 科学出版社: 300.
中国科学院青藏高原综合科学考察队. 1985. 西藏土壤[M]. 北京: 科学出版社: 316.
中国科学院青藏高原综合科学考察队. 1988. 西藏植被[M]. 北京: 科学出版社: 590.
中国科学院青藏高原综合科学考察队. 1992. 横断山区昆虫第一册[M] 北京: 科学出版社: 1-866.
中国科学院青藏高原综合科学考察队. 1993. 横断山区昆虫第二册[M] 北京: 科学出版社: 867-1547.
中国科学院青藏高原综合科学考察队. 1996. 喀喇昆仑山: 昆仑山地区昆虫[M]. 北京: 科学出版社: 349.
中国科学院西藏综合考察队. 1964. 西藏综合考察论文集: 水生生物及昆虫部分[M]. 北京: 科学出版社: 147.
中华人民共和国国务院新闻办公室. 2021a. 西藏和平解放与繁荣发展[M]. 北京: 人民出版社: 72.
中华人民共和国国务院新闻办公室. 2021b. 中国的生物多样性保护[M]. 北京: 人民出版社: 36.

周兴民, 玛塔, 曹倩. 2008. 青海冬虫夏草分布与生态环境关系及可持续利用的建议[J]. 青海环境, 18(4): 149-155.

周尧. 1988. 中国昆虫学史[M]. 咸阳: 天则出版社: 230.

周尧. 1994. 中国蝶类志(上册、下册)[M]. 郑州: 河南科学技术出版社: 1-854.

朱弘复. 1965. 冬虫夏草的寄主是虫草蝙蝠蛾[J]. 昆虫学报, 14(6): 620-621.

朱萍萍, 廖惠珍, 王章敬, 等. 2001. 复方冬虫夏草对镉所致大鼠毒性的拮抗作用[J]. 中国公共卫生, 17(3): 46.

诸立新. 2005. 安徽天堂寨国家级自然保护区蝶类名录[J]. 四川动物, 24(1): 47-49.

卓嘎, 罗章, 旺姆. 2008. 西藏冬虫夏草资源的可持续利用中存在的问题及对策[J]. 现代农业科学, 15(5): 29-31.

左传莘, 王井泉, 郭文娟, 等. 2008. 江西井冈山国家级自然保护区蝶类资源研究[J]. 华东昆虫学报, 17(3): 220-225.

Liu X M, Sun C X, Liu X G, et al. 2012. Multicopper oxidase-1 is required for iron homeostasis in Malpighian tubules of *Helicoverpa armigera*[J]. Scientific Reports, 109(33): 13337-13342.

Majerus M, Peter K. 1994. Ladybirds[M]. London: HarperCollins: 367.

Tang C F, Wang B H, Yang D. 2015. New species of *Medetera* (Diptera: Dolichopodidae, Medeterinae) from Tibet[J]. Zootaxa, 3946(3): 427-435.

Wang J Y, Wang B H, Cao L M, et al. 2015c. *Ocelliemesina sinica*, the second ocelli-bearing genus and species of thread-legged bugs (Hemiptera: Reduviidae: Emesinae)[J]. Zootaxa, 3936(3): 429-434.

Wang N, Wang B H, Yang D. 2015a. Two new species of the genus *Diostracus* Loew from Tibet, with a key to the Himalayan fauna (Diptera, Dolichopodidae)[J]. Zookeys, 488: 91-104.

Wang N, Wang B H, Yang D. 2015b. *Wiedemannia* (Diptera: Empididae) newly found in China with description of a new species from Tibet[J]. Florida Entomologist, 98(1): 44-46.

Xi Y Q, Wang B H, Yang D. 2015. *Xanthochlorus* (Diptera: Dolichopodidae) newly found in Tibet with description of a new species[J]. Florida Entomologist, 98(1): 315-317.

Zhao P, Ren S Z, Wang B H, et al. 2015a. *Cosmosycanus perelegans* (Hemiptera: Reduviidae: Harpactorinae), a new record from China, with report of its female genitalia[J]. Zootaxa, 3936(4): 567-574.

Zhao P, Ren S Z, Wang B H, et al. 2015b. A new species of the genus *Sphedanolestes* Stal. 1866 (Hemiptera: Reduviidae: Harpactorinae) from China, with a key to Chinese species[J]. Zootaxa, 3985(4): 591-599.

中 名 索 引

C

D

H

K

L

M

S

X

Y

学 名 索 引

A

B

D

E

J

K

L

N

R

S

T

U

V

图　版

I　国家重点保护野生动物名录收录种类

墨脱缺翅虫 *Zorotypus medoensis*
（摄影：梁红斌）

藏叶䗛 *Phyllium tibetense*（左：♂，右：♀）
（摄影：左，周海航；右，王保海）

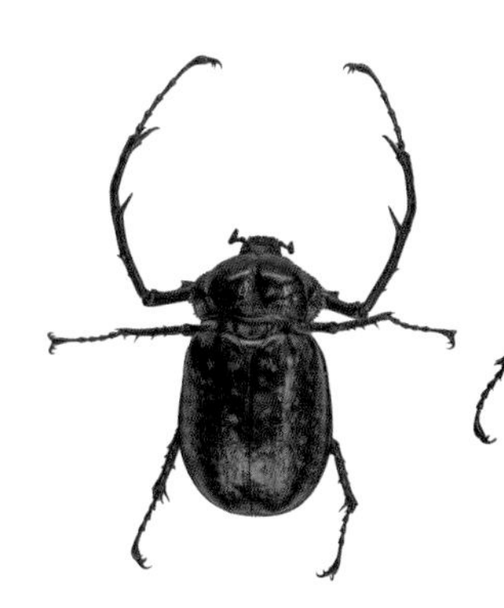

印度长臂金龟 *Cheirotonus macleayi*
（左：♂，右：♀）

粗尤犀金龟 *Eupatorus hardwickii*
（左：♂，右：♀）

金裳凤蝶 *Troides aeacus*（左：♂，右：♀）

君主绢蝶 *Parnassius imperator*

II 青藏高原保护性昆虫建议名录收录部分种类

蓝带枯叶蛱蝶
Kallima alompra

指斑枯叶蛱蝶
Kallima alicia

喜马箭环蝶
Stichophthalma camadeva

金凤蝶短尾亚种
Papilio machaon asiaticus

褐钩凤蝶
Meandrusa sciron

窄斑翠凤蝶
Papilio arcturus

绿凤蝶
Pathysa antiphates

夏梦绢蝶
Parnassius jacquemontii

小红珠绢蝶
Parnassius nomion

王三栉牛
Autocrates sp.

错那刀锹
Dorcus cuonaensis

史密斯深山锹甲
Lucanus smithii

III　西藏部分常见瓢虫

二星瓢虫
Adalia bipunctata
（摄影：翟卿）

大斑瓢虫
Coccinella magnopunctata
（摄影：翟卿）

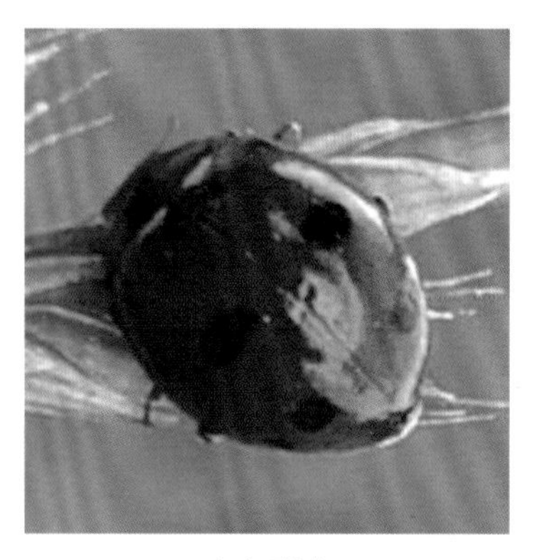

大斑瓢虫
Coccinella magnopunctata
（摄影：翟卿）

墨脱突角瓢虫
Asemiadalia medoensis
（摄影：翟卿）

黄缘巧瓢虫
Oenopia sauzeti
（摄影：翟卿）

亚东巧瓢虫
Oenopia yadongensis
（摄影：翟卿）

横斑瓢虫
Coccinella transversoguttata
（摄影：翟卿）

红颈瓢虫
Synona consanguinea
（摄影：翟卿）

初孵瓢虫（未定种）
（摄影：翟卿）

IV 部分资源昆虫生态照

1. 停憩的眼蝶；2. 停憩的黄尾大蚕蛾；3. 停憩的绿尾大蚕蛾；4. 爬行中的深山锹甲；5. 停憩的弄蝶；6. 捕食中的蝽；7. 捕食中的蝽若虫；8. 访花的食蚜蝇；9. 正在捕食的食虫虻；10. 访花的熊蜂；11. 吸水的凤蝶；12. 群集的蝴蝶（摄影：1, 3, 4, 6, 7, 9，翟卿；2, 8, 10，王保海；5, 11, 12，周海航）

V　不同地区生境

日喀则农田（摄影：王保海）

墨脱果果塘（摄影：王雨）

南迦巴瓦峰（摄影：王保海）

南伊沟（摄影：王保海）

尼洋河（摄影：王雨）

来古冰川（摄影：王保海）

西藏林芝市巴河镇油菜田生境（摄影：王保海）

墨脱背崩资源昆虫生境（摄影：王保海）

VI 部分工作照

拉萨拉鲁湿地资源昆虫考察（摄影：张亚玲）

墨脱背崩资源昆虫考察（摄影：翟卿）

羌塘高原改则访问调查（摄影：王敬龙）

羌塘高原改则资源昆虫考察（摄影：赵宝玉）

羌塘高原改则访问调查（摄影：王敬龙）

日喀则拉孜资源昆虫考察（摄影：王敬龙）

日喀则拉孜资源昆虫考察（摄影：王敬龙）